Uni-Taschenbücher 817

UTB
FÜR WISSEN
SCHAFT

Eine Arbeitsgemeinschaft der Verlage

Wilhelm Fink Verlag München
Gustav Fischer Verlag Jena und Stuttgart
Francke Verlag Tübingen
Paul Haupt Verlag Bern und Stuttgart
Hüthig Verlagsgemeinschaft
Decker & Müller GmbH Heidelberg
Leske Verlag + Budrich GmbH Opladen
J. C. B. Mohr (Paul Siebeck) Tübingen
Quelle & Meyer Heidelberg · Wiesbaden
Ernst Reinhardt Verlag München und Basel
F. K. Schattauer Verlag Stuttgart · New York
Ferdinand Schöningh Verlag Paderborn · München · Wien · Zürich
Eugen Ulmer Verlag Stuttgart
Vandenhoeck & Ruprecht in Göttingen und Zürich

Martin Barner / Friedrich Flohr

Darstellende Geometrie

Begründet von Ulrich Graf

Quelle & Meyer Heidelberg · Wiesbaden

Dr. Martin Barner
Dr. Friedrich Flohr
Professoren an der Universität
Freiburg
Mathematisches Institut
Hebelstraße 29
7800 Freiburg i. Br.

Die Deutsche Bibliothek − CIP-Einheitsaufnahme

Barner, Martin:
Darstellende Geometrie / Martin Barner ; Friedrich Flohr. −
12. Aufl. − Wiesbaden : Quelle und Meyer, 1991
  (Uni-Taschenbücher ; 817)
  ISBN 3-494-02179-1
NE: Flohr, Friedrich:; GT

Die „Darstellende Geometrie" wurde begründet von Ulrich Graf.

12. überarbeitete Auflage 1991
© 1938, 1991, by Quelle & Meyer Verlag, Heidelberg · Wiesbaden

Gesamtherstellung: Allgäuer Zeitungsverlag, Kempten
Printed in Germany/Imprimé en Allemagne
ISBN 3-494-02179-1

Inhaltsverzeichnis

Die Projektionsarten 7

Senkrechte Eintafelprojektion 10

Abbildung des Punkts 10
Die Strecke 12
Die Gerade 14
Zwei Geraden 16
Die Ebene 18
Wahre Größe einer ebenen Figur 23
Ebene und Gerade 26
Der rechte Winkel 28
Zwei Ebenen 29
Drei Ebenen 31
Dachausmittlungen 32
Böschungen 34
Geländekonstruktionen 40
Rechnerische Perspektive 51

Das Zweitafelverfahren 57

Das Abbildungsprinzip 57
Punkt, Gerade, Ebene 58
Grundaufgaben 67
Einführung neuer Bildebenen (Umprojektion) 76
Anwendungen 78

Schräge Parallelprojektion − Affinität 85

Grundeigenschaften 85
Axiale Affinitäten 86
Affine Abbildungen der Ebene 90
Kavalier- und Militärprojektion 93
Schattenkonstruktionen 99

Kreis und Kugel 102

Die Ellipse als Bild des Kreises 102
Senkrechte Projektion des Kreises 107
Zylinderschnitt, Brennpunktseigenschaften, DANDELINsche
Kugeln 113
Beispiele 118
Die Kugel 126

Kugel in senkrechter Projektion 129
Beispiele 131

Axonometrie 135

Koordinatensystem, orthonormiertes Achsenkreuz 135
Allgemeine Axonometrie 138
Senkrechte Axonometrie 144
Das Einschneideverfahren 156
Beispiele 158

Kegelschnitte 166

Eigenschaften der Kegelschnitte 168
Zeichnen der Kegelschnitte 175
Anwendungen 180

Besondere Kurven und Flächen 183

Schraublinie 183
Kegel, Zylinder 190
Drehflächen 192
Anwendungen 210
Einschalige Rotationshyperboloide 214
Schraubflächen 219

Durchdringungen 231

Durchstoßpunkte einer Kurve mit einer Fläche 231
Durchdringungskurve zweier Flächen 232
Beispiele 236

Einführung in die Perspektive 251

Abbildung von Punkt, Gerade, Ebene 251
Axiale Projektivität 263
Figuren in der Standebene 267
Figuren in beliebigen Ebenen, Meßpunktperspektive 279
Beispiele 283
Anlegen einer Perspektive 292
Perspektive bei geneigter Bildebene 296
Rekonstruktionen 301

Historische Übersicht 314

Auswahl weiterer Lehrbücher 315

Register 315

Die Abbildungen sind nach Seitenzahlen numeriert. Zum Beispiel ist Abb. 86.3 die dritte Abbildung auf Seite 86.

Die Projektionsarten

Ziel der Darstellenden Geometrie ist es, von Gegenständen im *Raum* Bilder in einer Zeichen*ebene* zu konstruieren. Diese Aufgabe läßt mannigfache Lösungen zu, von denen aber keine in *jeder* Hinsicht befriedigen kann, da das Fehlen einer Dimension stets die Unterdrückung einer der räumlichen Eigenschaften des abzubildenden Gegenstands mit sich bringt. Von den Forderungen, die man an das herzustellende Bild richtet, hängt das zu wählende Abbildungsverfahren ab.

Zwei Eigenschaften nun sind es, die in erster Linie in dem Bild gesucht werden: die *Anschaulichkeit* (der Beschauer soll aus der Zeichnung einen naturgetreuen und plastischen Eindruck vom räumlichen Original gewinnen) und die *Maßgerechtheit* (aus der Zeichnung sollen sich die Maße des abgebildeten räumlichen Gegenstands, d.h. die wahren Größen seiner Strecken und Winkel, leicht und konstruktiv einfach wiedergewinnen lassen).

Die erste Forderung wird vor allem vom Maler, Architekten, Reklamezeichner usw., die zweite vom Maschinenkonstrukteur, Bauingenieur usw. erhoben werden. Ideal wäre es, ein Abbildungsverfahren zu besitzen, das gleichzeitig *beiden* Forderungen vollauf gerecht wird; die Verfahren der Darstellenden Geometrie zeigen jedoch, daß eine große Anschaulichkeit des Bildes mit geringer Maßgerechtheit und umgekehrt eine hohe Maßgerechtheit mit Unanschaulichkeit verbunden sind. So ist es zum Beispiel schwierig, aus der Fotografie eines Hauses, also einem sehr anschaulichen Bild, die wahre Größe eines Fensters zu bestimmen, während umgekehrt eine technische Zeichnung, aus der sich die wahren Abmessungen des dargestellten Maschinenteils leicht abgreifen lassen, einem Laien zunächst so unanschaulich erscheint, daß zu ihrem „Lesen" eine besondere Übung gehört.

Das Verfahren, dessen sich die Darstellende Geometrie bedient, ist die *Projektion:* durch die Punkte P des räumlichen Gegenstands werden Geraden (Projektionsstrahlen) gezogen, deren Schnittpunkte $\overline{P}$ mit der Zeichenebene π die Bilder der Raumpunkte P sind.

Zentralprojektion

Alle Projektionsstrahlen gehen durch einen festen Punkt O, das Zentrum oder Auge (Abb. 8.1). Diese Abbildungsart liegt z.B. beim

Schattenbild eines Gegenstands bei künstlicher Beleuchtung vor: die Lichtstrahlen gehen von einer punktförmigen Lichtquelle O als Zentrum aus, die bildauffangende Ebene ist beispielsweise die Tischebene (Abb. 8.2).

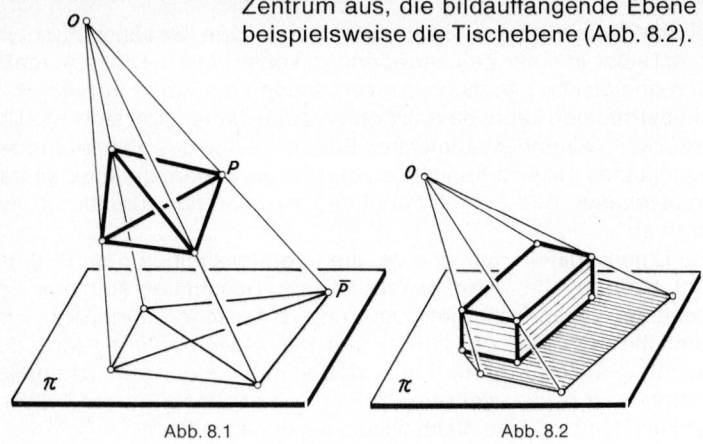

Abb. 8.1   Abb. 8.2

Parallelprojektion[1]

Alle Projektionsstrahlen sind untereinander parallel (Abb. 8.3). Diese Abbildungsart liegt z.B. beim Schattenbild eines Gegenstands bei Sonnenbeleuchtung vor (Sonnenstrahlen sind – in kleinen Bereichen – parallel!) (Abb. 8.4).

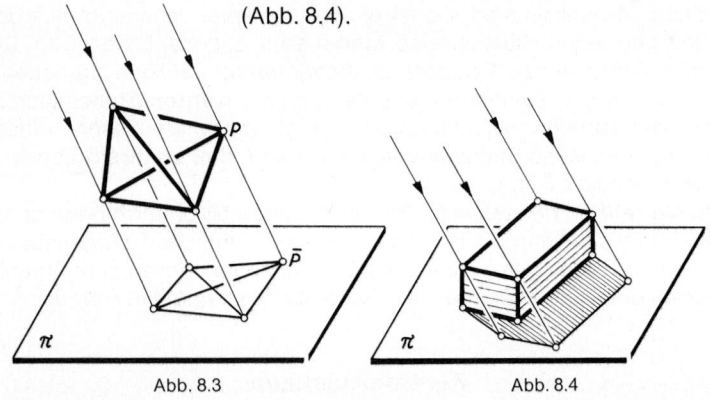

Abb. 8.3   Abb. 8.4

---

[1] Die Zentralprojektion geht in die Parallelprojektion über, wenn das Zentrum O unendlich fern (uneigentlich) wird.

Die Beobachtung der Schatten desselben Gegenstands (Lattenzaun, Litfaßsäule usw.) einmal am Tage bei Sonnenschein und das andere Mal abends bei Lampenlicht läßt die charakteristischen Unterschiede von Parallelprojektion und Zentralprojektion erkennen, vgl. die Abbildungen 9.1 und 9.2.

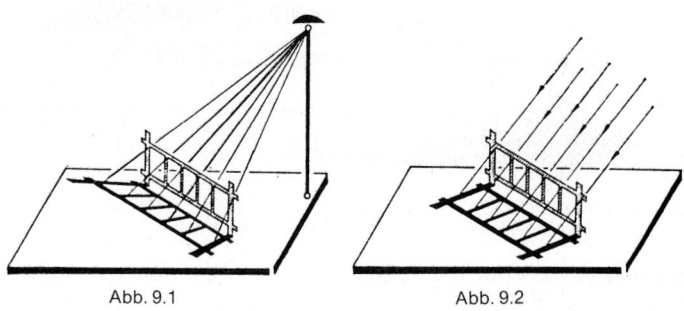

Abb. 9.1   Abb. 9.2

Die Art einer Parallelprojektion läßt sich durch den Winkel kennzeichnen, unter dem die Projektionsstrahlen die Bildebene treffen: a) *Schräge (schiefe) Parallelprojektion* (Abb. 9.3), b) *Senkrechte Parallelprojektion (Orthogonalprojektion)* (Abb. 9.4).

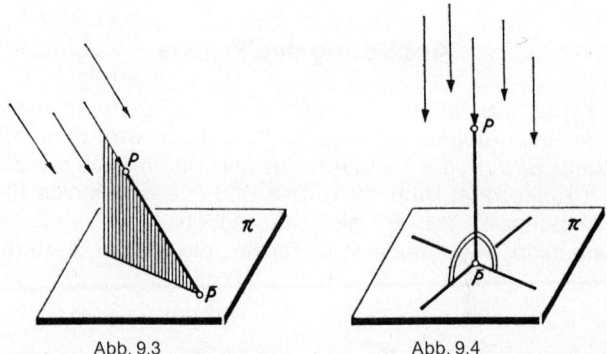

Abb. 9.3   Abb. 9.4

Die Anschaulichkeit des Bildes ist am größten bei der *Zentralprojektion,* der allgemeinsten *Projektionsart,* die Maßgerechtheit aber ist bei ihr am geringsten (Fotografie!). Umgekehrt besitzt die *senkrechte Parallelprojektion,* die speziellste Projektionsart, die größte Maßgerechtheit, aber eine sehr geringe Anschaulichkeit (technische

9

Zeichnung!). Eine Mittelstellung nach beiden Seiten hin nimmt die *schräge Parallelprojektion* ein, die deshalb besonders beim Entwerfen von Anschauungsskizzen benutzt wird, so z. B. bei Reklamezeichnungen und Plakaten.

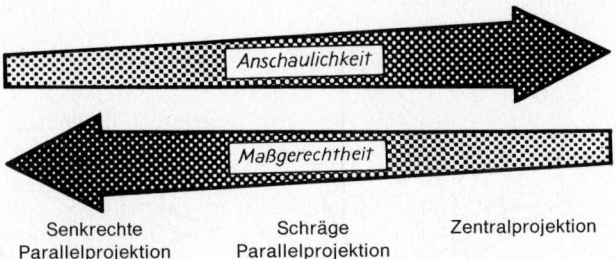

| Senkrechte Parallelprojektion | Schräge Parallelprojektion | Zentralprojektion |

Von dem Ziel, das bei der Herstellung einer Zeichnung erreicht werden soll, hängt die Wahl der Projektionsart ab. Wir beginnen im folgenden mit der senkrechten Parallelprojektion als dem konstruktiv einfachsten Verfahren.

Senkrechte Eintafelprojektion

Abbildung des Punkts

Die *Bild-* oder *Zeichenebene* π, auch kurz *Tafel* genannt, möge horizontal im Raum liegen. Dem Punkt P im Raum wird dann als *Bildpunkt* (kurz *Bild*) P' der Fußpunkt des Lots durch P auf die Zeichenebene π zugeordnet (Abb. 10.1). Das Bild P' eines Punkts P ist eindeutig bestimmt. Zu P' gibt es jedoch noch viele andere Originalpunkte; alle Punkte P, Q, R usw., die auf der Geraden P, P'

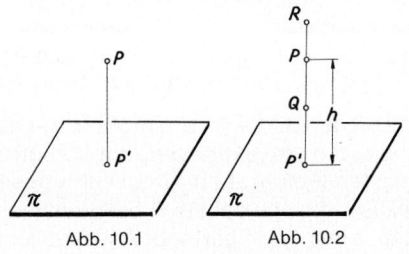

Abb. 10.1   Abb. 10.2

liegen, haben ja denselben Punkt P' als Bildpunkt. Man kann jedoch P im Raum wiederfinden, wenn außer dem Bildpunkt P' auch noch die Höhe $h = PP'$ bekannt ist (Abb. 10.2). Die Punkte in der Zeichenebene haben die Höhe Null; sie sind ihr eigenes Bild. Je nachdem ob die Punkte P oberhalb oder unterhalb der Zeichenebene liegen, sind ihre Höhen positiv oder negativ zu rechnen.

Zur Festlegung der Höhe h eines Punkts P sind zwei Verfahren üblich:

a) Der Zeichnung wird ein *Höhenmaßstab* beigefügt, auf dem die Höhen der abgebildeten Raumpunkte abgetragen werden (Abb. 11.1)[1].

b) Die Höhe wird in einer bestimmten Längeneinheit gemessen und die Maßzahl neben den Projektionspunkt gesetzt. Die Längeneinheit, in der gemessen wird, ist im Bild mit anzugeben (Abb. 11.2; dort ist $h = 4$).

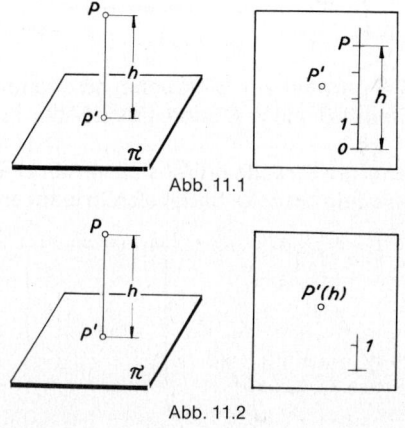

Abb. 11.1

Abb. 11.2

Bei Geländedarstellungen ist b) üblich. Man verwendet a), wenn sich das dargestellte Objekt, etwa ein Bauwerk, durch Höhenangabe *einiger* Punkte beschreiben läßt.

Die Höhe h heißt auch *Kote* (Maßzahl = Kote); das beschriebene Abbildungsverfahren nennt man deshalb *kotierte Projektion*.

---

[1] Hier wie im folgenden ist der räumliche Tatbestand meistens durch nebenstehende anschauliche Skizzen erläutert. Wie man solche anschaulichen Skizzen entwirft, werden wir später (S. 93 ff. und S. 135 ff.) besprechen.

Die Strecke

Zwei Punkte A und B im Raum bestimmen eine Strecke AB, die durch ihre Projektion $A'B'$ und die beiden Höhen $A'A$ und $B'B$ festgelegt ist. Die vier Punkte A, A', B, B' bilden die Ecken eines Trapezes, das bei A' und bei B' rechtwinklig ist. Bei einer Strecke AB in allgemeiner Lage (Abb. 12.1) ist die Projektion $A'B'$ kürzer als AB selbst. (In dem rechtwinkligen Dreieck AB_1B, das durch Einfügen der Hilfsstrecke $AB_1 \parallel A'B'$ entsteht, ist die Kathete $AB_1 = A'B'$ stets kleiner als die Hypotenuse AB.)

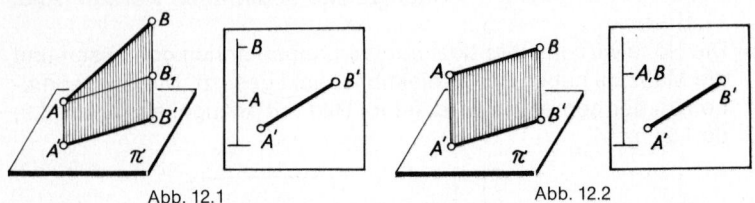

Abb. 12.1   Abb. 12.2

Ist die Strecke AB parallel zur Bildebene, so entsteht ein Rechteck $ABB'A'$; die Seiten AB und $A'B'$ sind gleich (Abb. 12.2).

Eine zur Tafel geneigte Strecke bildet sich verkürzt ab.
Eine zur Tafel parallele Strecke bildet sich in wahrer Größe ab.

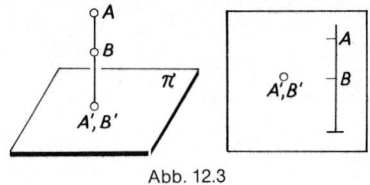

Abb. 12.3

Steht insbesondere die Strecke auf der Tafel senkrecht, so ist ihre Projektion zu einem Punkt zusammengeschrumpft (Abb. 12.3).

Wahre Größe einer Strecke

Um die wahre Größe einer Strecke AB zu finden, wird das Projektionstrapez $AA'B'B$ um die Bildstrecke $A'B'$ in die Zeichenebene π umgeklappt (Abb. 13.1). Dabei bleiben A' und B' in Ruhe, während A

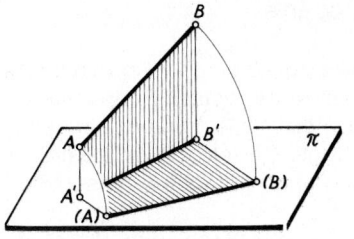
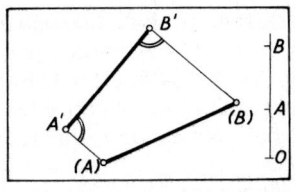

Abb. 13.1

bzw. *B* sich auf Kreisen um *A′* bzw. *B′* mit den Radien *A′A* bzw. *B′B* bewegen. Nach einer Vierteldrehung gelangen die Punkte *A* und *B* in die Zeichenebene π und werden dort mit (*A*), gelesen „*A* umgelegt", bzw. (*B*) bezeichnet.

Das umgeklappte Trapez *A′*(*A*)(*B*)*B′* läßt sich aus *A′ B′*, den rechten Winkeln bei *A′* und *B′* sowie den Seiten *A′*(*A*) = *OA* und *B′*(*B*) = *OB*, die aus dem Höhenmaßstab abgegriffen werden, konstruieren. (*A*)(*B*) ist die gesuchte wahre Größe der Strecke *AB*.

Beispiel 1: Ein Leitungsmast wird vom Punkt *A* (Höhe 6 m) zu Punkt *B* (Höhe 1,3 m) mittels eines Drahtseils abgespannt.

Wieviel Meter Draht sind (mindestens) erforderlich, wenn der Punkt *B* vom Mast 4,4 m entfernt ist? Die Umklappung des Projektionstrapezes *A A′B′B* liefert (*A*)(*B*) = 6,5 m (Abb. 13.2).

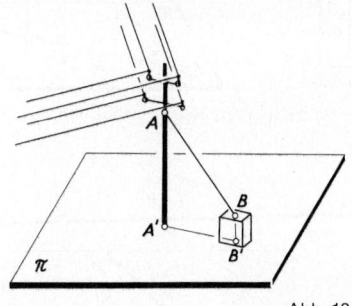
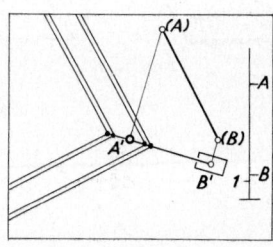

Abb. 13.2

Die Gerade

Eine Gerade *g* ist ebenso wie eine Strecke durch zwei Punkte *A* und *B* festgelegt. Die Verbindungsgerade *g'* der beiden Bildpunkte *A'* und *B'* ist die Projektion der Gerade (Abb. 14.1). Wir bezeichnen eine durch zwei Punkte *A* und *B* festgelegte Gerade mit *A, B*, die Strecke zwischen den beiden Punkten und auch die Länge dieser Strecke mit *AB*.

Die Höhe irgendeines Punkts *X* auf *g*, der durch seine Projektion *X'* auf *g'* festgelegt ist, läßt sich aus der Umklappung $(g) = (A), (B)$ der Gerade gewinnen.

Bei der Umklappung (Abb. 14.2) bleibt der Punkt *S*, in dem die Gerade *g* die Zeichenebene π durchstößt, in Ruhe, denn er hat die Höhe Null und liegt somit auf der Klappachse *g'*. Dieser Punkt *S* heißt *Spurpunkt* der Gerade *g*.

S ist der Scheitel eines (spitzen) Winkels α mit den Schenkeln *g* und *g'*; dieser Winkel wird als *Neigungswinkel* der Gerade *g* gegen die Bildtafel π bezeichnet.

Der Neigungswinkel α einer Gerade *g* gegen die Tafel π ist der (spitze) Winkel zwischen *g* und ihrer Projektion *g'*.

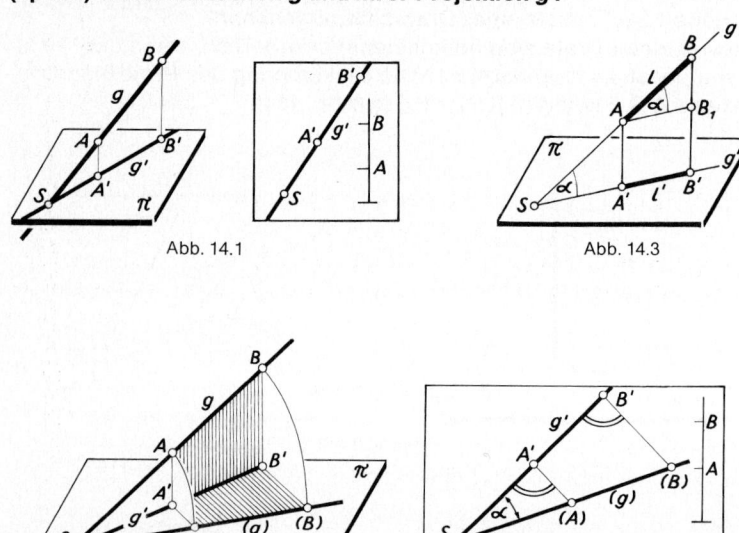

Abb. 14.1

Abb. 14.3

Abb. 14.2

14

In der Zeichenebene π erscheint α als der (spitze) Winkel zwischen der Projektion g' und der Umlegung (g), also $\alpha = \sphericalangle\, g'(g)$.

Die Projektion $A'B'$ irgendeiner Strecke AB auf einer Gerade g mit dem Neigungswinkel α hat die Länge $l' = A'B' = AB \cdot \cos\alpha$ (Abb. 14.3). Die Hilfsstrecke $A\,B_1 \parallel A'B'$ liefert nämlich ein rechtwinkliges Dreieck $A\,B_1\,B$, in dem der Winkel bei A gleich α ist; es folgt $A'B' = A\,B_1 = AB \cdot \cos\alpha$

Eine zur Tafel unter dem Winkel α geneigte Strecke l verkürzt sich in der Projektion auf $l' = l \cdot \cos\alpha$.

Die Punkte einer Gerade g mit den Koten $\ldots$, -3, -2, -1, 0, 1, 2, 3, $\ldots$ nennt man die (ganzzahligen) Graduierungspunkte von g und bezeichnet sie einfach mit $\ldots$, -3, -2, -1, 0, 1, 2, 3, $\ldots$ Die Projektionen je zweier benachbarter ganzzahliger Graduierungspunkte haben denselben Abstand $d = \cot\alpha$ (Abb. 15.1):

Die Graduierungspunkte auf einer Gerade liegen äquidistant.

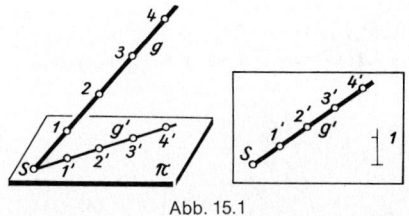

Abb. 15.1

Um demnach die Graduierung von g zu finden – die Gerade g zu *graduieren* oder zu *kotieren* –, hat man irgend zwei ihrer Graduierungspunkte mittels der Umklappung der Gerade zu konstruieren. Die übrigen Graduierungspunkte liegen auf der zugehörigen äquidistanten Skala.

Sonderfälle

a) Eine senkrecht zur Tafel stehende Gerade g_1 hat den Neigungswinkel $\alpha = 90°$; ihre Projektion g_1 ist in den Spurpunkt S zusammengeschrumpft (Abb. 16.1).

b) Eine zur Tafel parallele Gerade g_2 hat den Neigungswinkel $\alpha = 0°$; alle Strecken auf ihr bilden sich in wahrer Größe ab. g_2 hat keinen Spurpunkt (Abb. 16.1).

15

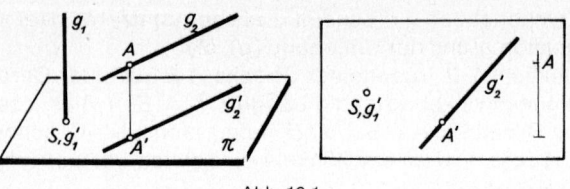

Abb. 16.1

Beispiel 2: An das Fenster eines Hauses wird eine Leiter der Länge $l = 4,2$ m gelehnt, die obere Fensterkante liegt $h = 3,5$ m über der Erde. Wie weit sind die unteren Holmpunkte von der Hauswand entfernt (Abb. 16.2)?

Die Umlegung $S(A)$ des einen Holms, wobei $A'(A) = h$ ist, muß auf die bekannte wahre Größe $l = S(A)$ führen; der Spurpunkt S des Holms liegt daher auf dem Kreis um (A) mit dem Radius l. Danach ergibt sich die gesuchte Entfernung $l' = S A = 2,2$ m. In der Projektion $S A'$ sind Sprossen in gleichmäßigen Abständen eingezeichnet.

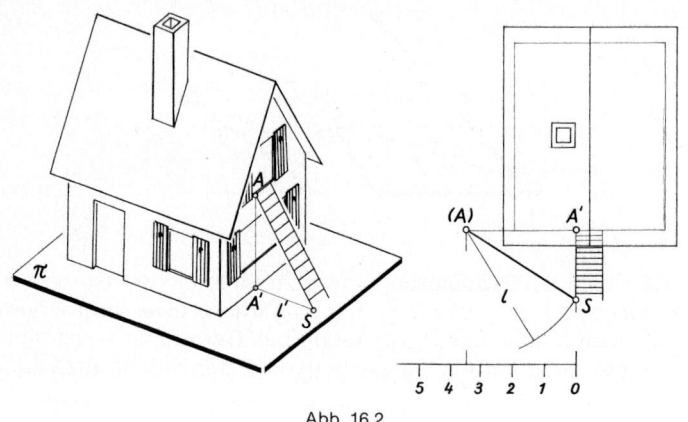

Abb. 16.2

Zwei Geraden

Zwei Geraden g_1 und g_2 im Raum können verschiedene Lagen zueinander haben (Abb. 17.1):

a) die beiden Geraden schneiden einander,
b) die beiden Geraden sind parallel,
c) die beiden Geraden sind windschief.

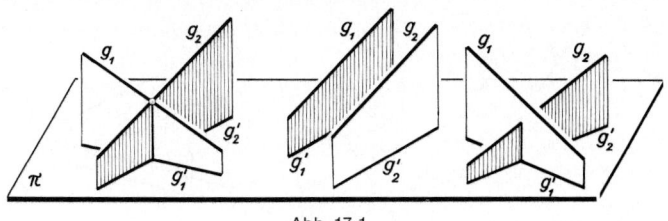

Abb. 17.1

a) Einander schneidende Geraden

Das Kennzeichen dafür, daß zwei Geraden g_1 und g_2 einander schneiden, also einen gemeinsamen Punkt P haben, ist die Gleichheit derjenigen beiden Punkte P_1 und P_2 auf den Geraden g_1 und g_2, die ihr gemeinsames Projektionsbild P' im Schnittpunkt der Projektionsgeraden g_1' und g_2' haben. Dieses Kennzeichen wird durch Umklappen von g_1 und g_2 in die Zeichenebene nachgeprüft (Abb. 17.2).

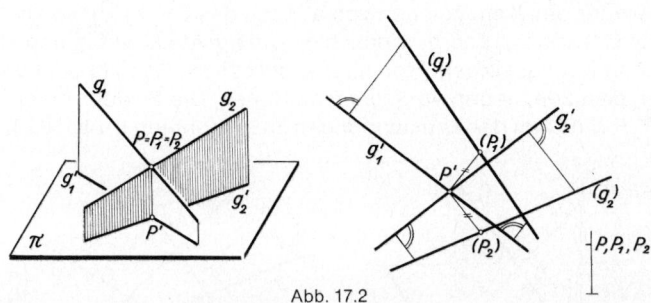

Abb. 17.2

b) Parallele Geraden

Die Kennzeichen dafür, daß zwei Geraden g_1 und g_2 parallel sind, sind die Parallelität ihrer Bilder g_1' und g_2' sowie die Gleichheit ihrer (nach derselben Seite geöffneten) Neigungswinkel. Auch die Umlegungen (g_1) und (g_2) sind somit parallel, sofern nach derselben Seite umgeklappt wird (Abb. 18.1).
Zwei Geraden g_1, g_2, die nicht parallel sind, können durchaus parallele Projektionen g_1', g_2' besitzen (Abb. 18.2). Aus der Parallelität der Projektionen *allein* kann man also nicht auf die Parallelität der Geraden schließen.

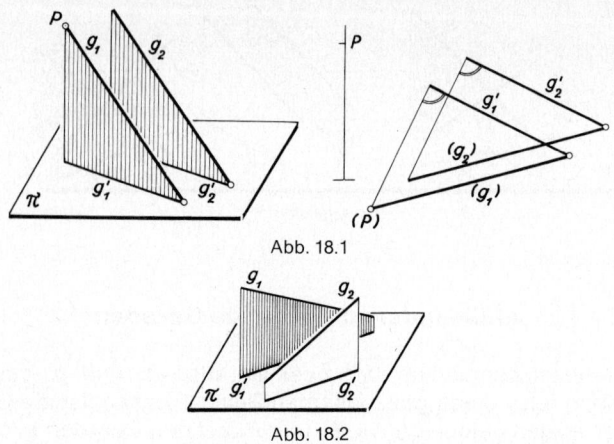

Abb. 18.1

Abb. 18.2

c) Windschiefe Geraden

Trifft weder das Kennzeichen von a) noch das von b) zu, so sind die beiden Geraden g_1 und g_2 windschief. Die Punkte P_1 auf g_1 und P_2 auf g_2, die beide denselben Projektionspunkt P' als Schnittpunkt von g_1' und g_2' besitzen, haben *verschiedene* Höhen. Die beiden Höhen $P_1 P'$ und $P_2 P'$ sind aus den Umklappungen zu entnehmen (Abb. 18.3).

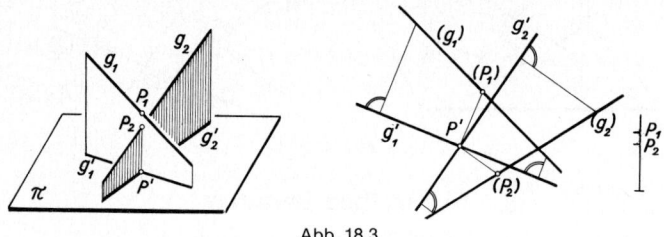

Abb. 18.3

Die Ebene

Höhenlinien

Eine Ebene ε, die nicht parallel zur Bildtafel π ist, schneidet diese in einer Gerade, die als *Spurgerade s* bezeichnet wird. Alle Parallelebenen zur Bildtafel π schneiden aus ε gerade Linien h_1, h_2, h_3 aus, die untereinander und zur Spur s parallel sind (Abb. 19.1). Da alle

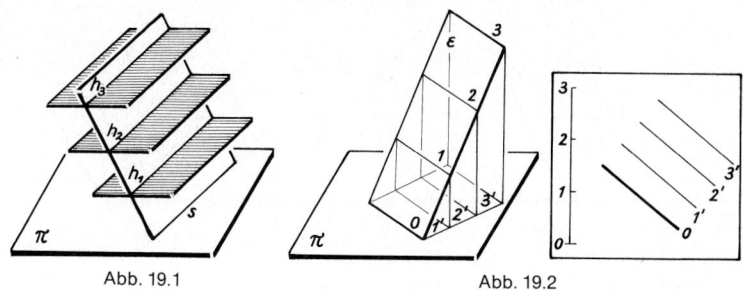

Abb. 19.1

Abb. 19.2

Punkte einer solchen Gerade *h* dieselbe Höhe über der Bildtafel π besitzen, wird *h* eine *Höhenlinie* der Ebene genannt. Die Spurgerade *s* ist demnach die Höhenlinie der Höhe Null. Eine Ebene ist schon durch irgend zwei Höhenlinien festgelegt; der größeren Anschaulichkeit halber zeichnet man jedoch meistens mehrere Höhenlinien beispielsweise in den Höhen 0, 1, 2, 3 (Abb. 19.2). Nach dem Strahlensatz haben dann auch die Projektionen gleiche Abstände. Zur Bezeichnung einer Höhenlinie verwendet man einfach die Kote selbst.

Bei festgewähltem Höhenmaßstab ist eine Ebene um so stärker gegen die Bildtafel π geneigt, je enger die Höhenlinienprojektionen 0, 1′, 2′, 3′ ... zusammenrücken (Abb. 19.3). Steht eine Ebene senkrecht auf der Bildebene, d. h. ist sie projizierend, so projizieren sich sämtliche Höhenlinien in die Spur der Ebene. Auf einer Parallelebene zur Tafel haben alle Punkte dieselbe Kote.

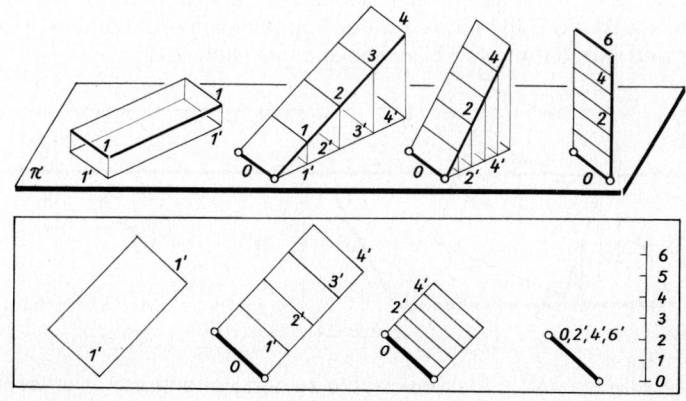

Abb. 19.3

19

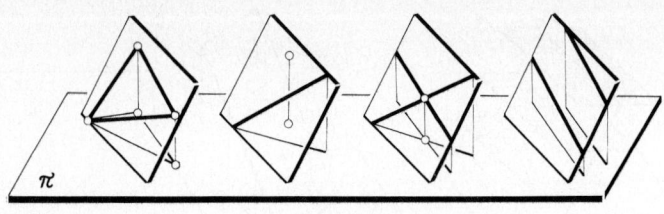

Abb. 20.1

Grundsätzlich ist eine Ebene festgelegt (Abb. 20.1)

a) durch drei Punkte, die nicht in einer Gerade liegen,
b) durch eine Gerade und einen Punkt, der nicht auf der Gerade liegt,
c) durch zwei sich schneidende oder parallele Geraden.

Für die Zwecke der Konstruktion in kotierter Projektion ist es im allgemeinen zweckmäßig, die Höhenlinien einer Ebene zur Hand zu haben. Beispiel 3 (s. u.) zeigt, wie man die Höhenlinien einer Ebene bestimmt, die wie im Falle a) durch drei Punkte gegeben ist. Die Fälle b) und c) möge sich der Leser selbst zurechtlegen.

Fallinien

Durch jeden Punkt P einer Ebene läuft eine Gerade P, F, die die kürzeste Verbindung von P zur Spur s ist. Diese Gerade steht senkrecht auf der Spur s der Ebene und somit auch auf allen ihren Höhenlinien; sie ist die Bahn eines auf der Ebene heruntergleitenden Tropfens und wird daher als *Fallinie* bezeichnet (Abb. 20.2).

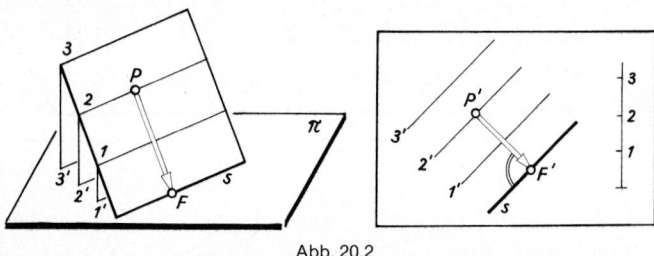

Abb. 20.2

Alle Fallinien sind − als Senkrechte zu den Höhenlinien − untereinander parallel. Ihre projizierenden Ebenen schneiden die Spur s un-

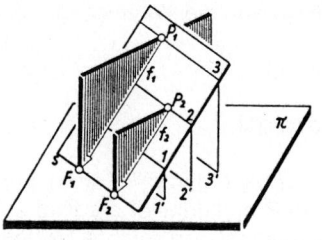
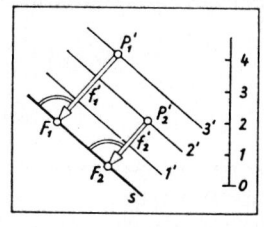

Abb. 21.1

ter einem rechten Winkel; die Bilder der Fallinien verlaufen daher senkrecht zu den Höhenlinienprojektionen (Abb. 21.1).

Ist die Projektion irgendeiner Fallinie f einschließlich ihrer Graduierungspunkte gegeben, so wird dadurch eindeutig eine Ebene ε festgelegt. Die Projektionen der Höhenlinien von ε sind die Senkrechten zu f' durch die Punkte 0, $1'$, $2'$, ...

Beispiel 3: Eine erzhaltige Gesteinsschicht, die wir uns als Ebene ε denken, ist an drei Stellen A', B', C' in den Tiefen t_1, t_2, t_3 erbohrt (Abb. 21.2). Man bestimme die Schichtenlinien (Höhenlinien) der Gesteinsschicht.

Wir klappen die Gerade $g = B,C$ in die Bildebene π: $(g) = (B),(C)$. g' schneidet (g) im Spurpunkt S von g, der auf der Spurgerade s von ε liegt (Abb. 21.2). Um weiter die Richtung von s und damit die Richtung der Höhenlinien zu finden, bestimmen wir denjenigen Punkt P auf g, der die Tiefe t_1 besitzt (vgl. S. 14). P und A sind dann zwei Punkte gleicher Tiefe von ε, also ist A, P eine Höhenlinie der Tiefe t_1. Die Spurgerade s läuft somit parallel zu A', P' durch S. Um weitere

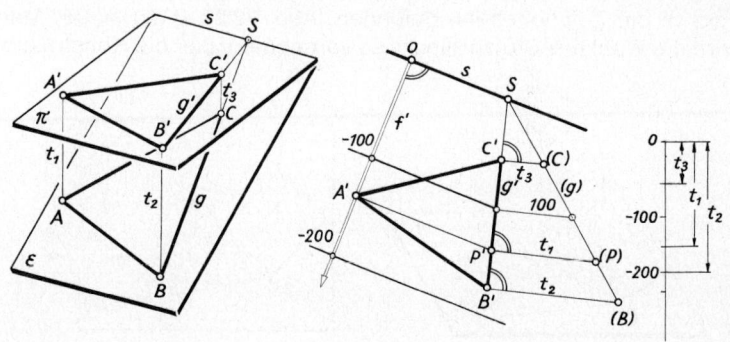

Abb. 21.2

21

Höhenlinien zu bestimmen, kotieren wir die Fallinie von ε oder g selbst.

Stützdreieck

Das rechtwinklige Dreieck $P\,P'\,F$, das die Fallinie $P\,F$ als Hypotenuse und ihre Projektion $P'\,F$ sowie das Projektionslot als Katheten besitzt, wird *Stützdreieck* der Ebene genannt. Ein solches Dreieck würde, unter die Ebene geschoben, sie in ihrer räumlichen Lage gegenüber der Bildtafel festhalten. Der Winkel $\alpha = \sphericalangle\,P\,F\,P'$ im Stützdreieck heißt *Neigungswinkel* der Ebene gegen die Zeichenebene π; seine beiden Schenkel stehen senkrecht auf der Spur s (Abb. 22.1). Es gilt demnach:

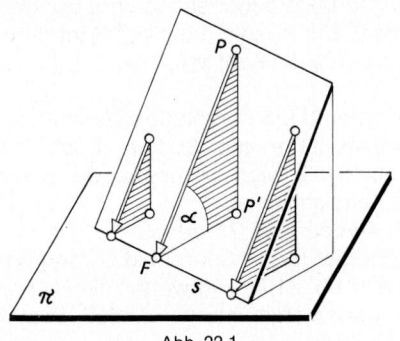

Der Neigungswinkel einer Ebene ist der Neigungswinkel ihrer Fallinien.

Da alle Stützdreiecke in entsprechenden Winkeln übereinstimmen (Abb. 22.1), gilt:

Alle Stützdreiecke einer Ebene sind ähnlich.

Abb. 22.1

Der Neigungswinkel α einer durch ihre Höhenlinienprojektionen festgelegten Ebene wird durch Umklappen irgendeines Stützdreiecks in die Zeichenebene gefunden (Abb. 22.2): $P'(P) = OP$. Man wird die Wahl des Stützdreiecks so vornehmen, daß die Konstruktio-

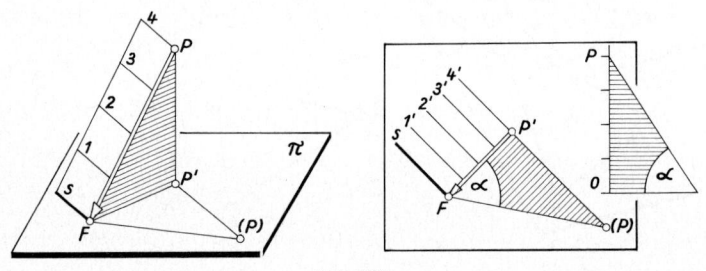

Abb. 22.2

nen übersichtlich bleiben. Häufig ist es auch zweckmäßig, das Stützdreieck außerhalb der eigentlichen Figur, etwa an den Höhenmaßstab, anzutragen (Abb. 22.2).
Statt im Stützdreieck selbst kann der Neigungswinkel α auch in dem Dreieck $P F P_1$ abgegriffen werden (Abb. 23.1), das zwischen irgend zwei Höhenlinien aufgestellt ist: $P P_1 = P'(P)$.

Beispiel 4: Bei dem in Abb. 23.2 dargestellten Haus sind die Neigungswinkel der Dachebenen $\varepsilon_1, \varepsilon_2, \varepsilon_3$ zu bestimmen.
Die Umlegung der Stützdreiecke liefert die Neigungswinkel α_1, α_2 und α_3.

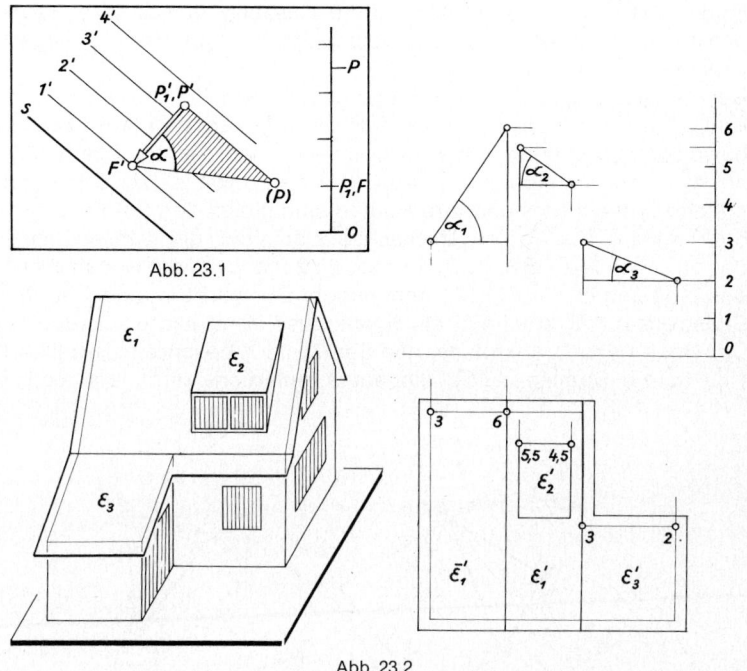

Abb. 23.1

Abb. 23.2

Wahre Größe einer ebenen Figur

Liegt die ebene Figur parallel zur Bildtafel π, so gibt ihre Projektion selbst die wahre Größe (Abb. 24.1).

23

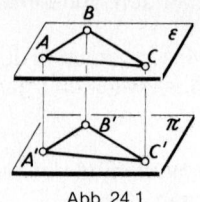

Abb. 24.1

Eine in einer zur Zeichenebene parallelen Ebene gelegene Figur bildet sich in wahrer Größe (kongruent) ab.

Eine in einer zur Tafel geneigten Ebene gelegene Figur bildet sich dagegen verzerrt ab. Die Bestimmung der wahren Größe einer solchen Figur, z. B. des Dreiecks ABC, wird durch Umlegen der Ebene um ihre Spur s in die Bildtafel π vorgenommen.

In Abb. 24.2 ist die Ebene ε durch das Dreieck ABC gegeben. Wir bestimmen zunächst wie in Beispiel 3 ihre Spur s und ihre Höhenlinien. (Als Zeichenkontrolle dient die Tatsache, daß die drei Spurpunkte X, Y, Z der drei Dreiecksseiten auf der Spur s liegen müssen.)

Bei der Drehung von ε um s bleiben alle Punkte der Drehachse s in Ruhe, während sich die anderen Punkte der Ebene ε auf Kreisen bewegen. Die Ebenen dieser Kreise stehen senkrecht auf der Drehachse s, ihre Mittelpunkte (in Abb. 24.2 die Punkte A_0, B_0, C_0) liegen auf der Drehachse s und ihre Radien sind gleich den Entfernungen der Punkte A, B, C von der Drehachse, also gleich der wahren Länge der Strecken AA_0, BB_0, CC_0. In Abb. 24.2 rechts ist die Konstruktion des umgelegten Punkts (A) angegeben: Die wahre Länge AA_0 der Bildstrecke $A'A_0$ erscheint als Hypotenuse im Stützdreieck $AA'A_0$. Der Bogen des Drehkreises, den der Punkt A beschreibt, projiziert sich in die Strecke $A'(A)$, die auf s senkrecht steht, und es ist $(A)A_0 = AA_0$.

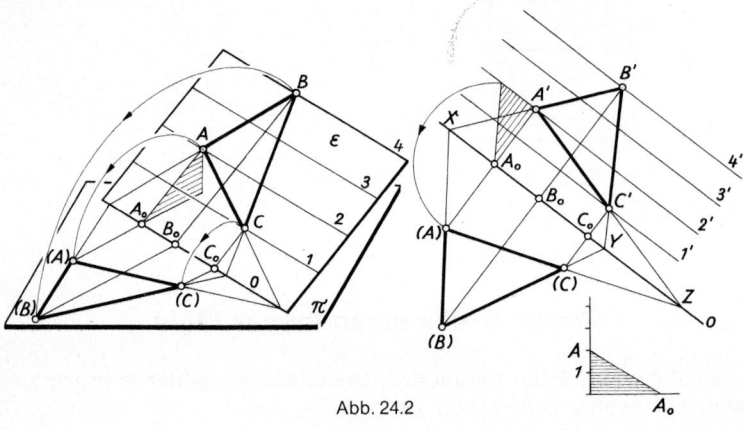

Abb. 24.2

24

Unter Verwendung der entsprechenden Stützdreiecke könnten wir auch die anderen Punkte B, C oder irgendeinen Punkt der Ebene ε umklappen.

Zeichentechnisch ist es jedoch bequemer, nicht die einzelnen Punkte von ε, sondern gleich die Geraden in ε umzuklappen. Dazu hat man zu beachten, daß der Spurpunkt irgendeiner Gerade in ε auf der Spur s liegt und folglich bei der Umklappung in Ruhe bleibt. Die umgeklappte Gerade geht also wieder durch diesen Spurpunkt.

Die Umklappung der Gerade A,C ist demnach durch ihren Spurpunkt Z und den vorhin bestimmten Punkt (A) festgelegt (Abb. 24.2). Der umgelegte Punkt (C) wird von der durch C′ laufenden Senkrechte zu s (= Projektion des Drehkreisbogens) aus (A), Z ausgeschnitten. Damit läßt sich jetzt das umgeklappte Dreieck (A) (B) (C) vervollständigen: (B) ist der Schnittpunkt der Geraden (A), X und (C), Y. Zeichenkontrolle: Die Gerade (B), B′ steht senkrecht auf s.

Beispiel 5: Lesen Sie die Zeichnung Abb. 25.1, d. h. beschreiben Sie den durch sie dargestellten räumlichen Sachverhalt!

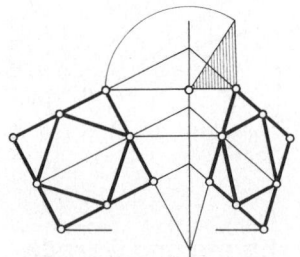

Abb. 25.1

Bei ungünstiger Lage der Ebene kann die Drehung um die Spur s zeichentechnisch unbequem werden, da oft der auf dem Zeichenbrett vorhandene Platz nicht ausreichen wird. Statt um die Spur kann nun die Ebene auch um irgendeine Höhenlinie in eine zur Tafel parallele Lage gedreht werden; die in ihr enthaltene Figur bildet sich danach in wahrer Größe ab. Man beachte, daß eine Drehung parallel zur waagrechten Bildtafel *nur* um eine *Höhenlinie* erfolgen kann. Abb. 26.1 zeigt in anschaulicher Skizze und in senkrechter Eintafelprojektion den Sachverhalt. Als Drehachse haben wir die Höhenlinie 2 gewählt. Für den Punkt A ist der Drehradius AA_0 gleich der Hypotenuse des in der Höhe 2 aufgestellten Stützdreiecks: $(A)A_0 = AA_0$. Da jetzt alle Punkte der Höhenlinie 2 bei der Umklappung in Ruhe bleiben, geht die Gerade A,C, die die Höhenlinie 2 im Punkt Z trifft, über in die Gerade (A),(C) durch Z.

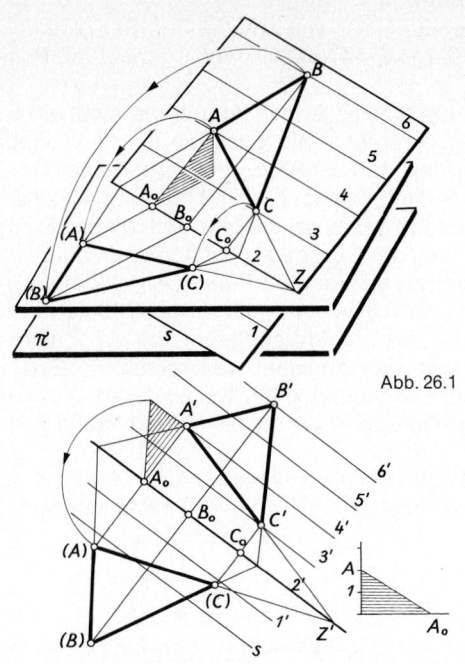

Abb. 26.1

Ebene und Gerade

Eine Gerade kann zu einer Ebene verschiedene Lagen einnehmen:

1. Die Gerade liegt in der Ebene.
2. Die Gerade ist parallel zur Ebene.
3. Die Gerade durchstößt die Ebene.

Durchstoßpunkt einer Gerade mit einer Ebene

Um im dritten, dem konstruktiv wichtigsten Falle den *Durchstoß-punkt P* einer Gerade *g* und einer Ebene ε zu bestimmen, wird durch *g* senkrecht zur Bildtafel die projizierende Ebene gelegt, die ε in einer Gerade $\bar{g}$ schneidet. Die Spur dieser projizierenden Hilfsebene ist die Projektion *g'* der Gerade *g* (Abb. 27.1). Der Schnittpunkt der

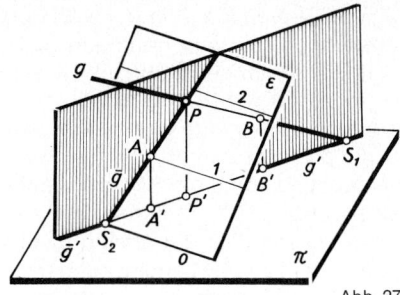
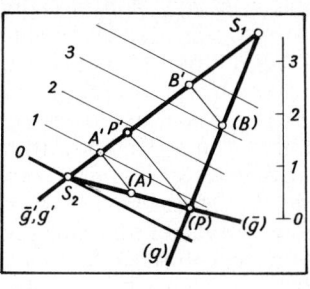

Abb. 27.1

beiden Geraden g und $\bar{g}$ ist der gesuchte Durchstoßpunkt P, denn er liegt einerseits auf g, andererseits auf $\bar{g}$, d. h. in ε.

In der senkrechten Eintafelprojektion sei die Ebene ε durch die Höhenlinien, die Gerade g durch ihren Spurpunkt S_1 und den Punkt B gegeben. Die Umlegung (g) von g ist die Gerade $(B),S_1$. Die Projektion $\bar{g}'$ von $\bar{g}$ fällt mit g' zusammen; ihre Umlegung $(\bar{g})$ geht durch den Spurpunkt S_2 und durch die Umlegung (A) irgendeines Punkts A auf $\bar{g}$, dessen Höhe, da er ja in der Ebene liegt, auf dem Höhenmaßstab abzugreifen ist. (In Abb. 27.1 ist dieser Punkt A auf der Höhenlinie 1 gewählt.) Die Umlegung (P) des gesuchten Durchstoßpunkts P ergibt sich als Schnittpunkt von (g) und $(\bar{g})$; durch Wiederaufrichten der umgelegten Geraden wird P' und die Höhe $h = P'(P)$ von P gewonnen.

Senkrechte auf einer Ebene

Steht insbesondere eine Gerade l auf einer Ebene ε *senkrecht*, so schneidet die projizierende Ebene von l die Höhenlinien der Ebene ε

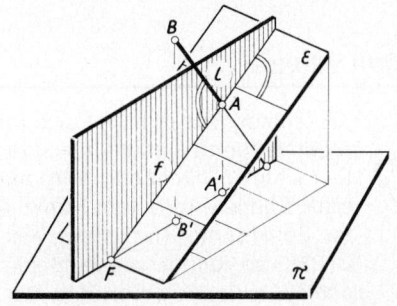
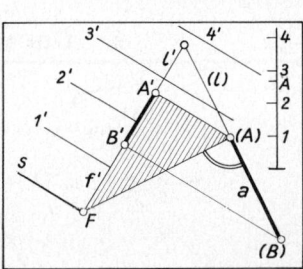

Abb. 27.2

27

unter rechtem Winkel (Abb. 27.2); die Projektion l' von l verläuft senkrecht zu den Höhenlinienprojektionen und fällt demnach (vgl. S. 20) mit der Projektion f' der Fallinie f durch den Fußpunkt A der Senkrechten l zusammen.

Um in einem Punkt A einer Ebene ε eine *Senkrechte von gegebener Länge a* zu errichten, wird wieder die projizierende Ebene durch A, die auf der Spur s von ε senkrecht steht und somit die Strecke a enthält, in die Zeichenebene π umgelegt (Abb. 27.2). Bei der Umklappung erscheint das Stützdreieck $FA'(A)$ von ε. In der Umklappung wird die wahre Größe $a = (A)(B)$ senkrecht zu $F(A)$ angetragen und darauf die umgeklappte Ebene wieder in ihre alte Lage gebracht. Die Projektion der geforderten auf ε senkrechten Strecke der Länge a ist $A'B'$.

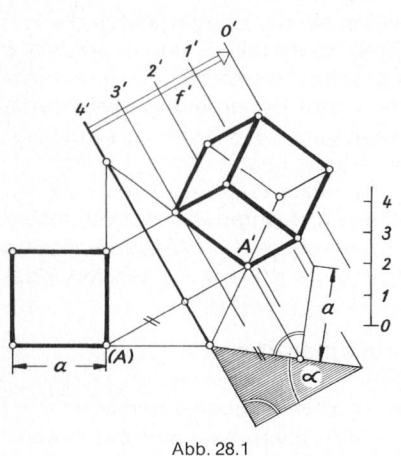

Abb. 28.1

Beispiel 6: Auf eine Ebene, die durch ihre Spur s, ihren Neigungswinkel α und die Fallrichtung gegeben ist, soll ein Würfel von der Kantenlänge a gestellt werden.

Zunächst wird ein Quadrat mit der wahren Seitenlänge a in der Ebene gezeichnet, dann werden in den vier Eckpunkten senkrechte Strecken der wahren Länge a errichtet (Abb. 28.1).

Der rechte Winkel

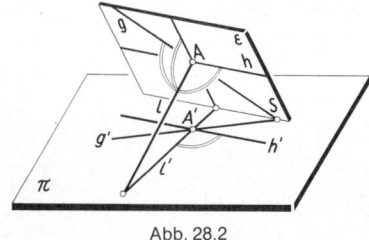

Abb. 28.2

Ein rechter Winkel bildet sich im allgemeinen keineswegs wieder als rechter Winkel ab. − Wird auf einer Ebene ε in einem Punkt A die Senkrechte l errichtet (vgl. S. 27), so bildet diese Senkrechte l mit *allen* Geraden der Ebene ε durch A einen rechten

Winkel (Abb. 28.2); in der Projektion jedoch verläuft l' senkrecht nur zu den *Höhenlinienprojektionen* der Ebene; also hat nur *derjenige* aller dieser rechten Winkel mit dem Scheitel A wieder einen *rechten* Winkel (Scheitel A') zum Bild, dessen einer Schenkel eine *Höhenlinie* und somit zur Tafel parallel ist.

Ein rechter Winkel bildet sich dann und nur dann wieder als rechter Winkel ab, wenn mindestens einer seiner Schenkel zur Bildtafel parallel ist.

Zum Beweis betrachten wir die möglichen Fälle:
Sind *beide* Schenkel zur Tafel parallel, so liegt der rechte Winkel selbst in einer zur Tafel parallelen Ebene und erscheint nach Seite 24 in wahrer Größe.
Ist *einer* der beiden Schenkel zur Tafel parallel, so ist dieser Schenkel Höhenlinie, der andere Schenkel Fallinie der Ebene des rechten Winkels. Also ist auch die Projektion ein rechter Winkel.
Ist dagegen *kein* Schenkel zur Tafel parallel (Abb. 29.1), so führt die Umklappung des bei A rechtwinkligen Dreiecks $S_1 A S_2$ auf ein rechtwinkliges Dreieck $S_1 (A) S_2$ in der Zeichenebene π, in dessen *Inneres* die Projektion A' von A fällt. Der Winkel bei A' ist demnach stumpf oder, wenn ein Nebenwinkel betrachtet wird, spitz, sicher aber niemals ein Rechter.

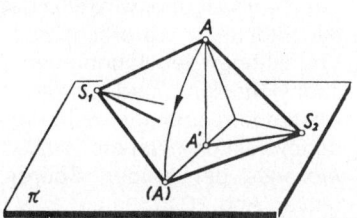

Abb. 29.1

Steht die Winkelebene senkrecht auf der Tafelebene, so fällt das Winkelbild wie überhaupt das Bild jeder beliebigen Figur der Ebene in ihre Spurgerade.

Zwei Ebenen

Zwei (nicht parallele) Ebenen ε_1 und ε_2 schneiden einander in einer Gerade g.

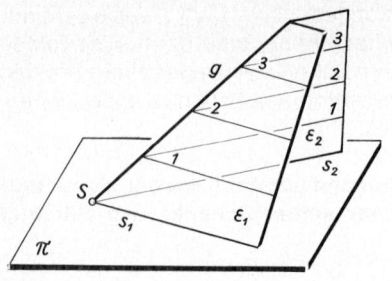 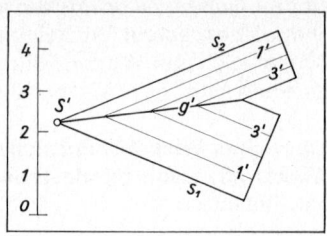

Abb. 30.1

Diese Gerade g enthält sämtliche Punkte, die den beiden Ebenen ε_1 und ε_2 gemeinsam sind. In solchen Punkten schneiden sich Höhenlinien derselben Höhe von ε_1 und ε_2 (Abb. 30.1). Insbesondere ist also der Schnittpunkt S der beiden Spuren s_1 und s_2 der Spurpunkt der gesuchten Schnittgerade g. Da eine Gerade durch zwei Punkte bestimmt ist, genügt es, zwei Paare von Höhenlinien heranzuziehen; die übrigen Punkte können zur Zeichenkontrolle dienen. In der Zeichenebene erfüllen dann die Schnittpunkte der Höhenlinienprojektionen gleicher Höhe $1'$, $2'$, $3'$ usw. die Projektion g' der Schnittgerade g von ε_1 und ε_2.

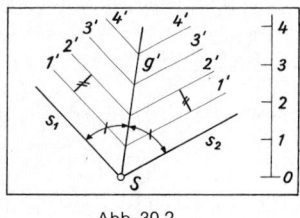

Abb. 30.2

Bilden zwei Ebenen ε_1 und ε_2 den *gleichen* Neigungswinkel α gegen die Bildtafel π, so erscheinen die Projektionen der Höhenlinien gleicher Höhe von ε_1 und ε_2 in gleichen Abständen, und die Schnittgeradenprojektion g' ist die *Winkelhalbierende* der beiden Spuren s_1 und s_2 (Abb. 30.2).

In diesem Sonderfalle läßt sich demnach die Schnittgeradenprojektion g' *ohne* Benutzung von Höhenlinien als Winkelhalbierende von s_1 und s_2 zeichnen. Man beachte aber, daß für weitere Konstruktionen, etwa die Bestimmung des Neigungswinkels von g, die Höhen der Höhenlinien *1, 2, 3,* ... von ε_1 und ε_2 bekannt sein müssen.

Das Verfahren, Höhenlinien gleicher Höhe miteinander zum Schnitt zu bringen, *versagt,* wenn die Höhenlinien der beiden Ebenen zueinander parallel sind. (Man beachte, daß dann keineswegs die beiden Ebenen selbst parallel zu sein brauchen!) In diesem Falle (Abb. 31.1) wird zur Bestimmung der Schnittgerade g eine zu den beiden Ebenen ε_1 und ε_2 senkrechte projizierende Ebene ε gelegt und in die Zei-

30

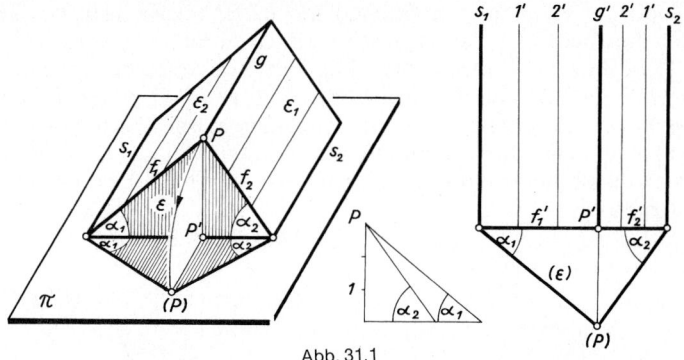

Abb. 31.1

chenebene umgeklappt. ε schneidet aus ε_1 und ε_2 jeweils Fallinien f_1 und f_2 aus; ihr aus der Umlegung gewonnener Schnittpunkt P gehört der gesuchten Schnittgerade g an. In der Zeichenebene wird durch Wiederaufrichten des umgelegten Punkts (P) die Projektion P' und durch P' die Projektion g' der gesuchten Schnittgerade als Parallele zu den Spuren s_1 und s_2 gewonnen. g ist parallel zu *allen* Höhenlinien von ε_1 und ε_2.

Haben insbesondere die beiden Ebenen ε_1 und ε_2 *gleiche* Neigung gegen die Bildtafel ($\alpha_1 = \alpha_2$), so ist die Projektion g' die *Mittellinie* zwischen den parallelen Spuren s_1 und s_2.

Drei Ebenen

Drei Ebenen, die nicht alle durch *eine* Gerade laufen und von denen keine zu einer anderen parallel ist, haben miteinander einen Punkt A gemein, nämlich denjenigen Punkt, in dem die Schnittgerade zweier von ihnen die dritte trifft (Abb. 31.2).

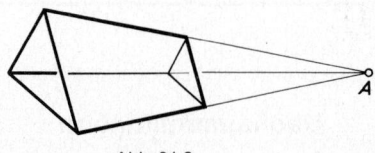

Abb. 31.2

Diese einfache Tatsache wird als *Drei-Ebenen-Probe* im folgenden oft zur Zeichenkontrolle benutzt werden.

Beispiel 7: Werden drei Ebenen mit *gleichem* Neigungswinkel α über den Spuren s_1, s_2, s_3 miteinander zum Schnitt gebracht (Abb. 32.1), so wird die Spitzenprojektion A' der entstandenen dreiseitigen Pyramide als Schnitt der drei *Winkelhalbierenden* g_1', g_2', g_3' gewonnen (vgl. S. 30). Diese Figur, als Zeichnung in der Ebene betrachtet, stellt einen einfachen Beweis für die bekannte Tatsache dar, daß die drei Winkelhalbierenden eines Dreiecks einander in *einem* Punkt schneiden.

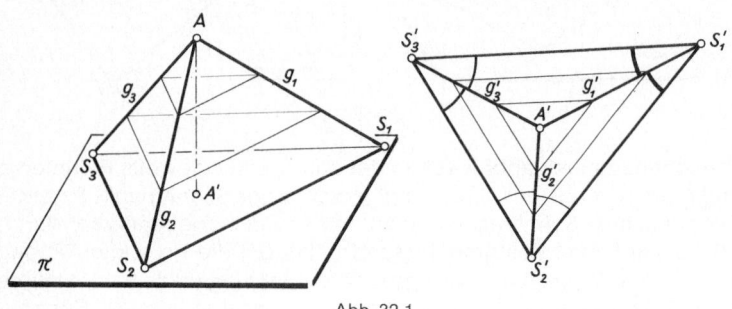

Abb. 32.1

Beispiel 8: Die *Cheopspyramide* bei Gizeh ist über quadratischer Grundfläche errichtet, wobei die vier Seitenebenen alle den gleichen Neigungswinkel $\alpha = 32°$ gegen die Grundebene bilden. Wie groß ist der Neigungswinkel der Pyramidenkanten? Bevor man die untenstehende Konstruktion (Abb. 32.2) verfolgt, überlege man, ob er größer oder kleiner als α ist.

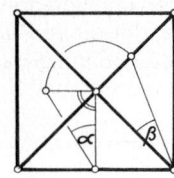

Über den vier Spuren werden unter dem Neigungswinkel α die Seitenebenen errichtet und ihre Schnittgeraden bestimmt (vgl. S. 30). Die Umlegung (vgl. S. 14) ergibt den gesuchten Winkel $\beta = 24°$.

Abb. 32.2

Dachausmittlungen

Dächer sind im allgemeinen von Ebenen begrenzt, die sich von den Oberkanten der Seitenmauern aus erheben. Diese Kanten werden *Traufkanten* genannt; an ihnen laufen die Regentraufen entlang. Wir nehmen an, daß alle Seitenmauern bis zu derselben Höhe emporgeführt sind, so daß also alle Traufkanten in einer waagerechten Ebene liegen, die wir als Bildebene π wählen. In dieser Bildebene (Abb. 33.1) sind dann die Traufkanten die Spuren unserer Dachebenen.

Die Schnittgerade zweier benachbarter Dachebenen heißt *Grat* oder *Kehle*, je nachdem ob sie von einer ausspringenden oder einspringenden Ecke aufsteigt. Die Schnittgerade zweier nicht benachbarter Dachebenen heißt *First*. In Beispiel 9 erkennt man die Traufen AB, BC, CD, ..., die Grate AG, BH, ..., die Kehle EK und die Firste GH, HK, KJ.

Die Aufgabe der Dachausmittlung besteht nun darin, Gestalt und Größe der einzelnen Dachflächen über einem gegebenen Traufkantenvieleck zu bestimmen.

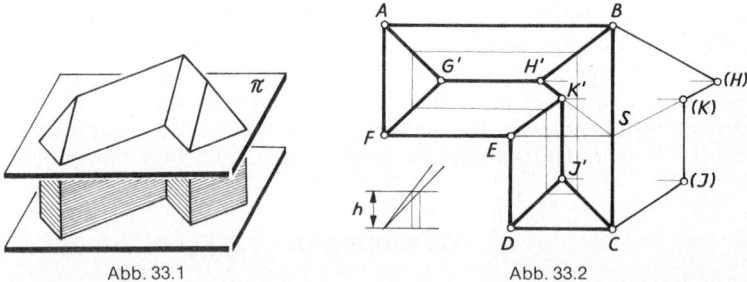

Abb. 33.1   Abb. 33.2

Beispiel 9: Über dem bekannten Traufkantenvieleck $ABCDEF$ (Abb. 33.2) soll eine Dachfläche errichtet werden, und zwar mögen die Dachebenen über den Traufen AB, AF, FE den Neigungswinkel α, die Ebenen über den Traufen DE, DC, CB den Neigungswinkel β besitzen. Um die Schnittgeraden der Dachebenen, also die Grate, Kehlen und Firste, zu gewinnen, wird in allen Ebenen noch eine Höhenlinie der willkürlichen Höhe h gezeichnet. Der Abstand ihrer Projektion von den Traufkanten läßt sich aus der Nebenfigur, die die Stützdreiecke der Ebenen mit den Neigungswinkeln α und β enthält, abgreifen. Mit Hilfe dieser Höhenlinien werden zunächst die Schnittgeraden benachbarter Dachebenen (Grate und Kehlen) bestimmt. (Die aufsteigenden Grate AG, FG; DJ, CJ erscheinen als Winkelhalbierende der betreffenden Spuren, da die zugehörigen Dachebenen gleiche Neigung haben.)

Von G aus läuft die Schnittgerade der Dachebenen durch AB und FE; ihre Projektion ist die Mittelparallele von AB und FE (vgl. S.

31); sie trifft in *H* auf den Grad *B H*. Von *H* aus läuft der First *H K*, der als Schnitt der Dachebenen durch *F E* und *B C* entsteht; dieser First hat demnach seinen Spurpunkt *S* in dem Schnittpunkt der Traufen *F E* und *B C*. In *K* treffen einander die drei Ebenen durch *F E, E D* und *B C*. Von *K* ausgehend wird wie vorher der nächste First *K J* konstruiert.

Die Anschaulichkeit der Dachfläche wird durch das Einzeichnen einiger Höhenlinien *1, 2, 3,* . . . erhöht.

Die wahre Größe der Dachflächen, z. B. derjenigen über *B C,* wird durch Umklappen in die Zeichenebene gewonnen (vgl. S. 24). Die dazu erforderliche Höhe der Punkte *H* und *K* läßt sich aus dem Stützdreieck bestimmen.

Ein „Dachkörper" mit überall gleichen Neigungsebenen tritt bei *Schutthalden* auf. Ein Material (Sand, Kohle, Düngesalz o. ä.) wird auf ein Grundstück mit vorgegebener „Traufkantenbegrenzung" aufgeschüttet und stellt sich gegen jede dieser Traufspuren unter demselben Neigungswinkel (natürlicher Böschungswinkel des Materials, s. u.) ein. Der danach konstruierte Dachkörper (Abb. 33.1 ließe sich als ein solcher Haldenkörper deuten) stellt die beste Ausnutzung des Grundstücks dar; sie wird beim praktischen Aufschütten nicht erreicht.

Böschungen

Abböschung eines Punkts

Wird von einem Punkt *A* aus auf die Grundebene ein lockeres Material, etwa trockener Sand, aufgeschüttet, so bildet sich aus diesem Material ein gerader Kreiskegel, der ähnlich wachsend schließlich mit seiner Spitze den Punkt *A* erreicht. Dieser Kegel heißt *Böschungskegel* des Punkts *A*. Jede Tangentialebene an den Böschungskegel berührt ihn längs einer Mantellinie *m*, die gleichzeitig die Fallinie der Tangentialebene ist. Die Spur jeder solchen Tangentialebene ist nämlich Tangente an den Grundkreis des Böschungskegels und steht daher senkrecht auf der Projektion *m′* und damit auch senkrecht auf *m* (vgl. S. 29). – Da alle Mantellinien des Böschungskegels gleiche Neigung $\tan \alpha$ gegen die Bildebene π besitzen, haben auch alle seine Tangentialebenen dieselbe Neigung $\tan \alpha$ gegen π.

Der Neigungswinkel α hängt vom verwendeten Material ab. Die Konstante $\mu = \tan \alpha$ ist der innere Reibungskoeffizient des Materials

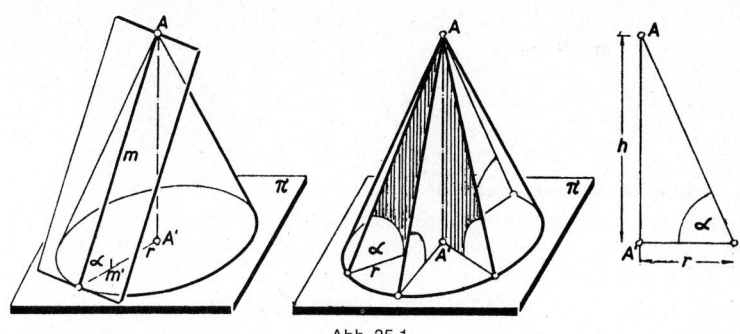

Abb. 35.1

und wird als *Abböschungsverhältnis* oder *Gefälle* bezeichnet. Der Grundkreis des Böschungskegels heißt der zum Gefälle μ gehörige *Böschungskreis* des Punkts A, sein Radius r sein *Böschungsradius* (Abb. 35.1).

Jeder Achsenschnitt durch den Böschungskegel ist ein gleichschenkliges Dreieck, dessen Basiswinkel der Böschungswinkel α ist. Durch die Kegelachse wird dieses Dreieck in zwei kongruente zerlegt, welche die *Stützdreiecke der entsprechenden Tangentialebenen an den Böschungskegel* darstellen (Abb. 35.1).

Wenn daher der abzuböschende Punkt A (Projektion A' und Höhe $h = A'A$) sowie das Gefälle $\mu = \tan \alpha = \dfrac{h}{r}$ bekannt sind, läßt sich aus einem solchen Stützdreieck der Böschungsradius r unmittelbar abgreifen (Abb. 35.1).

Liegt der abzuböschende Punkt unterhalb der Grundebene ε, so tritt an die Stelle der Aufschüttung ein kegelförmiger *Einschnitttrichter* oder *Böschungstrichter* (vgl. Ameisenlöwe), dessen Abmessungen genau wie im vorigen Fall des Auftrags (Aufschüttung) gewonnen werden (Abb. 35.2). Der Böschungskegel für einen Punkt in der Grundebene π entartet in diesen Punkt.

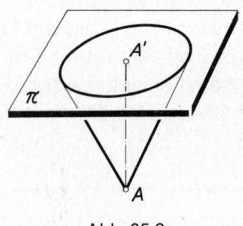

Abb. 35.2

Beispiel 10: Drei Berührebenen eines Böschungskegels haben als Spuren drei Tangenten des Böschungskreises; in Verbindung mit Beispiel 7 folgt so der Satz der ebenen Geometrie: Im Dreieck ist der Mittelpunkt des Inkreises der Schnittpunkt der drei Winkelhalbierenden (Abb. 36.1).

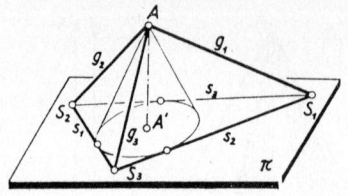 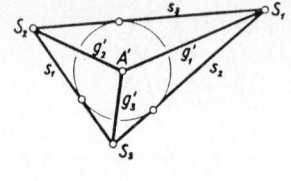

Abb. 36.1

Abböschung einer Gerade

Wir geben uns eine Gerade g mit dem Neigungswinkel β vor und markieren den Spurpunkt S und einen beliebigen Punkt A von g. Durch g lassen sich zwei Ebenen ε_1 und ε_2 mit dem vorgegebenen Gefälle $\tan\alpha$ finden, falls der Böschungswinkel α größer ist als der Neigungswinkel β von g. Legen wir nämlich durch g die beiden Tangentialebenen an den Böschungskegel des Punktes A vom Gefälle $\tan\alpha$, so berühren sie diesen Kegel längs Mantellinien. Da diese Mantellinien die Fallinien f_1 und f_2 der Tangentialebenen sind, stellen diese Ebenen die gesuchten Ebenen ε_1 und ε_2 mit der vorgegebenen Neigung $\tan\alpha$ dar. Die Spuren dieser sogenannten Böschungsebenen ε_1 und ε_2 sind die Tangenten von S an den Böschungskreis. Daher lassen sich jetzt in kotierter Projektion die Ebenen ε_1 und ε_2 leicht konstruieren (Abb. 36.2): Wir bestimmen die Berührungspunkte B_1 und B_2 der Tangenten von S an den Böschungskreis des zum Punkt A gehörigen Böschungskegels von Gefälle $\tan\alpha$. Die Geraden A, B_1 und A, B_2 sind die Fallinien der gesuchten Ebenen.

Stimmt die Neigung $\tan\beta$ unserer Gerade g mit dem Gefälle $\tan\alpha$ überein, so ist g eine Mantellinie des Böschungskegels von A und der Spurpunkt S von g liegt auf dem Böschungskreis. Es gibt in die-

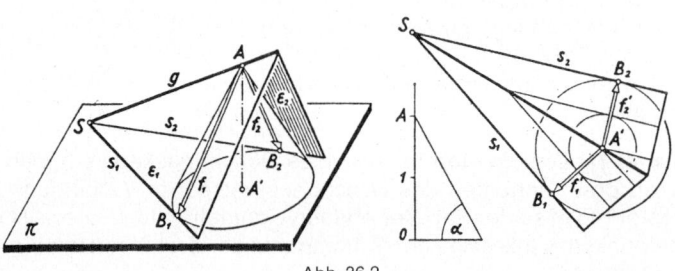

Abb. 36.2

sem Falle also nur eine Böschungsebene durch *g*, deren Fallinie *g* selbst ist.

Wird schließlich tan α größer als tan β, so liegt *S* innerhalb des Böschungskreises, und es läßt sich keine Böschungsebene der verlangten Art finden.

Abböschung einer Strecke

Um von einer Strecke *A B* den Böschungskörper vom Gefälle tan α zu konstruieren, bestimmen wir zunächst die beiden Böschungskegel der Punkte *A* und *B* vom Gefälle tan α. Die gemeinsamen Tangenten C_1, D_1 bzw. C_2, D_2 an ihre Böschungskreise (Radien in Abb. 37.1: *r*, *R*) sind die Spuren der Böschungsebenen durch die Gerade *A, B*; die Mantellinien C_1, *A* und D_1, *B* bzw. C_2, *A* und D_2, *B* sind ihre Fallinien. Der gesuchte Böschungskörper besteht aus den von diesen Fallinien begrenzten Teilen der Böschungskegel und den sich daran tangential anschließenden Teilen der Böschungsebenen durch *A, B*. − Zur Erhöhung der Anschaulichkeit sind in Abb. 37.1

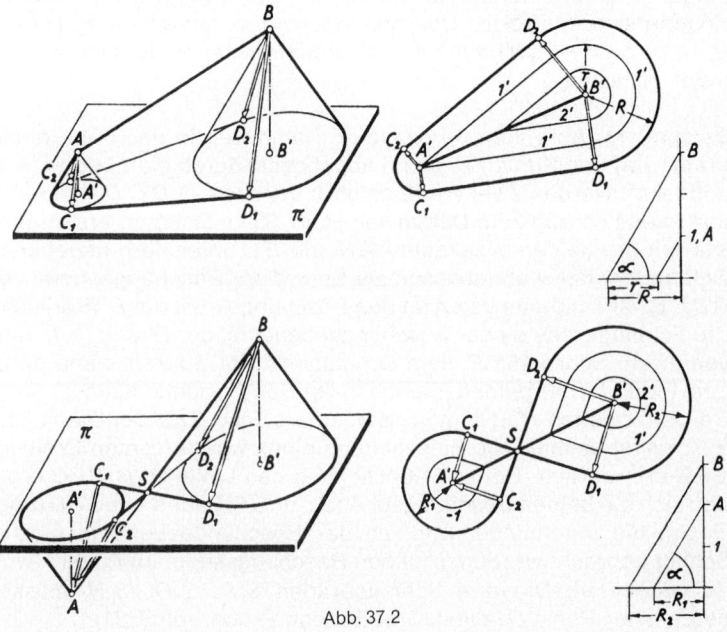

Abb. 37.2

noch einige Höhenlinien des Böschungskörpers eingezeichnet. Um z. B. die Höhenlinie *1* zu konstruieren, zeichnen wir den Höhenkreis *1* des Böschungskegels von *B* (Radius *r*) sowie die Tangenten von *A'* an diesen Höhenkreis. Die Berührpunkte liegen auf den Fallinien D_1, *B* und D_2, *B*. Liegt der Punkt *A* unterhalb der Bildebene, so ist der Böschungstrichter von *A* zu verwenden. Abb. 37.2 zeigt den entstehenden Böschungskörper.

Böschungsaufgaben

Bei den im folgenden an einigen Beispielen durchgeführten Konstruktionen von Erdwerken mit Böschungen ist zunächst ebenflächiges Gelände vorausgesetzt. Die Aufgaben sind durch wiederholte Anwendung der beschriebenen Grundkonstruktionen zu lösen. Sämtliche Höhen sind in größerem Maßstab als die Längen aufgetragen, die Zeichnungen sind „überhöht". (Bei derartigen Geländeaufgaben ist die Horizontalausdehnung bei weitem größer als die Höhenerstreckung; die Überhöhung wird vorgenommen, um bei nicht zu großer Zeichnung die Höhenunterschiede deutlich hervortreten zu lassen.)

Beispiel 11: Auf einen horizontalen Dammweg in der Höhe *h*, begrenzt von den Kanten l_1, l_2 und abgeböscht durch die Ebenen (s_1 l_1) und (s_2 l_2), werden zwei Wege geführt: der erste *A B C D* senkrecht, der zweite schräg zum Dammweg (Abb. 39.1). Bei dem ersten Weg werden die beiden Wegkanten *A D* und *B C* unter dem gegebenen Gefälle $\mu = \tan \alpha$ abgeböscht: die Spur *s* der Böschungsebene von *A D* z. B. ist Tangente von *A* an den Böschungskreis um *D'* (Radius *r*). Die Schnittgerade dieser Böschungsebene mit der Ebene (s_1 l_1) läuft von ihrem Spurpunkt *P*, dem Schnittpunkt der Spuren *s* und s_1, zu dem Punkt *D'*, der beiden Ebenen in der Höhe *h* gemeinsam ist.
Bei dem zweiten Weg liegt nur eine obere Ecke *E* auf der Dammkante l_2; es ist deshalb die Einschaltung eines waagerechten Dreiecks *E F G* erforderlich. Bei der Abböschung des Linienzugs *S F G* ergeben sich die beiden Böschungsebenen für *S F* (Spur s_3) und *F G* (Spur S_1, S_2), die miteinander und mit der Böschungsebene (s_2 l_2) zum Schnitt gebracht werden. (Auf den Böschungskegel im Punkt *F* wurde verzichtet!) Die drei Schnittgeraden $S_2 F'$, $S_1 G'$, $S_3 H'$ müssen durch einen Punkt *Q* laufen (Drei-Ebenen-Probe, vgl. S. 31).

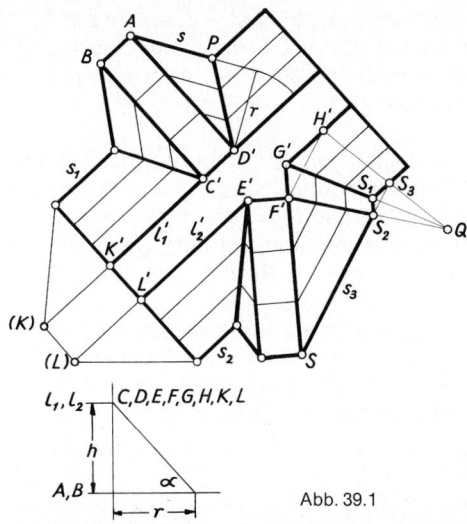

Abb. 39.1

Beispiel 12: In das gleichmäßig ansteigende, durch die Höhenlinien *0 ... 6* gekennzeichnete Gelände soll eine rechteckige horizontale Plattform *ABCD* in der Höhe 3 eingebaut werden (Abb. 39.2). Die Punkte *E* und *F* der Plattform liegen im Gelände selbst; von den waagerechten Strecken *EA, AD, DC* und *CF* aus ist abzuböschen (Auftrag $\mu_2 = \tan \alpha_2 = 1:1$), von den waagerechten Strecken *EB* und *BF* aus ist einzuschneiden (Einschnitt $\mu_1 = \tan \alpha_1 = 3:2$). Die so konstru-

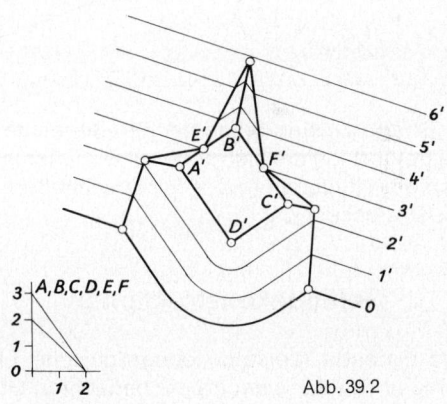

Abb. 39.2

39

ierten Böschungsebenen sind miteinander und mit der Geländeebene zum Schnitt gebracht. Der Übergang der Böschungsebene durch AD zur Böschungsebene durch DC wird von einem Böschungskegel mit der Spitze D gebildet.

Beispiel 13: *Straßenüberquerung.* In ein ebenes Gelände der Höhe 4 ist eine geradlinige horizontale Straße S_1 der Höhe 2 eingeschnitten (Abb. 40.1). Über die Straße S_1 wird eine ansteigende Straße S_2 geführt. An die Straßenkanten im Übergangsgebiet AC, BD schließen sich senkrechte Mauern an, während der andere Teil der Straßenkanten von S_2 abgeböscht ist ($\mu = \tan \alpha = 2{:}1$). Der entstehende Böschungskörper von S_2 ist durch Ebenen und Teile von Böschungskegeln begrenzt, deren Spitzen in den Punkten A, B, C, D liegen (Abb. 40.1). Die Böschungskegel werden von den angrenzenden Böschungsebenen längs Fallinien berührt.

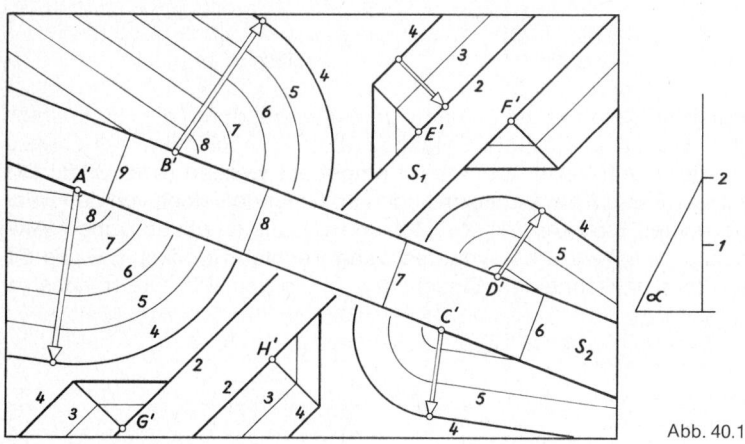

Abb. 40.1

Unterhalb der Straße S_2 sind längs der Straßenkante von S_1 senkrechte Mauern geführt, an die sich – durch Dreiecke getrennt – Böschungsebenen der Neigung $\tan \alpha = 2{:}1$ anschließen. (Welche Neigung haben die Dreiecke?)

Geländekonstruktionen

Ein natürliches Gelände (Terrain, topographische Fläche) weicht mehr oder weniger von der waagerecht gedachten Grundebene ab und wird im allgemeinen als Oberfläche des natürlichen Erdreichs eine krumme Fläche sein. Wenn weder Höhlenbildungen noch überhängende oder senkrechte Wände vorkommen, trifft jede auf der Grundtafel errichtete Senkrechte die Geländefläche nur einmal; die Höhenlinien des Geländes, die im allgemeinen krumm sind, liegen daher so, daß die Projektionen von Höhenlinien verschiedener Höhe einander nicht schneiden. Die Landesaufnahme hat als Abstände zwischen den einzelnen Höhenlinien Schichthöhen von 20; 10; 5; 2,5; 1,25 m festgesetzt; diese Schichthöhen werden durch verschiedene Strichtechnik gekennzeichnet (vgl. die Erläuterung am Rande eines Meßtischblatts). Ein anschauliches Bild von der Entstehung der Schichtlinien gewinnt man, wenn man sich den Bergkörper als Insel vorstellt und das umgebende Meer von seinem Normalstand Null allmählich auf die Höhen 1, 2, 3, ... steigen läßt. Die jeweiligen Uferlinien sind die Schichtlinien der Höhen 1, 2, 3, ...

Durch die Höhenlinien läßt sich das Gelände seiner Höhenausdehnung nach kennzeichnen. Dieses Verfahren wird bei Landkarten größeren Maßstabs, wie z. B. der Grundkarte (Maßstab 1:5000) und dem Meßtischblatt (Maßstab 1:25000) benutzt.

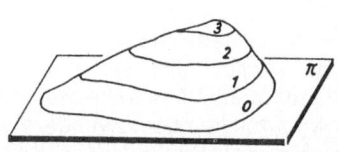 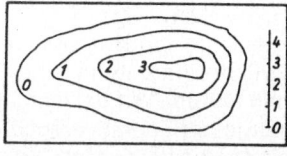

Abb. 41.1

Abbildung 41.1 zeigt die anschauliche Skizze eines Bergs mit Höhenlinien und seine Darstellung mit Hilfe der Höhenlinienprojektionen. Je steiler der Berg ist, um so enger liegen die Höhenlinienprojektionen beieinander.

Im allgemeinen läuft durch jeden Kartenpunkt eine Höhenlinie; Ausnahmen bilden die *Gipfel-, Mulden-* und *Joch*punkte (Abb. 42.1). Bei den beiden ersten, *G'* und *M'*, sind die Höhenlinien zu einem Punkt zusammengeschrumpft: Der Gipfelpunkt liegt höher, der Muldenpunkt tiefer als alle Nachbarpunkte. Durch einen Jochpunkt laufen zwei (oder mehr) Höhenlinien gleicher Höhe; er ist die Ausgangsstelle zweier (oder mehrerer) durch Bergzüge getrennter Täler.

Eine plastische Darstellung von Geländeflächen wird durch ein *Relief* gegeben. Bei der Herstellung eines solchen Reliefs werden die einzelnen Höhenlinien aus Pappe- oder Holzplatten, deren Dicke der Schichtendicke entspricht, ausgeschnitten und zu einem stufenförmigen Gebilde richtig zusammengelegt. Durch Ausschmieren mit Gips oder Wachs wird eine glatte Oberfläche erzielt.

Beispiel 14: *Längenprofil eines Wegs.* In dem in Abb. 42.2 dargestellten Gelände ist ein Weg *w* eingezeichnet, der den Punkt *A* mit dem Punkt *F* verbindet. Wir wollen das Steigen und Fallen des Wegs *w* verfolgen.

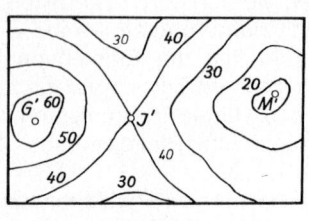

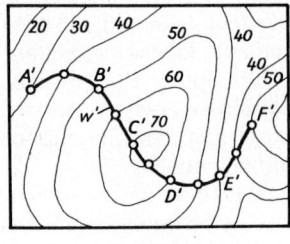

Abb. 42.1   Abb. 42.2

Die Projektionsstrahlen durch die Punkte des Wegs erfüllen den Mantel eines allgemeinen Zylinders (vgl. S. 191), dessen Leitkurve *w'* ist (Abb. 43.1).

Das gesuchte *Längenprofil* w_0 von *w* entsteht nun als Abwicklung des Zylindermantels in eine Ebene. (Anschaulich stelle man sich vor, daß in Abb. 43.1 bei festgehaltener Mantellinie α die Mantellinie *b* so lange horizontal verschoben wird, bis aus dem Zylindermantel eine Ebene geworden ist. Die dann aus *w* entstehende Kurve ist das Längenprofil.) Um das Längenprofil von *w* angenähert zu konstruieren, werden kleine Strecken $A'B'$, $B'C'$, ..., $E'F'$ von *w'* in Abb. 42.2 abgegriffen und mit dem Stechzirkel auf eine waagerechte Achse *c* übertragen[1]. Wir erhalten so die Punkte A_0', B_0', ..., F_0' (Abb. 43.2). Weiter tragen wir die zu den Punkten *A*, *B*, ..., *F* gehörigen Koten senkrecht über den Punkten A_0', B_0', ..., F_0' ab und verbinden die entstehenden Punkte A_0, B_0, ..., F_0 durch eine Kurve, die eine Näherung des Längenprofils w_0 darstellt. Derartige Längenprofile spielen bei der Planung von Bahn- und Straßenbauten eine große Rolle.

---

[1] Diese Konstruktion heißt zeichnerische Rektifikation des Kurvenbogens *A* ... *F*. Man denkt sich diesen Kurvenbogen aus kleinen geradlinigen Stücken zusammengesetzt, die man auf die Achse überträgt. Für das Abgreifen werden in der Praxis sägezahnartige Kartenentfernungsmesser benutzt. Genauer ist die Anwendung eines „Kurvimeters". Es besteht aus einem Rädchen, mit dem die Wegkurve auf der Karte abgefahren wird. Die Anzahl der Umdrehungen wird durch ein Zählwerk gemessen, an dem man direkt die Kurvenlänge ablesen kann.

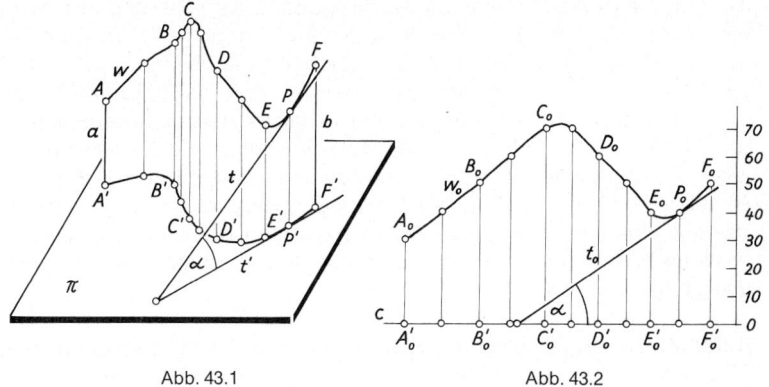

| Abb. 43.1 | Abb. 43.2 |

Das Längenprofil w_0 gibt einen anschaulichen Eindruck über das Steigen und Fallen des die Punkte A und F im Gelände verbindenden Wegs. Ein geometrisches Maß für die Steigerungsverhältnisse liefern uns die Neigungswinkel α der Tangenten an die Kurve w in den einzelnen Punkten. Der Neigungswinkel α der Tangente an die räumliche Kurve w in einem ihrer Punkte P stimmt mit dem Neigungswinkel α der Tangente an die abgewickelte (ebene) Kurve w_0 in dem entsprechenden Punkt P_0 überein (Abb. 43.2). Die Zahl $\tan \alpha$ wird als *Neigung der Kurve w im Punkt P* bezeichnet.

Wir haben eben von einer vorgegebenen Kurve w in einem Gelände die Steigungsverhältnisse bestimmt. In der Praxis tritt häufig die Umkehrung dieser Aufgabe in folgender Weise auf: Man soll einen Weg w in ein vorgegebenes Gelände einzeichnen, der überall gleiche Neigung besitzt. Man nennt eine solche Kurve w, die an jeder Stelle gleiche Neigung besitzt, eine *Böschungslinie*. Das Längenprofil einer Böschungslinie ist eine ebene Kurve, die überall gleiche Neigung hat, d. h. eine Gerade (Abb. 43.3 links).

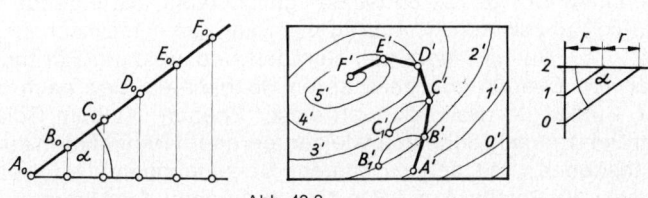

Abb. 43.3

Um nun einen Weg mit konstanter Neigung tan α näherungsweise in ein vorgegebenes Gelände einzuzeichnen, gehen wir von einem Punkt A (hier mit der Höhe 1) aus, zeichnen den Böschungstrichter (vgl. S. 35) von A und schneiden seinen Höhenkreis 2 (Radius r) mit der Schnittlinie 2 des Geländes. Wir erhalten zwei Schnittpunkte B und B_1 (Abb. 43.3). Wir entscheiden uns für den Punkt B und wenden auf ihn das gleiche Verfahren an. Wir bekommen so eine Folge von Punkten $A, B, C, \ldots, F$, deren Verbindungskurve der angenäherte Verlauf einer der gesuchten Böschungslinien ist. w kann praktisch etwa als Mittellinie einer Straße konstanten Anstiegs, die auf einen Berg führt, verwendet werden.

Beispiel 15: *Geländeschnitt (Querprofil).* Läßt sich zwischen den Punkten A und B des Geländes in Abb. 44.1 eine Blinkverbindung herstellen? Zur Entscheidung wird durch die Gerade A, B eine projizierende Ebene ε gelegt. ε schneidet das Gelände in einer Kurve w, die man als das Querprofil $A \ldots B$ bezeichnet. Punkte von w erhalten wir als Schnittpunkte der Höhenlinien des Geländes mit ε. Die Umklappung von ε in die Bildebene π liefert die wahre

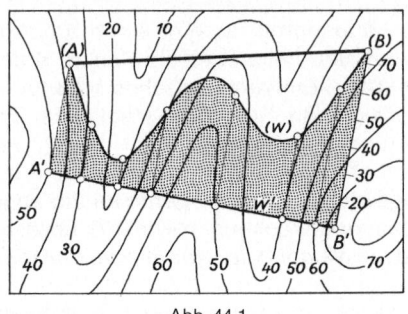

Abb. 44.1

Gestalt (w) des Querprofils w. Da in unserem Beispiel der mitumgeklappte Sehstrahl $(A), (B)$ die Kurve (w) zwischendurch nicht trifft, ist eine Blinkverbindung von A nach B möglich. (Ändert sich dieses Ergebnis bei anderem Höhenmaßstab?)

Beispiel 16: *Gerader Weg im Gelände.* In dem skizzierten Gelände (Höhenlinien *0, 10, ..., 50* ist der gleichmäßig ansteigende Weg (Abb. 45.1) abzuböschen; Auftrag $\mu_1 = \tan \alpha_1 = 1:1$, Einschnitt $\mu_2 = \tan \alpha_2 = 2:1$. Da die Wegränder Geraden sind, wird der Böschungskörper von Ebenen begrenzt, deren Höhenlinien man nach S. 36 findet. Punkte der Schnittkurven dieser Ebenen mit dem Gelände konstruiert man als Schnittpunkte der (geraden) Höhenlinien der Böschungsebenen mit den (krummen) Geländehöhenlinien gleicher Nummer. Die Punkte A und B in Abb. 45.1 geben den Übergang von

Auftrag und Einschnitt an. Sie lassen sich durch Umklappen der Geländeschnitte durch die Wegkanten konstruieren.

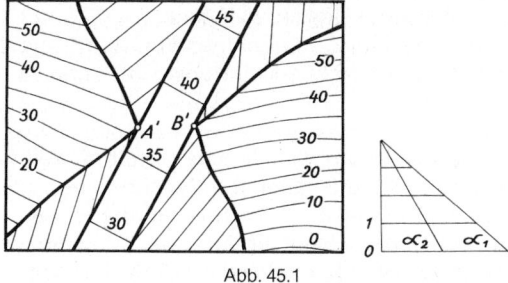

Abb. 45.1

Beispiel 17: Ein *gekrümmter Weg AB, CD* soll so geführt werden, daß seine Kante *AC* im Gelände der Abb. 45.2 verläuft. Die zu *AC* „parallele" zweite Wegkante *BD* soll aufgeböscht ($\mu = \tan \alpha = 2{:}1$) und die Schnittkurve der entstehenden Böschungsfläche mit dem Gelände ermittelt werden.

Da die Wegkante *BD* jetzt nicht mehr geradlinig ist, wird der entstehende Böschungskörper von einer (gekrümmten) Fläche begrenzt, die man als *Böschungsfläche* bezeichnet. Wir wollen die Höhenlinien dieser Böschungsfläche suchen. Dazu stellen wir in jedem Punkt der aufzuböschenden Wegkante *BD* den Böschungtrichter auf (Böschungswinkel α) und zeichnen seine Höhenkreise. Die Einhüllenden der Höhenkreise gleicher Nummer sind die Höhenlinien der Böschungsfläche. Um z. B. die Höhenlinie *20* zu konstruieren, bestimmen wir die Schichtkreise der Höhe 20 von Böschungtrichtern, deren Spitzen die Punkte *E, F, G, ...* der Wegkante *BD* sind. Die

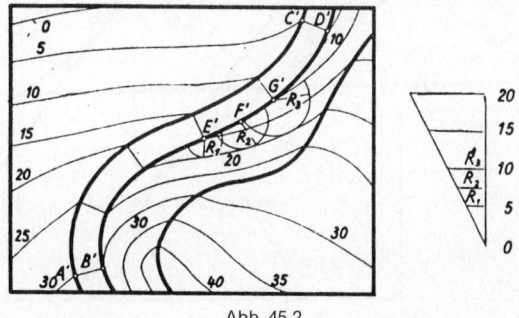

Abb. 45.2

Mittelpunkte dieser Schichtkreise sind E', F', G', ...; ihre Radien R_1, R_2, R_3, ... lassen sich aus dem Achsenschnitt eines Böschungstrichters entnehmen (Abb. 45.2). Die Einhüllende dieser Höhenkreise ist die Höhenlinie *20* unserer Böschungsfläche.

Bringen wir gleichbezifferte Höhenlinien von Böschungsfläche und Gelände zum Schnitt, so erhalten wir Punkte der Schnittkurve beider Flächen.

Beispiel 18: *Straßeneinmündung.* In eine Straße S_2 soll eine Straße S_1 so einmünden, daß die Straßenoberflächen ohne Knick ineinander übergehen. In Abb. 46.1 ist die Straßenebene von S_1 bis zum Punkt *A* der Höhe 12 heruntergeführt. Ferner ist es so eingerichtet, daß die Höhenlinie *12* von S_1 die linke Straßenkante von S_2 im Punkt *B* der Höhe 12 trifft. Die Aufgabe besteht nun darin, eine *Übergangsfläche Φ* so zu legen, daß sie sich längs der Höhenlinie *12* von S_1 und längs der linken Straßenkante von S_2 ohne Knick (tangential) an die Straßenebene anschließt. Als eine solche Fläche Φ bietet sich derjenige Teil des Mantels eines allgemeinen Kegels mit der Spitze

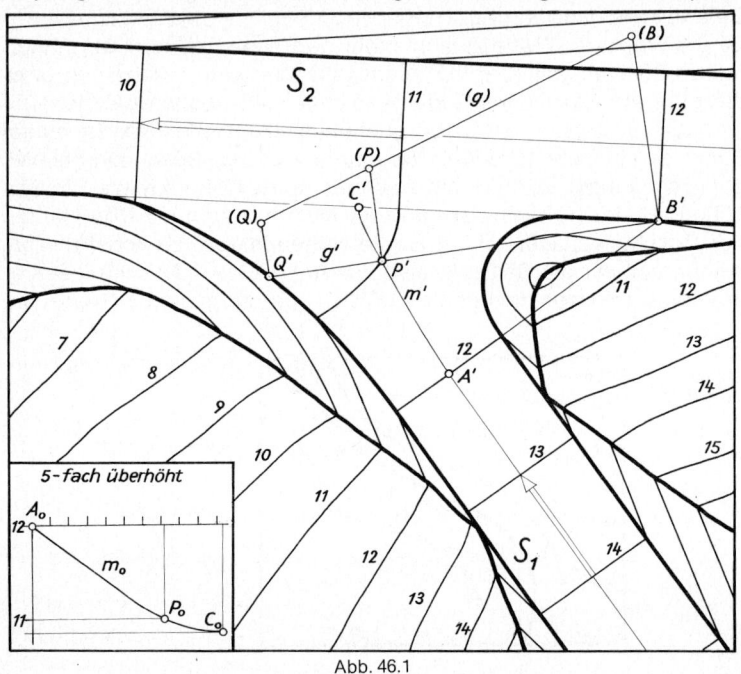

Abb. 46.1

in B an, der die Straßenebenen längs der Mantellinien B, C bzw. B, A berührt. Die Leitlinie dieses Übergangskegels Φ geben wir uns als Mittellinie m von S_1 vor, die zwischen A und einem auf dem linken Rand von S_2 gelegenen Punkt C verläuft. Wir wählen also die Projektion m' und zeichnen das zugehörige Längenprofil m_0 so, daß die durch m' und m_0 bestimmte Kurve m in ihren Endpunkten A und C die Straßenebene von S_1 bzw. S_2 berührt. Von dem damit festgelegten Übergangskegel Φ können wir nun Höhenlinien konstruieren, indem wir die ganzzahligen Graduierungspunkte seiner Mantellinien suchen. − Schließlich sind in Abb. 46.1 die längs der Straßenränder auftretenden Böschungsflächen sowie ihre Schnittkurven mit dem Gelände gezeichnet. Wie groß ist das Gefälle der Böschungsflächen?

Beispiel 19: *Volumenbestimmung (Schichtenmethode).* In einem Tal (Höhenlinien *1010, 1020, 1030, ...* in Abb. 47.1, Höhen in m über dem Meer) wird ein Stausee angelegt. Die ebene Dammkrone wird von zwei Kreisstücken k_1 und k_2 begrenzt. Der Profilschnitt des Dammes durch A, B ist in Abb. 48.1 gezeichnet: Die Wasserseite des Damms verläuft vertikal, die Luftseite ist mit dem Gefälle $\mu = \tan \alpha$ abgeböscht. Die größte Stauhöhe beträgt 1032,5. Man ermittle die maximal gestaute Wassermenge in m^3.

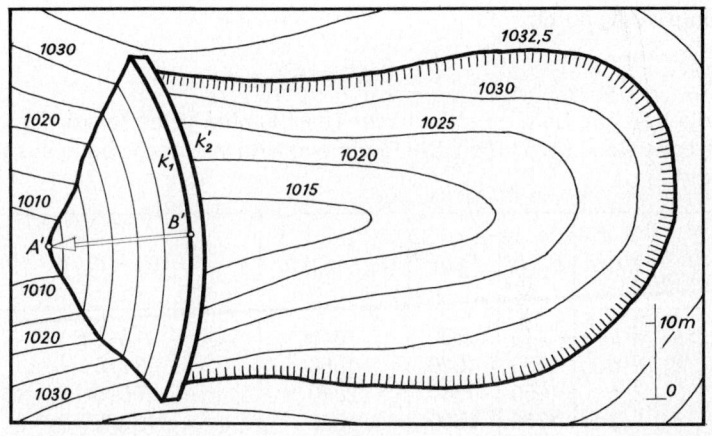

Abb. 47.1

Um dieses Wasservolumen angenähert zu bestimmen, denken wir uns durch das gestaute Wasser horizontale Schichtebenen in der

47

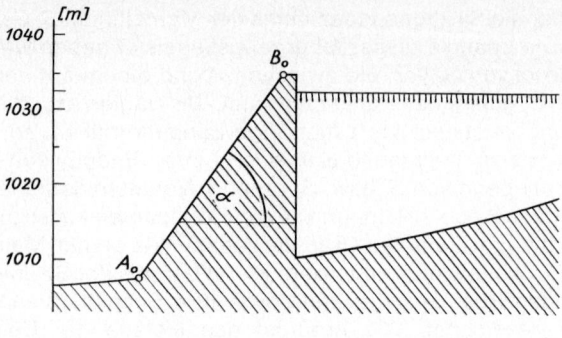

Abb. 48.1

Höhe der eingezeichneten Höhenlinien gelegt. Je zwei benachbarte Schichtebenen, die voneinander den Abstand h haben, begrenzen einen Teilkörper der Höhe h, der oben und unten von ebenen, horizontal liegenden Flächenstücken φ_o und φ_u begrenzt wird. Diese Flächenstücke werden von den betreffenden Teilen der Geländehöhenlinien und der Dammauer berandet. Die Flächeninhalte F_o und F_u von φ_o und φ_u lassen sich unter Beachtung des Maßstabs in der kotierten Projektion Abb. 47.1 etwa mit Hilfe eines Planimeters ausmessen. Das Volumen v eines solchen Teilkörpers ist dann näherungsweise durch

$$v = \frac{h}{2}\,(F_o + F_u)$$

gegeben. Die Summe aller dieser Teilvolumina v der Teilkörper liefert das Gesamtvolumen. Die Rechnung wird in einer Tabelle ausgeführt:

Teil-körper	h m	F_o m^2	F_u m^2	$(F_o + F_u)$ m^2	$v = \dfrac{h}{2}\,(F_o + F_u)$ m^3
1	5	145	500	645	1612,5
2	5	500	1050	1550	3875
3	5	1050	1760	2810	7025
4	2,5	1760	2500	4260	5325

Summe $V = \quad$ 17 837,5

$\approx 17,8 \cdot 10^3$ m^3

Die Genauigkeit des Gesamtvolumens V wird größer, wenn wir die Anzahl der Teilkörper vermehren, d. h. die Abstände h der Schichtebenen verkleinern.

Beispiel 20: *Volumenbestimmung (Profilmethode).* In dem Gelände der Abb. 49.1 wird eine Straße (Breite b = 10 m) geführt, deren Mittellinie $A, B, ..., E$ die konstante Höhe 25 m hat. Wir betrachten hier nur den Teil der Straße, der höher als das Gelände liegt und böschen dort die Straßenkante mit dem Gefälle $\tan \alpha$ = 1:1 ab. Die Höhenlinien der entstehenden Böschungsflächen sind wie in Beispiel 17 konstruiert.

Wieviel m³ Material wird benötigt, um die Straße im Bereich $A, B, ...,$ E abzuböschen? Wir legen durch jeden der Punkte $A, B, ..., E,$ die den gleichen Abstand a = 13,5 m voneinander haben, senkrecht zur Mittellinie der Straße Profilschnitte durch die Böschungsflächen und das Gelände. Die entstehenden Profile zeichnen wir in einer Nebenfigur (Abb. 49.1 rechts) in wahrer Größe heraus und messen deren Flächeninhalte $F_A, F_B, ..., F_E$ aus. Die zwei benachbarten Profilebenen durch A und B schneiden einen Teilkörper des aufzuschütten-

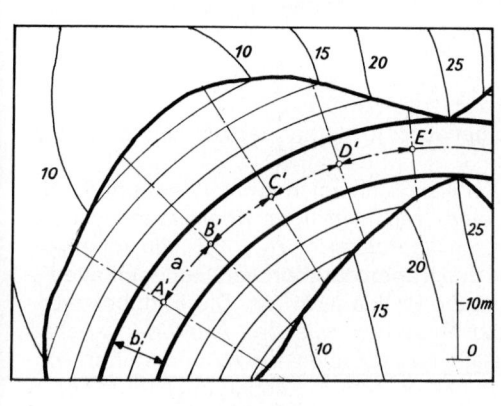

Abb. 49.1

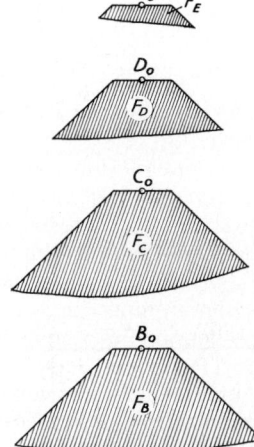

den Erdmaterials aus, dessen Volumen v_1 näherungsweise durch

$$v_1 = \frac{a}{2} \left(F_A + F_B \right)$$

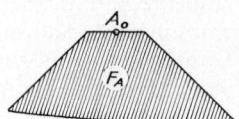

49

gegeben wird. Sind v_2, v_3, v_4 die Teilvolumina der durch die folgenden Profilebenen begrenzten Teilkörper, so ist das gesuchte Volumen $V = v_1 + v_2 + v_3 + v_4$. Die Rechnung führt man wieder in einer Tabelle aus:

	Inhalt der Profile F m^2	Summe der Inhalte benachbarter Profile in m^2	Teilvolumen v m^3
A	410		
		920	6 210
B	510		
		990	6 683
C	480		
		640	4 320
D	160		
		200	1 350
E	40		

$$\text{Summe } V = \begin{array}{l} 18\,563 \\ \approx 18{,}6 \cdot 10^3 \ \text{m}^3 \end{array}$$

Das Ergebnis wird um so genauer, je kleiner der Abstand a gewählt wird.

Die Bestimmung von V läßt sich auch zeichnerisch bequem durchführen: Auf der x-Achse eines rechtwinkligen Koordinatensystems (Abb. 51.1) markieren wir uns die Punkte A_0, B_0, …, E_0, die voneinander den Abstand α haben, und tragen darüber die Flächeninhalte F_A, F_B, …, F_D der entsprechenden Profile in m^2 an. Die Endpunkte bestimmen eine Kurve k. Der Inhalt des zwischen k und der x-Achse gelegenen Flächenstücks gibt das Volumen V in m^3 angenähert wieder. Für unser Beispiel erhalten wir durch Ausplanimetrieren des in Abb. 51.1 schraffierten Flächenstücks den Wert $V \approx 18{,}8 \cdot 10^3$ m^3, der mit unserem vorhin berechneten Wert gut übereinstimmt.

Manchmal interessiert man sich nicht für den Wert des Volumens V selbst. Wenn nämlich eine Straße sowohl auf- als auch abgeböscht werden muß, fällt ein bestimmtes Volumen V_{ab} des abgetragenen Materials an, das zum Aufschütten für die Abböschung wieder verwendet werden kann. Man pflegt beim Anlegen einer Straße darauf zu achten, daß das anfallende Volumen V_{ab} mit dem aufzuschütten-

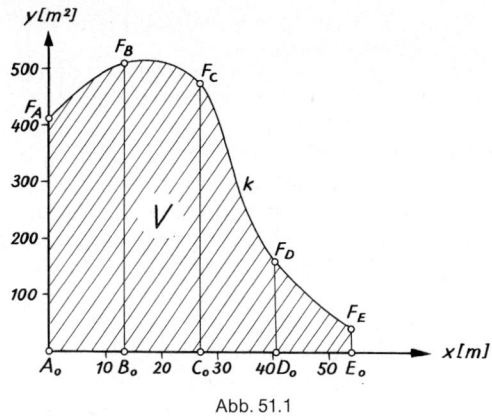

Abb. 51.1

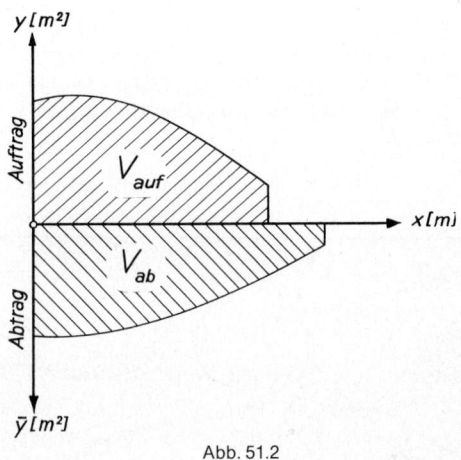

Abb. 51.2

den Volumen V_{auf} übereinstimmt. Es ist dann nur zu kontrollieren, ob die in Abb. 51.2 schraffierten Flächenstücke einander gleich sind.

Rechnerische Perspektive

Schon in Beispiel 15 haben wir uns mit der Frage beschäftigt, ob man von einem Beobachtungspunkt A aus einen gewissen Gelände-

51

punkt *B* sehen kann oder nicht. Wir wollen diese Fragestellung erweitern zu der folgenden Aufgabe:

Welcher Teil des Wegs *w*, der in dem Gelände der Abb. 52.1 eingezeichnet ist, läßt sich von dem 140 m hohen Berggipfel *O* aus sehen?

Wir legen durch *O* eine projizierende Ebene ε und schneiden sie mit dem Gelände. Die entstehende Profilkurve *k* klappen wir um die Höhenlinie *140* von ε um und legen von *O* aus die Tangente (*t*) an (*k*) (Abb. 52.1). Den Berührpunkt (*B*) klappen wir wieder zurück: *B'*.

Die Tangente *t* (Sehstrahl *O*, *B*), die das Gelände im Punkt *B* berührt, trifft die Profilkurve *k* in dem Punkt *D*. Der zwischen *B* und *D* gelegene Teil von *k* ist für den Beobachter in *O* nicht sichtbar.

Indem wir mehrere Geländeschnitte durch *O* legen, erhalten wir auf die gleiche Weise eine Folge von Punkten *B* und *D*, die Kurvenzüge *b* und *d* in dem Gelände bilden (Abb. 52.1). Die Sehstrahlen aller Punkte der Kurve *b* erzeugen einen allgemeinen Kegel, den man den *Sichtkegel* nennt. Der Sichtkegel, dessen Spitze der Beobachtungspunkt *O* ist, berührt das Gelände längs der Kurve *b* und schneidet aus dem Gelände die Kurve *d* aus. Diese Kurven *b* und *d* begrenzen den von *O* aus sichtbaren Teil des Geländes. In unserem Beispiel ist also der Weg *w* zwischen den Punkten *X* und *Y* vom Gipfel *O* aus nicht zu sehen.

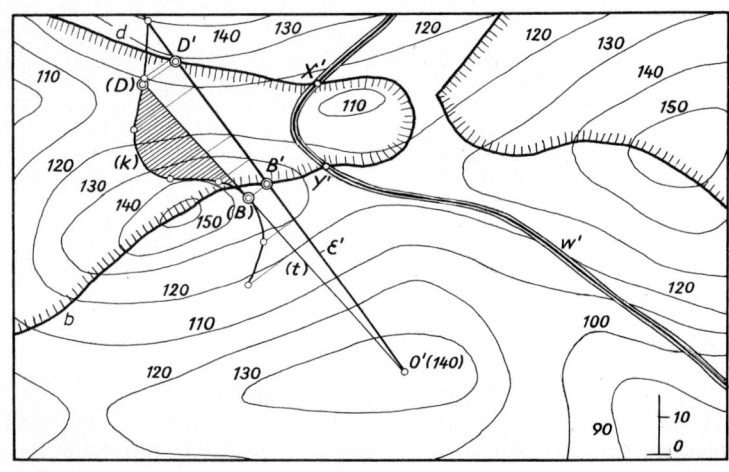

Abb. 52.1

Die Frage nach den Sichtbarkeitsverhältnissen spielt im Straßenbau eine große Rolle. Hat man in kotierter Projektion etwa die Trassierung einer Straße in einem Gelände vorgelegt, so wird man sich fragen, wieweit etwaige Kurven dieser Straße von einem Autofahrer, der sich dieser Kurve nähert, eingesehen werden können.

Diese Frage läßt sich allein in kotierter Projektion entscheiden, indem man nach dem eben geschilderten Verfahren den Sichtkegel konstruiert und nachsieht, welcher Teil der Straße im sichtbaren Gebiet liegt. – Eine vollständigere und befriedigendere Lösung unserer Aufgabe besteht darin, daß man ein *Schaubild* der betreffenden Straßenkurve samt dem umliegenden Gelände konstruiert. In einem solchen Schaubild läßt sich sofort sehen, ob die Linienführung einer Straße fahrdynamisch richtig ist (oder auch wie sich ein bestimmtes Bauwerk in die Landschaft einordnet).

Die anschaulichsten Bilder werden durch die Zentralprojektion geliefert. Wir werden demnach als Schaubild eines in kotierter Projektion gegebenen Gegenstands ein zentralperspektives Bild verwenden. Im folgenden soll zur Konstruktion eines perspektiven Bilds die Methode der *rechnerischen Perspektive* auseinandergesetzt werden. Auf konstruktive Methoden der Perspektive gehen wir im letzten Kapitel genauer ein.

Wir wählen ein Zentrum O und eine vertikale, bildauffangende Ebene π_1. Das perspektive Bild $\bar{P}$ eines Raumpunkts P ist der Durchstoßpunkt des Sehstrahls O, P mit π_1 (Abb. 54.1 oben).

Um den Punkt $\bar{P}$ in der Ebene π_1 festzulegen, führen wir in π_1 ein rechtwinkliges $\bar{x}$-, $\bar{y}$-Koordinatensystem ein. Der Ursprung dieses Koordinatensystems ist der Fußpunkt H des Lots von O auf π_1. Die positive $\bar{x}$-Achse laufe horizontal nach rechts, die positive $\bar{y}$-Achse vertikal nach oben. Die $\bar{x}$-Achse wird also von der horizontalen Ebene γ durch O, die $\bar{y}$-Achse von der auf π_1 und der Grundrißebene senkrechten Ebene durch O aus der bildauffangenden Ebene π_1 ausgeschnitten (Abb. 54.1 oben).

In der Grundebene π erscheint die *Distanz* $d = OH$ (Abstand: Zentrum – bildauffangende Ebene π_1) in wahrer Größe: $d = O'H'$. Ist d_P der Abstand des Punkts P' von der zu π_1' parallelen Gerade durch O', so gilt, wenn $x = P'P_0'$ der Abstand von P' zur Gerade $O'H'$ ist, nach dem Strahlensatz:

$$\bar{x} : x = d : d_P$$

oder

(1)
$$\bar{x} = \frac{d}{d_P} \cdot x.$$

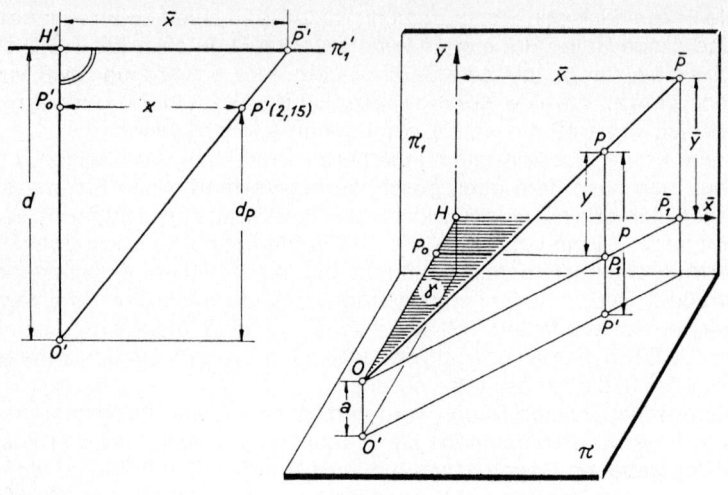

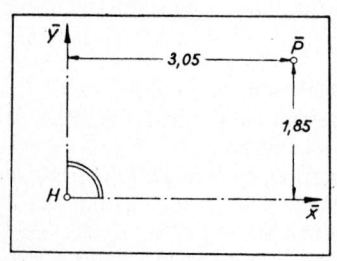

		$a = 0{,}7$;		$d = 3{,}9$		
Punkt	x	y	d_P	λ	$\bar{x}$	$\bar{y}$
P	2,43	1,45	3,10	1,26	3,05	1,85
Q						
⋮						

Abb. 54.1

Ist a die Kote des Zentrums (a = Aughöhe), p die Kote des abzubildenden Punkts P, und setzen wir

$$y = p - a,$$

so gilt nach dem Strahlensatz (Abb. 54.1):

(2) $\qquad \bar{y} : y = \bar{P_1}O : P_1O = OH : OP_0 = d : d_P.$

Mit $\lambda = \dfrac{d}{d_P}$ sind nach (1) und (2) die Koordinaten des Punkts $\bar{P}$ durch

(3) $\qquad \begin{aligned} \bar{x} &= \lambda x \\ \bar{y} &= \lambda y \end{aligned}$

gegeben.

Nach der Wahl des Augpunkts O und der Bildebene π_1 sind die Distanz d und die Aughöhe a feste bekannte Größen. Um das Bild $\bar{P}$ des Punkts P (gegeben durch P' und Kote p) zu konstruieren, messen wir die zwei Strecken x und d_P unter Beachtung des Vorzeichens und bestimmen die Größe $y = p - a$ und die Zahl $\lambda = \dfrac{d}{d_P}$. (Man beachte, daß λ vom Punkt P abhängig ist.) Dann liefern die Gleichungen (3) die Koordinaten $\bar{x}, \bar{y}$ des Punkts $\bar{P}$ im $\bar{x}, \bar{y}$-Koordinatensystem der bildauffangenden Ebene π_1. Die Berechnung der $\bar{x}, \bar{y}$-Koordinaten erfolgt zweckmäßig in einer Tabelle. In Abb. 54.1 ist das perspektive Bild $\bar{P}$ des Punkts P bestimmt.

Beispiel 21: Abb. 55.1 zeigt eine ansteigende Straße mit einer Kurve sowie ihre Auf- und Abböschungen im Gelände. Ferner ist ein Zentrum O (Autofahrer) und eine vertikale, bildauffangende Ebene π_1

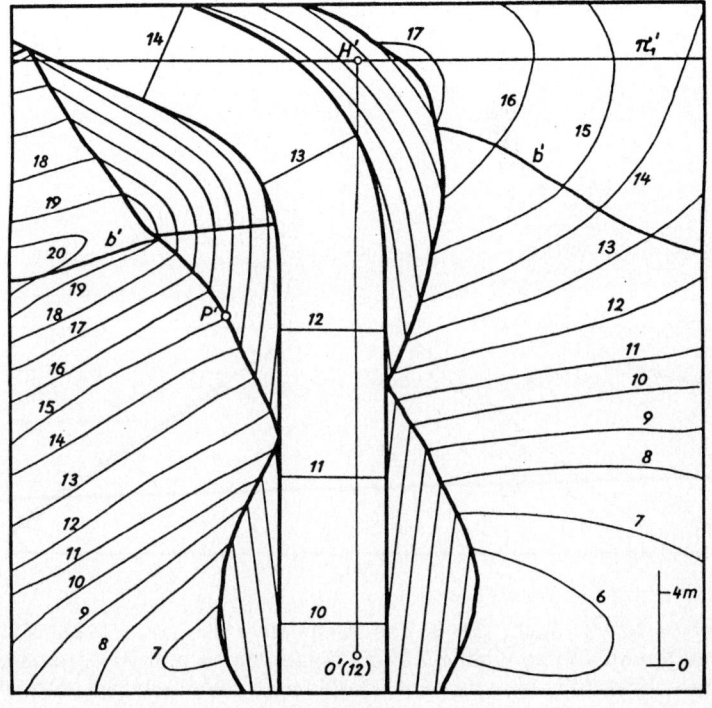

Abb. 55.1

gegeben. Um das in π_1 entstehende perspektive Bild zu konstruieren, hat man nach Festlegung eines rechtwinkligen $\bar{x}, \bar{y}$-Koordinatensystems die Koordinaten der Bilder von Punkten der Straßenkanten oder der Verschneidungskurven auszurechnen. Wie man aus der Abbildung entnimmt, ist die Distanz $d = 31,8$ m und die Aughöhe $a = 12$ m. Dann lautet die Tabellenzeile für den Punkt P (Kote 15 m):

	x	y	d_P	λ	$\bar{x}$	$\bar{y}$
P	$-1,72$	$0,75$	$4,55$	$1,75$	$-3,05$	$1,31$

Die Strecken x und d_P sind in cm gemessen aus Abb. 55.1 entnommen; die Höhendifferenz y und die Distanz d sind entsprechend dem vorliegenden Maßstab 1:400 berechnet.

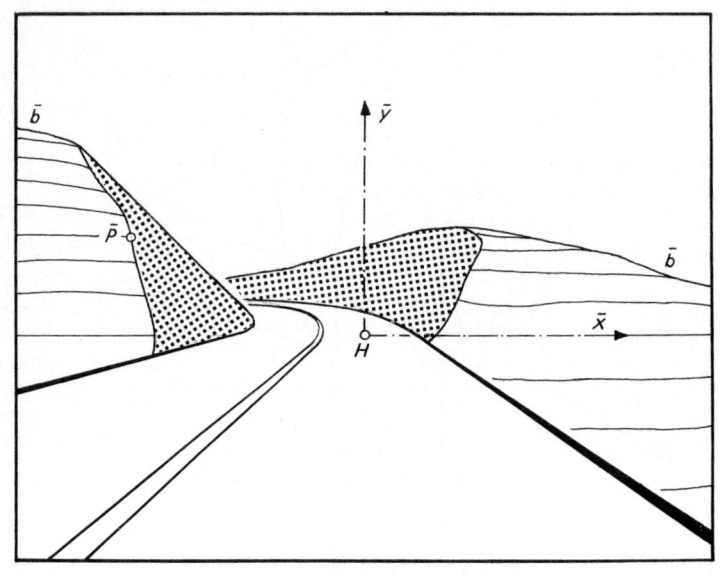

Abb. 56.1

Der Punkt $\bar{P}\,(-3,05;\ 1,31)$ ist das perspektive Bild von P (Abb. 56.1). Indem man von genügend vielen Punkten die $\bar{x}$- und $\bar{y}$-Koordinaten ausrechnet und sie in das $\bar{x}, \bar{y}$-Koordinatensystem einträgt, entsteht so das gesamte Schaubild. − Die Umrißlinie $\bar{b}$ des Geländes ist das perspektive Bild der Berührkurve *b* des Sichtkegels mit dem Gelände. Zur Konstruktion von *b* vgl. man Abb. 52.1.

Das Zweitafelverfahren

Das Abbildungsprinzip

Bei den vorstehend geschilderten Konstruktionen der senkrechten *Ein*tafelprojektion war das wesentlichste konstruktive Hilfsmittel das Umklappen von senkrechten Hilfsebenen in die Bildtafel, so daß neben der waagerecht vorgestellten Grundtafel eine wechselnde Anzahl von lotrechten Ebenen unter Zuhilfenahme des Höhenmaßstabs benutzt wurde. Der Gedanke des Zweitafelverfahrens besteht nun darin, an Stelle dieser Hilfsebenen *eine feste* Vertikalebene heranzuziehen und neben dem alten Bild gleichzeitig ein zweites Bild des räumlichen Gegenstands auf dieser zweiten Bildebene zu betrachten. Es handelt sich also um die *Koppelung zweier senkrechter Eintafelprojektionen*.

Die alte, waagerecht vorgestellte Bildtafel wird als *Grundrißebene* π_1, die neue lotrechte als *Aufrißebene* π_2 bezeichnet. Die Schnittgerade der beiden Tafeln heißt *Bildachse* oder *x-Achse* $x \ldots x$. Fällen wir von einem Raumpunkt *P* die Lote auf π_1 und π_2, so entstehen die Lotfußpunkte P' und P'' (Abb. 57.1). P' heißt Grundriß, P'' Aufriß von *P*. Die Ebene *P*, P', P'' steht senkrecht auf π_1 und π_2 und somit auch auf der Schnittgerade $x \ldots x$. Der Durchstoßpunkt auf dieser Gerade sei P_0; dann stehen $P_0 P'$ und $P_0 P''$ senkrecht auf $x \ldots x$ und $P P' P_0 P''$ ist ein *Rechteck*, so daß $P P' = P'' P_0$ und $P P'' = P' P_0$ ist.

Die Höhe *h* eines Punkts *P* über der Grundrißtafel ist gleich dem Abstand $P'' P_0$ seines Aufrisses P'' von der Bildachse $x \ldots x$.

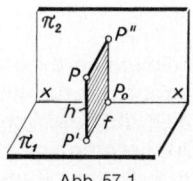

Abb. 57.1

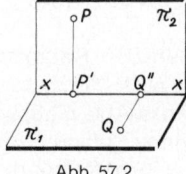

Abb. 57.2

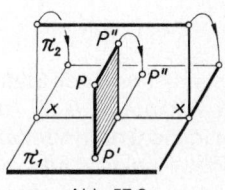

Abb. 57.3

57

Der Abstand f eines Punkts P von der Aufrißtafel ist gleich dem Abstand $P'P_0$ seines Grundrisses P' von der Bildachse $x \ldots x$.

Ein Höhenmaßstab ist also bei dem Grund-Aufriß-Verfahren überflüssig.
Insbesondere gilt (Abb. 57.2):

Ein Punkt P der Aufrißtafel (Abstand $f = 0$) hat seinen Grundriß auf der Bildachse $x \ldots x$, ein Punkt Q der Grundrißtafel (Höhe $h = 0$) hat seinen Aufriß auf der Bildachse $x \ldots x$.

Um die Konstruktionen auf *einem* Zeichenbrett durchführen zu können, denkt man sich die Aufrißtafel π_2 um 90° in die Grundrißtafel umgeklappt; Drehachse ist die Bildachse $x \ldots x$. Nach der Umklappung liegen also zwei Bilder P' und P'' des Raumpunkts P in der Zeichenebene vor, und zwar steht, da $P_0P' \perp x \ldots x$ und $P_0P'' \perp x \ldots x$ ist, die Verbindungsgerade $P'P''$ senkrecht auf der Bildachse $x \ldots x$ (Abb. 57.3).

Grund- und Aufriß eines Punkts liegen auf einer Senkrechten zur Bildachse (Ordnungslinie).

Der Grundriß eines Gegenstands gibt sein Bild bei lotrechter, der Aufriß sein Bild bei waagerechter Blickrichtung annähernd − bei weit entferntem Auge − wieder. Aus der Betrachtung von Grund- *und* Aufriß wird bei einiger Übung eine anschauliche Vorstellung von Lage und Gestalt des Gegenstands im Raum gewonnen.
Da eine Parallelverschiebung von π_1 oder π_2 die Projektionsbilder nicht verändert (vgl. Abb. 24.1), ist die Bildachse selbst überflüssig, sofern nur ihre Richtung und damit die Richtung der Ordnungslinien bekannt ist. In der Praxis wird daher die Bildachse oft fortgelassen.

Punkt, Gerade, Ebene

1. Der Punkt

Grund- und Aufrißtafel teilen den Raum in vier Raumviertel oder *Quadranten I, II, III, IV* (Abb. 59.1). Nach der Umlegung der Aufrißtafel in die Grundrißebene (wie in Abb. 57.3) werden Grund- und Aufriß eines Punkts P im I. oder eines Punkts S im III. Quadranten von der Bildachse $x \ldots x$ getrennt, während Grund- und Aufriß eines Punkts

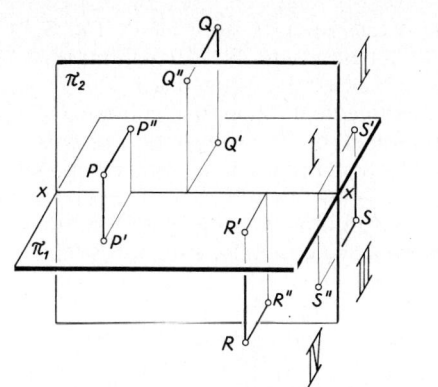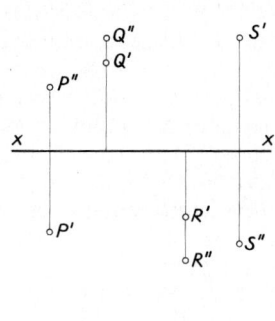

Abb. 59.1

Q im II. oder eines Punkts *R* im IV. Quadranten auf derselben Seite der Bildachse liegen. Man verfolge in jedem Falle die Bewegung beim Umklappen und die Lage der beiden Projektionen in der Zeichenebene!

Der Übersichtlichkeit halber wird nach Möglichkeit der darzustellende Gegenstand im I. Quadranten angenommen; dann trennt die Bildachse *x* ... *x* Grund- und Aufriß des Gegenstands. Das Feld über der Achse ist Aufrißebene, das Feld unter der Achse Grundrißebene.

2. Die Gerade

Die Bilder einer Gerade *g* sind (im allgemeinen) in beiden Rissen wieder Geraden, nämlich die Spurgeraden *g′* und *g″* der zu π_1 bzw. π_2 senkrechten Projektionsebenen durch *g* (Abb. 59.2). Ein Punkt *P*

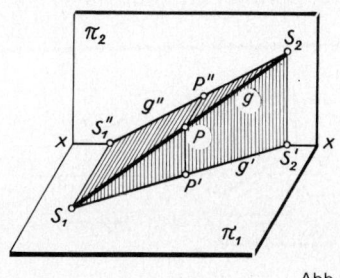

Abb. 59.2

liegt auf der Gerade g, wenn P' auf g' und P'' auf g'' liegt. Der Spurpunkt S_1 in der Grundrißtafel hat seinen Aufriß S_1'', der Spurpunkt S_2 in der Aufrißtafel seinen Grundriß S_2' auf der Bildachse $x \ldots x$.
Fällt g in eine der beiden Projektionsrichtungen ($g \perp \pi_1$ oder $g \perp \pi_2$), so entartet ihr Bild in der betreffenden Tafel in einen Punkt (Abb. 60.1). Liegt g in einer Ebene, die senkrecht auf der Bildachse steht, so bilden Grund- und Aufriß von g eine Ordnungslinie (Abb. 60.2). In diesem Falle legen Grund- und Aufriß die Gerade g im Raum nicht eindeutig fest. Man benützt dann eine neue Rißebene (vgl. S. 76).

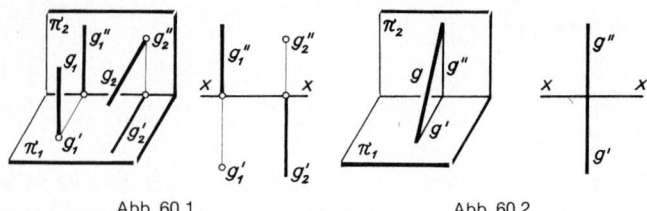

Abb. 60.1   Abb. 60.2

Hauptlinien

Besondere Bedeutung haben diejenigen Geraden, die zu der einen oder zu der anderen Bildtafel parallel sind, vgl. Seiten 12 und 29. Sie werden Hauptlinien genannt.

Höhenlinien

Eine zur Grundrißtafel π_1 parallele Gerade h heißt Höhenlinie; alle ihre Punkte haben die gleiche Höhe über π_1.

Der Aufriß h'' einer Höhenlinie h ist parallel zur Bildachse $x \ldots x$ (Abb. 60.3).

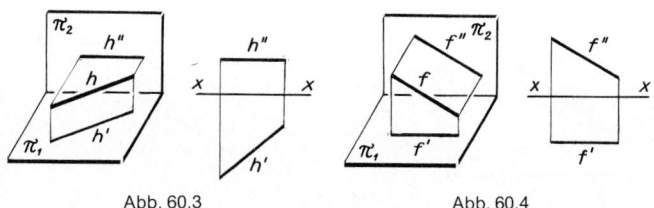

Abb. 60.3   Abb. 60.4

60

Eine zur Aufrißtafel π_2 parallele Gerade *f* heißt Frontlinie oder Abstandslinie; alle ihre Punkte haben den gleichen Abstand von π_2.

Der Grundriß *f'* einer Frontlinie *f* ist parallel zur Bildachse *x* ... *x* (Abb. 60.4).

Beispiel 22: Wie ist die räumliche Lage der in Abb. 61.1 dargestellten Geraden?

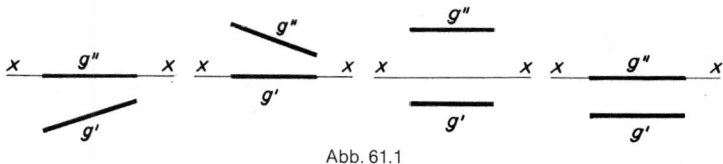

Abb. 61.1

Zwei Geraden

Bei der nachfolgenden Diskussion wird der Fall ausgeschlossen, daß eine der Geraden in einer Ebene liegt, die auf der Grundriß- *und* Aufrißebene senkrecht steht. Man untersuche auch die Sonderfälle!

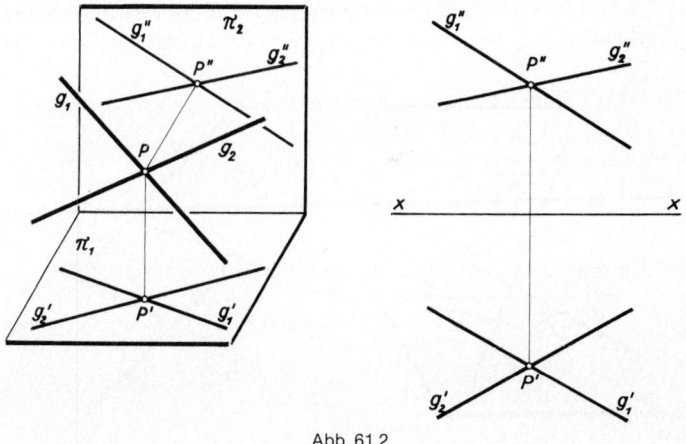

Abb. 61.2

a) Zwei Geraden g_1 und g_2 schneiden einander (vgl. S. 17), d. h. haben einen gemeinsamen Punkt P, wenn der Schnittpunkt P' der Grundrisse g_1' und g_2' mit dem Schnittpunkt P'' der Aufrisse g_1'' und g_2'' auf einer *Ordnungslinie* liegt (Abb. 61.2). Genau dann nämlich ist P', P'' das Bildpunktepaar eines beiden Geraden gemeinsamen Raumpunkts P.

b) Zwei Geraden g_1 und g_2 sind *parallel,* wenn die Grundrisse g_1' und g_2' parallel und die Aufrisse g_1'' und g_2'' parallel sind (Abb. 62.1).

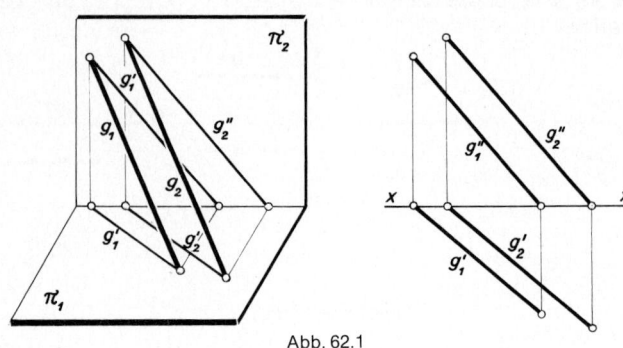

Abb. 62.1

c) In allen anderen Fällen sind die Geraden *windschief.* Die Schnittpunkte von g_1' und g_2' bzw. von g_1'' und g_2'' liegen *nicht* auf einer Ordnungslinie. Um die räumliche Lage der beiden Geraden zu verdeutlichen, wird ihre *Sichtbarkeit* berücksichtigt: Da bei Betrachtung von oben die Gerade g_1 ganz sichtbar ist, wird ihr Grundriß g_1' durchge-

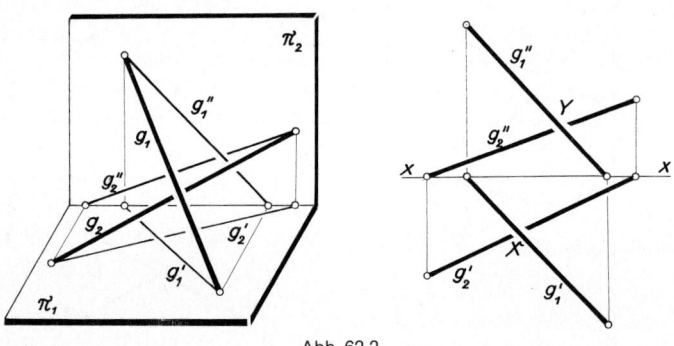

Abb. 62.2

zeichnet; dagegen wird der Grundriß g_2' der verdeckten Gerade g_2 unterbrochen. Im Aufriß ist („Sicht von vorn") g_2'' unterbrochen, da g_1 vor g_2 verläuft (Abb. 62.2).

3. Die Ebene

Zwei einander schneidende Geraden bestimmen eine Ebene (vgl. S. 20). Die beiden Geraden werden nach Möglichkeit als Höhenlinie h und Frontlinie f gewählt; der ihnen gemeinsame Punkt sei P. Ein Winkelfeld der beiden Geraden ist in Abb. 63.1 schraffiert, um einen anschaulichen Eindruck von der Ebene zu vermitteln.

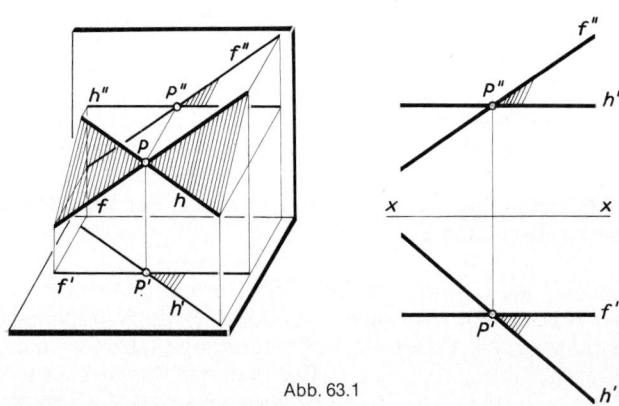

Abb. 63.1

Die Höhenlinie der Höhe Null ist die Schnittgerade unserer Ebene ε mit der Grundrißtafel π_1, also die *Grundrißspur* s_1 von ε. Da alle Höhenlinien parallel sind (vgl. S. 19), ist s_1 zu h' parallel; ein Punkt von s_1 wird als Grundrißspur S_1 der Frontlinie f gewonnen (Abb. 64.1). Die Höhenlinie h hat als Parallele zu π_1 keinen Grundrißspurpunkt!

In gleicher Weise wird die *Aufrißspur* s_2, d.h. die Frontlinie von ε im Abstand Null, gefunden: s_2 ist die Parallele zu f'' durch den Aufrißspurpunkt S_2 von h.

Die beiden Spuren s_1 und s_2 schneiden sich in einem Punkt S der Bildachse $x \ldots x$; in S durchstößt die Bildachse die Ebene ε (Drei-Ebenen-Probe, S. 31).

Die Festlegung einer Ebene ε durch ihre Spuren s_1, s_2 ist demnach ein Sonderfall der allgemeineren Bestimmung durch ein Paar Hö-

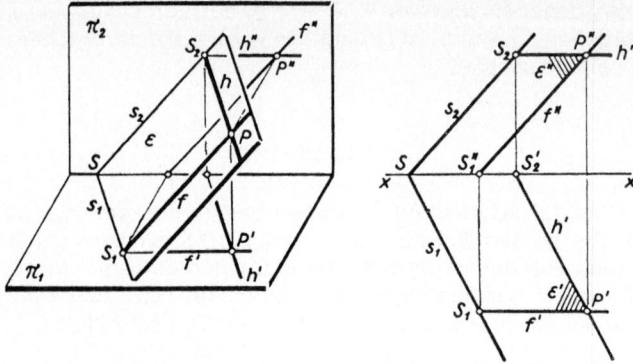

Abb. 64.1

henlinie−Frontlinie; wenn der Punkt *P* auf die Bildachse *x ... x* nach *S* fällt, liegt die *Spurendarstellung* vor (Abb. 64.1). In diesem Fall gilt:

Der Aufriß von s_1 liegt auf der Bildachse $x ... x$; der Grundriß von s_2 liegt auf der Bildachse $x ... x$.

Beispiel 23: Eine Ebene ε ist durch die Gerade *g* und den Punkt *P* gegeben (Abb. 64.2). Man bestimme durch *P* die Höhenlinie *h* und die Frontlinie *f* von ε. Da die Höhenlinie *h* in ε liegt, trifft sie die Gera-

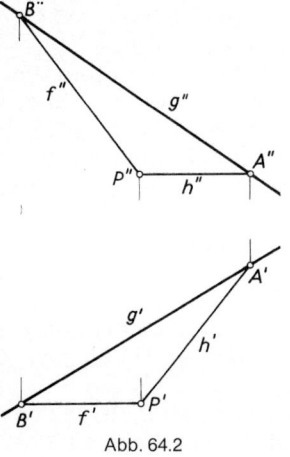

de *g* in einem Punkt *A*. Sein Aufriß *A″* wird von der Horizontalen *h″* durch *P″* aus *g″* ausgeschnitten. *A′* liegt auf *g′* und auf einer Ordnungslinie durch *A″*. Damit ist *h′* die Verbindungsgerade von *P′* und *A′*.

Der Schnittpunkt von *f* mit *g* sei *B*. Die Horizontale *f′* durch *P′* schneidet *g′* im Grundriß *B′*; der Aufriß *B″* liegt auf *g″* und der Ordnungslinie durch *B′*. *f″* ist die Verbindungsgerade von *P″* und *B″*.

Unsere Ebene ε ist jetzt wie vorhin durch ein Paar Höhenlinie−Frontlinie aufgespannt.

Abb. 64.2

Besondere Lagen einer Ebene

Eine Ebene steht senkrecht auf der Aufrißtafel, wenn die Grundrißspur s_1 senkrecht auf der Bildachse $x \dots x$ steht (Abb. 65.1).
Eine Ebene steht senkrecht auf der Grundrißtafel, wenn die Aufrißspur s_2 senkrecht auf der Bildachse $x \dots x$ steht (Abb. 65.2).
Die Darstellung einer Ebene durch ihre Spuren s_1, s_2 wird vielfach
zeichentechnisch unbequem, dann nämlich, wenn der Schnittpunkt
S oder die Spuren selbst auf dem begrenzten Raum des Zeichenbretts unerreichbar werden. In allen solchen Fällen geht man zu
einem geeigneten Paar Höhenlinie – Frontlinie über.

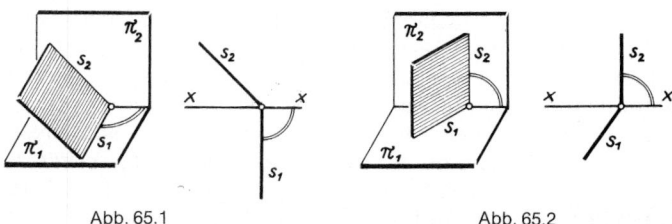

Abb. 65.1   Abb. 65.2

Punkt in der Ebene

In der zeichentechnischen Praxis tritt häufig ein Fall ein, daß von
einem Punkt P in einer Ebene ε (Spuren s_1, s_2) nur ein Bild, etwa der
Grundriß P', bekannt ist, und das zweite Bild P'' gefunden werden
soll (Abb. 65.3). Dazu wird durch P irgendeine Gerade der Ebene,

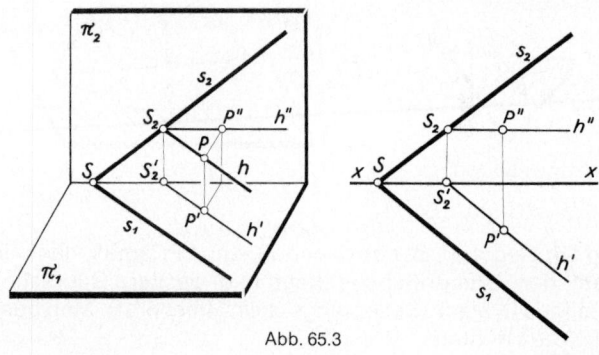

Abb. 65.3

und zwar zweckmäßig gleich eine Hauptlinie − in Abb. 65.3 die Höhenlinie h − gezogen. Ihr Grundriß h' geht durch P' parallel zu s_1, ihr Aufriß h'' durch den Spurpunkt S_2 parallel zur Bildachse $x \ldots x$. Auf h'' liegt der gesuchte Aufriß P'' auf der Ordnungslinie von P'.

In entsprechender Weise läßt sich das Grundrißbild finden, wenn der Aufriß bekannt ist. Man führe die Konstruktion mit Hilfe einer Frontlinie durch!

Da die Lage einer Ebene ε auch durch drei ihrer Punkte A, B, C, d. h. durch ein in ihr liegendes Dreieck, bestimmt ist (vgl. S. 20), dürfen bei der Darstellung eines ebenen Vielecks (in Abb. 66.1 des ebenen Vierecks $ABPC$) nur *drei* der Eckpunkte in beiden Projektionen willkürlich angenommen werden. Ein vierter, in Grund- und Aufriß willkürlich gezeichneter Punkt P wird im allgemeinen nicht mehr in der Ebene der ersten drei Punkte liegen (ein vierbeiniger Tisch mit ungleich langen Beinen wackelt, denn die vier Fußpunkte liegen nicht in der Fußbodenebene). Ist etwa der Grundriß P' eines vierten Punkts P von ε gegeben, so finden wir seinen Aufriß P'' folgendermaßen: Wir denken uns eine in ε gelegene Hilfsgerade g durch P gezeichnet, die etwa durch A gehen möge. g trifft die Dreiecksseite BC in einem Punkt Q, den wir in Grund- und Aufriß sofort zeichnen können (Abb. 66.1). P'' liegt dann auf der Gerade g'', d. h. auf der Gerade A'', Q'' und auf der Ordnungslinie durch P'.

Liegen die vier Punkte A, B, C, D nicht in einer Ebene, so bilden sie die Ecken eines Tetraeders (Abb. 66.2).

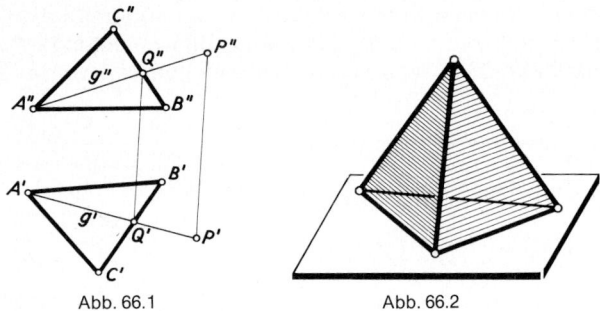

Abb. 66.1   Abb. 66.2

Beispiel 24: Gegeben ist der Grundriß eines Prismas, das mit einer Seite auf der Grundrißebene liegt und dessen Querschnitt ein gleichseitiges Dreieck (Seitenlänge a) ist (Abb. 67.1). Man bestimme den Aufriß des Prismas.

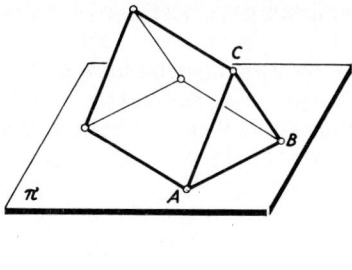
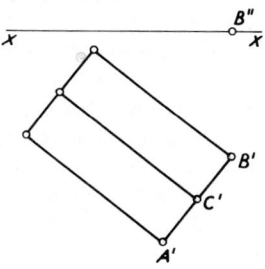

Abb. 67.1

Beispiel 25: In einem durch $a \ldots a$ dargestellten horizontalen Gelände sind drei *Bohrlöcher I, II, III* bis zu einer abbaufähigen Schicht geführt (Abb. 67.2). Ein an irgendeiner neuen Stelle *IV* gebohrtes Loch muß bis in die Tiefe *h* geführt werden, um die als eben angenommene Schicht zu erreichen. Vgl. die Konstruktion in Abb. 66.1 und Beispiel 3, S. 21. Man zeichne auch hier die Schichtlinien ein.

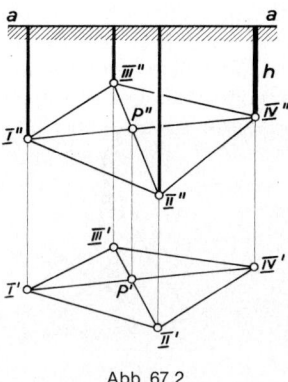

Abb. 67.2

Überall dort, wo die Bildachse $x \ldots x$ nicht als konstruktives Hilfsmittel gebraucht wird, kann sie weggelassen werden (Abb. 66.1, 68.1, 69.2).

Grundaufgaben

Die im folgenden zusammengestellten Aufgaben der Lage und des Maßes für Punkt, Gerade und Ebene sind als „Grundaufgaben" das Einmaleins der Darstellenden Geometrie. Ihre rezeptmäßige Aneignung ist sinnlos, ihre räumliche Erfassung unbedingt erforderlich. Die Aufgaben müssen für alle möglichen Sonderlagen durchdacht und durchkonstruiert werden.

1. Schnittpunkt von Gerade und Ebene

Um den Schnittpunkt S einer Gerade g mit der Ebene A, B, C zu bestimmen, wird durch g eine zur Grundrißtafel senkrechte Hilfsebene gelegt; ihre Grundrißspur ist g'. Diese Hilfsebene schneidet die Dreieckebene in der Gerade E, D. Der Schnittpunkt von g und E, D ist der gesuchte Durchstoßpunkt S (Abb. 68.1). Vgl. zu diesem räumlichen Tatbestand auch Abb. 27.1.

Bei der Konstruktion in Abb. 68.1 wird zunächst der Aufriß S'' als Schnittpunkt von g'' und E'', D'' gewonnen; der Grundriß S' liegt auf der Ordnungslinie von S''. (Der Punkt D liegt auf der Gerade A, B unterhalb g. Dies soll durch den ausgefüllten Nullkreis D' ausgedrückt werden.)

Statt der Hilfsebene senkrecht zur Grundrißtafel kann ebenso eine Hilfsebene durch g senkrecht zur Aufrißtafel benutzt werden. Die Tatsache, daß S' und S'' auf einer Ordnungslinie liegen müssen, dient dann zur Zeichenkontrolle, was besonders bei zeichentechnisch ungünstiger Lage („schleifende Schnitte") wesentlich ist. Führen Sie die Konstruktion mit dieser zweiten Hilfsebene selbst durch.

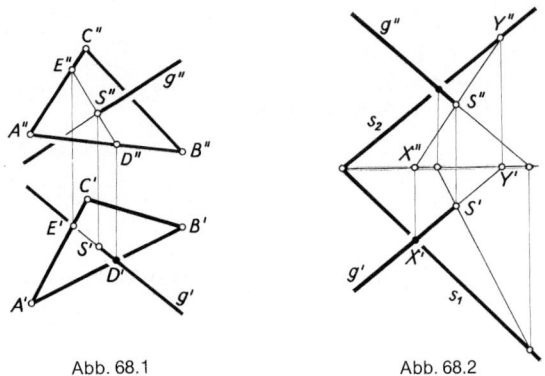

Abb. 68.1   Abb. 68.2

Abb. 68.2 zeigt die Konstruktion für eine durch ihre Spuren s_1, s_2 gegebene Ebene auf beide Arten. Der Schnitt der Ebene mit der senkrecht zur Grundrißtafel durch g gelegten Ebene ist die Gerade X, Y.

2. Schnittgerade zweier Ebenen

Die Schnittgerade g zweier Ebenen enthält alle Punkte, die beiden Ebenen gemeinsam sind; sie ist also bestimmt, sofern *zwei* solche Punkte bekannt sind.
Sind die beiden Ebenen durch ihre Spuren s_1, s_2 und $\bar{s}_1$, $\bar{s}_2$ gegeben (Abb. 69.1), so ist der Schnittpunkt S_1 der Grundrißspuren s_1 und $\bar{s}_1$ der Grundrißspurpunkt und der Schnittpunkt S_2 der Aufrißspuren s_2 und $\bar{s}_2$ der Aufrißspurpunkt der gesuchten Schnittgerade g.
Sind die beiden Ebenen durch zwei Dreiecke ABC und EDF festgelegt (Abb. 69.2), so werden nach der voranstehenden Grundaufgabe zwei Punkte der Schnittgerade als Durchstoßpunkte der Seiten des einen Dreiecks mit der anderen Dreiecksebene gefunden. Man ergänze die Hilfslinien in Abb. 69.2.

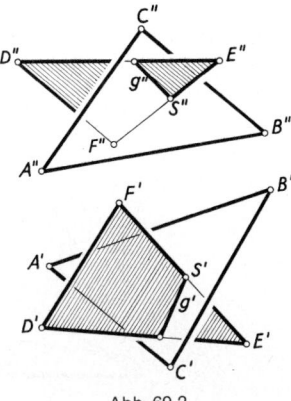

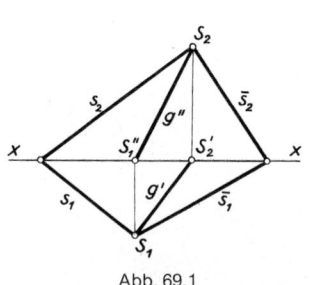

Abb. 69.1   Abb. 69.2

Wie auch in anderen Fällen die Ebenen festgelegt sein mögen, der leitende Gesichtspunkt ist stets, zwei beiden Ebenen gemeinsame Punkte zu finden. Ihre Verbindungsgerade ist dann die gesuchte Schnittgerade.

3. Wahre Größe einer Strecke

Eine Strecke AB erscheint im Bild in wahrer Größe, wenn sie *parallel* zur Tafel liegt (vgl. S. 24). Liegt sie also auf einer *Höhenlinie* (parallel zur Grundrißtafel), so gibt ihr *Grundrißbild* die wahre Größe, liegt sie auf einer *Frontlinie* (parallel zur Aufrißtafel), so gibt ihr *Aufrißbild* die wahre Größe wieder.

Liegt die Strecke AB weder auf einer Höhen- noch auf einer Frontlinie, so bildet sie sich in beiden Projektionen verkürzt ab. Um sie in wahrer Größe zu erhalten, müssen wir sie erst in eine zur Tafel π_1 oder zu π_2 parallele Lage bringen.

a) Umklappung

Wir betrachten das auf π_1 senkrecht stehende *erste Profildreieck A B B_1* (Abb. 70.1) und drehen es um die Höhenlinie A, B_1 parallel zu π_1. Die wahre Größe der Strecke AB erscheint dann im Grundriß als Hypotenuse $A'(B)$ des umgeklappten ersten Profildreiecks $A'B'(B)$. Den Punkt (B) erhalten wir, indem wir seinen Drehradius $r = BB_1$ senkrecht an die Strecke $A'B'$ antragen. Da B, B_1 Frontlinie ist, läßt sich r im Aufriß als Strecke $B''B_1''$ (= Höhendifferenz der Punkte A und B) sofort abgreifen.

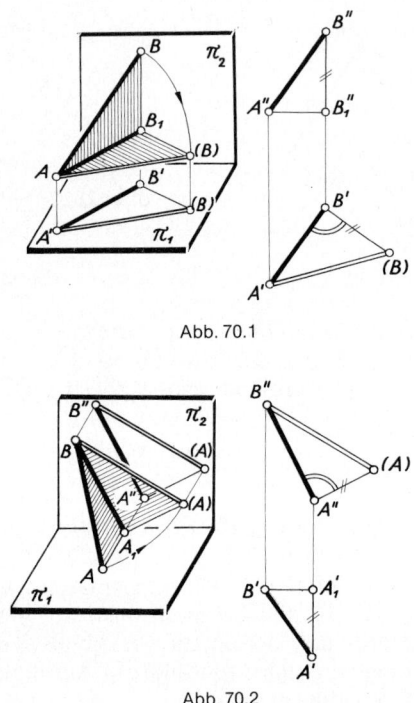

Abb. 70.1

Abb. 70.2

70

Statt des ersten Profildreiecks können wir auch das *zweite Profildreieck* $A B A_1$ verwenden, das auf der Aufrißtafel π_2 senkrecht steht (Abb. 70.2). Drehen wir es nämlich um die Frontlinie B, A_1 parallel zu π_2, so ist die Hypotenuse $B''(A)$ des umgelegten zweiten Profildreiecks $A'' B''(A)$ die wahre Länge von AB. Die Kathete $A''(A)$ ist der Drehradius $r = AA_1$. Da AA_1 parallel zu π_1 liegt, ist r die Grundrißstrecke $A'A_1'$ (= Abstandsdifferenz der Punkte A' und B').

b) Schwenkung

Konstruktiv einfacher ist beim Zweitafelsystem die Schwenkung der Strecke AB in eine zur Tafel parallele Lage (Abb. 71.1). (MONGEsche[1] Drehung). Um die lotrechte Achse durch den einen Endpunkt A ist

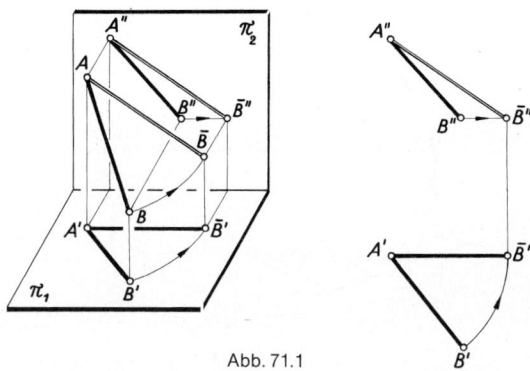

Abb. 71.1

AB in die Frontlage $A\bar{B}$ gedreht. Dabei beschreibt der freie Endpunkt B einen Kreisbogen $\overgroup{B\bar{B}}$, der im Grundriß $\overgroup{B'\bar{B}'}$ in wahrer Größe, im Aufriß $B''\bar{B}''$ als Horizontale erscheint. (Die Gerade A,B würde bei voller Umdrehung um die Achse durch A einen geraden Kreiskegel mit der Spitze A beschreiben.) In der Frontlage ist $A414B'$ horizontal; die gesuchte wahre Größe der Strecke AB wird im Aufriß durch die Strecke $A''\bar{B}''$ gegeben.
In gleicher Weise läßt sich die wahre Größe unter Bevorzugung der Grundrißtafel gewinnen, indem AB um eine zur Aufrißtafel senk-

---

[1] G. MONGE, 1746–1818.

rechte Achse in Höhenlinienlage, also parallel zur Grundrißtafel, geschwenkt wird. Führen Sie auch diese Konstruktion durch!

4. Wahre Größe einer ebenen Figur

Eine ebene Figur bildet sich in wahrer Größe ab, wenn sie parallel zur Tafel liegt (S. 24).
Eine ebene Figur in allgemeiner Lage wird durch Drehung um eine zur Tafel parallele Gerade ihrer Ebene in diese ausgezeichnete Lage gebracht: entweder durch Drehung um eine Höhenlinie in Parallellage zur Grundrißtafel oder durch Drehung um eine Frontlinie in Parallellage zur Aufrißtafel.

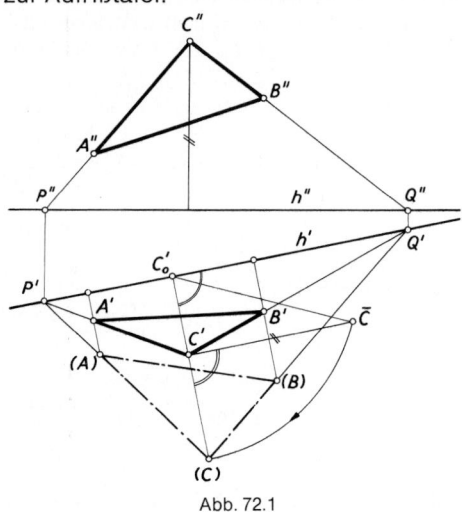

Abb. 72.1

Abb. 72.1 zeigt die Bestimmung der wahren Größe des Dreiecks ABC durch Drehung um eine Höhenlinie der Dreiecksebene. Der Punkt C beschreibt bei der Drehung um h einen Kreis, dessen Grundriß eine Strecke senkrecht zu h' ist (vgl. den entsprechenden räumlichen Vorgang bei der Eintafelprojektion, S. 24). Der Mittelpunkt dieses Drehkreises ist der Punkt C_0, sein Radius die Hypotenuse des Stützdreiecks $CC'C_0$. Die Katheten dieses Stützdreiecks sind die Strecken $C_0 C'$ und CC'. In Abb. 72.1 erscheint $C_0 C'$ in wahrer Größe: $C_0 C' = \overline{C_0' C'}$, während die Höhe CC' des Punkts C oberhalb der Drehachse h als Entfernung des Punkts C'' von h'' im Aufriß abzulesen ist. Aus dem umgelegten Stützdreieck $C_0'\,C'C$ wird die Hypotenuse $C_0'\,C$ abgegriffen und vom Punkt C_0 aus senkrecht zu h' abgetragen, um den umgeklappten Punkt (C) zu erhalten.

Zur Konstruktion der umgeklappten Punkte (A) und (B) beachten wir, daß die Punkte P und Q der Drehachse h fest bleiben. Daher muß (A) auf der Gerade (C), P' und (B) auf der Gerade (C), Q' liegen. Andererseits liegt (A) auf der Projektion des Drehkreises von A, d. h. auf der Senkrechten zu h' durch A'. – Entsprechend ist (B) der Schnittpunkt von (C), Q' und der Senkrechten zu h' durch B'. Damit ist jetzt die wahre Größe $(A)\,(B)\,(C)$ des Dreiecks ABC bekannt.

Führen Sie die entsprechende Konstruktion durch, wenn die Drehachse durch einen Eckpunkt des Dreiecks geht, oder wenn eine Dreieckseite zur Drehachse parallel ist!

Besonders bequem wird die Bestimmung der wahren Größe einer Figur, die in einer zur Bildtafel senkrechten Ebene liegt. In Abb. 73.1 ist die wahre Größe eines Vierecks $ABCD$ bestimmt, das in der zur Aufrißtafel π_2 senkrechten Ebene (s_1, s_2) liegt. Die Umklappung in die Grundrißtafel π_1 führen wir um die Spur s_1 aus. Als Beispiel ist die Umklappung des Punkts C eingezeichnet. Der Drehkreis von C liegt in einer zu π_2 parallelen Ebene. Er erscheint also im Aufriß in wahrer Größe, und sein Radius ist die Strecke $C_0''\,C''$.

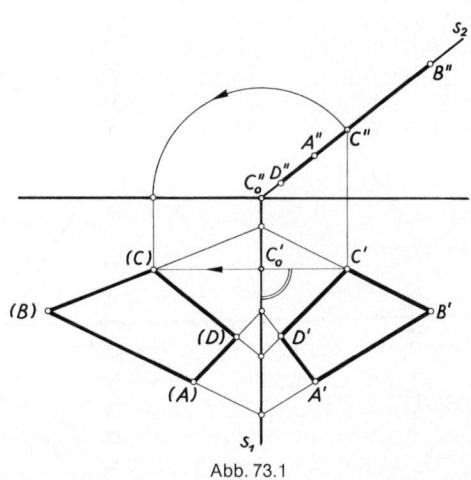

Abb. 73.1

73

5. Senkrechte auf einer Ebene − Normalebene zu einer Gerade

Eine zu einer Ebene ε senkrechte Gerade l bildet mit allen in ε gelegenen Geraden einen rechten Winkel. Von diesen rechten Winkeln bilden sich bei der senkrechten Projektion auf unsere Bildtafeln keinesfalls alle wieder als rechte Winkel ab. Es gilt (vgl. S. 29):
Wird ein rechter Winkel senkrecht auf eine Tafel projiziert, so wird er wieder als rechter Winkel abgebildet, falls mindestens einer seiner Schenkel zur Tafel parallel und der andere Schenkel nicht projizierend ist.
Ist also dieser Schenkel eine *Höhenlinie* (parallel zur Grundrißtafel), so ist der *Grundriß* rechtwinklig; ist der Schenkel eine *Frontlinie* (parallel zur Aufrißtafel), so ist der *Aufriß* rechtwinklig.

Eine Gerade l steht auf einer Ebene ε senkrecht, wenn der Grundriß l' senkrecht auf den Höhenlinienprojektionen von ε und der Aufriß l'' senkrecht auf den Frontlinienprojektionen von ε steht.

Diese Tatsache verwenden wir nun, um zu einer vorgegebenen Ebene ε ein Lot oder umgekehrt zu vorgegebener Gerade l eine dazu senkrecht stehende Ebene ε zu konstruieren:
Die Ebene ε sei durch eine Höhenlinie h und eine Frontlinie f gegeben, die sich im Punkt P schneiden (Abb. 74.1). Der Grundriß l' der zu ε senkrechten Gerade l durch P geht durch P' und steht senkrecht auf

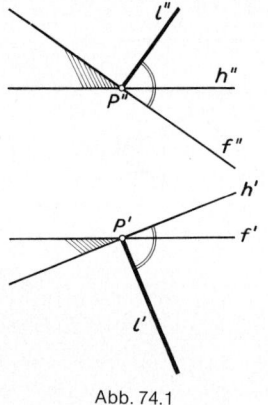

Abb. 74.1

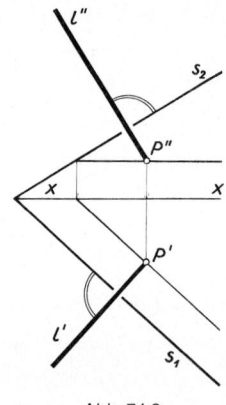

Abb. 74.2

74

h'; der Aufriß l'' geht durch P'' und steht senkrecht auf f''. — Ist die Ebene ε durch ihre Spuren s_1, s_2 — ein spezielles Paar Höhenlinie— Frontlinie — gegeben, so ist l' senkrecht zu s_1 und l'' senkrecht zu s_2 (Abb. 74.2). — Wird ε durch drei Punkte A, B, C festgelegt, so haben wir zunächst eine Höhenlinie h und eine Frontlinie f von ε zu bestimmen (vgl. Abb. 64.2). Die Konstruktion von l erfolgt dann wie vorhin.

Ist umgekehrt eine Gerade l vorgegeben und soll durch einen ihrer Punkte P die zu l senkrechte Ebene ε konstruiert werden, so bestimmen wir ein durch P laufendes Höhen-Frontlinienpaar (h, f) von ε: h' senkrecht zu l', f' horizontal; h'' horizontal, f'' senkrecht zu l'' (Abb. 74.1). Durch h und f ist die gesuchte senkrechte Ebene ε festgelegt. Man deute auch die Abb. 74.2 als Konstruktion der zu l senkrechten Ebene durch P.

Beispiel 26: In Abb. 75.1 ist eine spiegelnde Ebene ε durch eine Höhenlinie h und eine Frontlinie f, ferner ein nicht in ε gelegener Punkt A gegeben. Man konstruiere Grund- und Aufriß des Spiegelpunktes A_s von A.

Der Spiegelpunkt A_s liegt auf der Senkrechte l zu ε durch A und hat denselben Abstand von ε wie A. Der Grundriß l' von l geht durch A' und steht senkrecht auf h'. l'' geht durch A'' *und steht senkrecht auf* f''. Sodann konstruieren wir den Durchstoßpunkt D von l mit ε und tragen die Strecke AD nach der anderen Seite auf l ab. Dazu braucht man keine wahre Länge zu bestimmen, denn es ist: $A'D' = A'_sD'$; $A''D'' = A''_sD''$ (warum?).

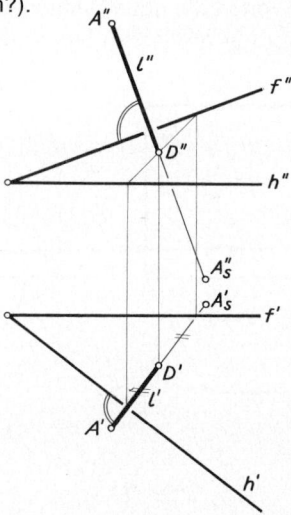

Abb. 75.1

75

Einführung neuer Bildebenen (Umprojektion)

Treten bei einem Gegenstand (Bauwerk, Maschinenteil) bevorzugte Richtungen, Kanten oder Ebenen auf, so wird man die Grund- und Aufrißtafeln π_1, π_2 parallel zu gewissen dieser ausgezeichneten Geraden oder Ebenen wählen. Dann erscheinen nämlich die Strecken auf diesen Geraden und die Figuren dieser ausgewählten Ebenen in den entsprechenden Rissen in wahrer Größe. Die Abbildungen des Gegenstands in den anderen Ebenen erscheinen dagegen verzerrt, und die Konstruktionen innerhalb dieser Ebenen verlaufen in der gewählten Zweitafelprojektion nicht mehr so einfach wie in den zu Anfang bevorzugten Ebenen. Es liegt daher nahe, neben der Grund- und Aufrißtafel π_1 und π_2 eine geeignete neue Rißtafel π_3 (oder mehrere neue Tafeln π_4, π_5, ...) einzuführen und die Normalprojektion des Gegenstands auf π_3 *(Umprojektion)* mit zu verwenden. Aus zeichentechnischen Gründen wählt man die neue Rißebene immer *senkrecht* auf einer der alten Tafeln.

Wir wollen jetzt die Einführung einer neuen Rißtafel π_3 erörtern, die auf der Grundrißtafel π_1 senkrecht steht (Abb. 76.1). Das Bild eines Raumpunktes P in der neuen (Aufriß-)Tafel π_3 ist der Fußpunkt P''' des Lots von P auf π_3. Klappen wir jetzt π_3 wie früher π_2 um ihre Grundrißspur in die Grundrißtafel π_1 um, so liegt der umgeklappte Punkt P''' mit P' auf einer Gerade, die senkrecht auf der Grundrißspur von π_3 liegt. Wir nennen dann P', P''' die neue Ordnungslinie und die Grundrißspur von π_3 die neue Bildachse $\bar{x} \ldots \bar{x}$. Da die neue Tafel π_3 senkrecht auf π_1 gewählt war, haben die Punkte P'' und P'''

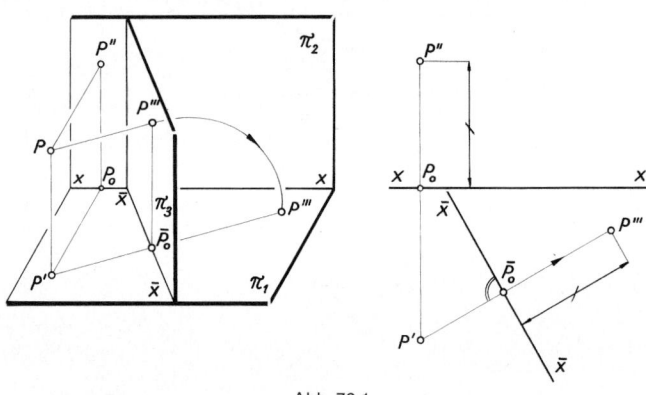

Abb. 76.1

76

gleiche Höhe über π_1; d. h. es ist $P''P_0 = P'''P_0$ (Abb. 76.1). Wir fassen zusammen:

Der neue Riß P''' liegt auf der neuen Ordnungslinie durch P' und hat denselben Abstand von der neuen Bildachse $\bar{x} \ldots \bar{x}$ wie der Aufriß P'' von der alten Bildachse $x \ldots x$.

Mit dem nach dieser Vorschrift gezeichneten neuen Riß (neuen Aufriß) eines Gegenstands können wir in Verbindung mit seinem (alten) Grundriß alle Konstruktionen durchführen, die wir im vorherigen Kapitel kennengelernt haben.

Ein wichtiger Sonderfall einer neuen Aufrißebene ist die *Kreuzrißebene* (Seitenrißebene). Sie steht senkrecht auf der Grund- *und* Aufrißebene, also senkrecht auf der Bildachse $x \ldots x$. Abb. 77.1 zeigt ein Haus in diesen drei Rissen. Grund-, Auf- und Kreuzriß geben die Ansicht „von oben, von vorn und von der Seite".

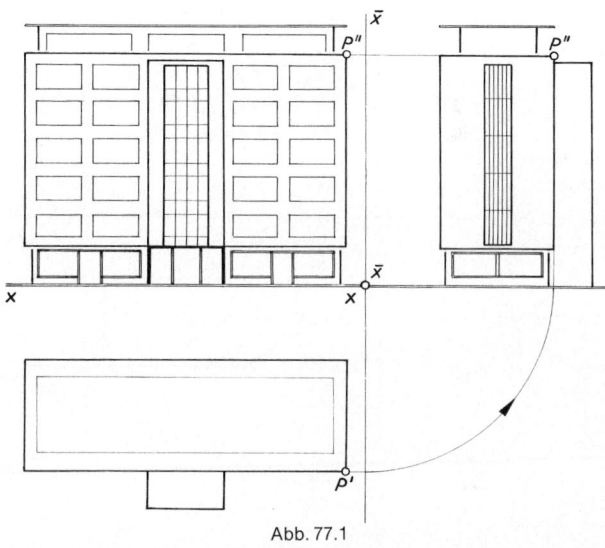

Abb. 77.1

Einmaliges Umprojizieren wird in den Anwendungen häufig dazu benutzt, um eine beliebige Ebene ε projizierend zu machen: Man wähle π_3 sowohl senkrecht auf ε als auch senkrecht etwa auf π_1. Dann ist ε bezüglich π_3 projizierend und also die Umprojektion von ε auf π_3 eine Gerade (vgl. Beispiel 27). Man zeige:

1. Durch einmaliges Umprojizieren läßt sich eine beliebige Gerade in eine Höhenlinie oder in eine Frontlinie verwandeln.
2. Durch zweimaliges Umprojizieren kann man eine beliebige Ebene in eine tafelparallele Ebene und eine beliebige Gerade in eine projizierende Gerade verwandeln.

Bisher hatten wir darauf abgezielt, durch Einführung neuer Rißebenen Geraden und Ebenen unseres Gegenstands in „spezielle Lagen" zu den Bildebenen überzuführen, um dadurch einfachere Konstruktionen zu erhalten. Wir nehmen dabei in Kauf, daß dann die Bilder des Gegenstands in den neuen Rißebenen unanschaulich wirken (vgl. S. 9). – Wählen wir dagegen eine neue Rißebene π_3 so, daß sie zu unserem Gegenstand „allgemeine Lage" hat (d. h. zu keiner der ausgezeichneten Kanten und Ebenen parallel ist), so liefert die Umprojektion auf π_3 ein anschauliches Bild (vgl. Axonometrie). Man konstruiere nach dieser Methode ein anschauliches Bild des in Abb. 78.1 dargestellten Gewindedrehstahls!

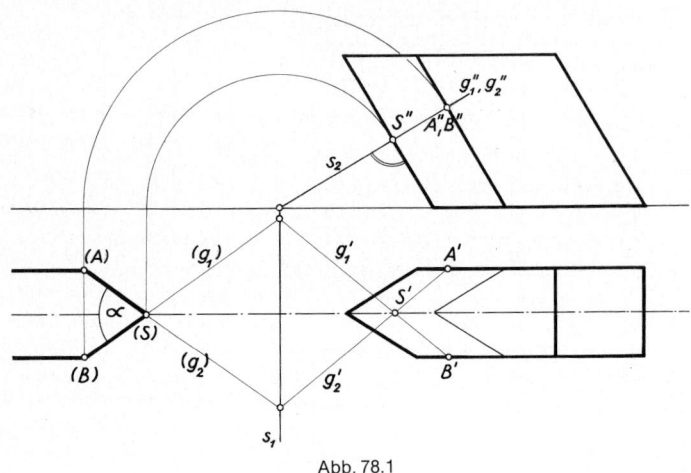

Abb. 78.1

Anwendungen

Beispiel 27: Bei dem in Abb. 78.1 dargestellten *Gewindedrehstahl* ist der Winkel α zu bestimmen, unter dem sich die Flankenebenen schneiden. Dazu legen wir eine zur Schneide senkrechte Ebene ε (Spuren s_1, s_2) und konstruieren die Schnittgeraden g_1 und g_2 von ε

78

mit den Flankenebenen. Dann liegt der gesuchte Winkel α zwischen den Geraden g_1 und g_2. Er erscheint in der um s_1 umgelegten Schnittebene ε zwischen den Geraden (g_1) und (g_2) in wahrer Größe.

Beispiel 28: Das räumliche Gegenstück zum Parallelogramm der Kräfte in der Ebene ist das *Parallelflach* der Kräfte: eine gegebene Kraft $\mathfrak{P}$ wird in Komponenten $\mathfrak{X}$, $\mathfrak{Y}$, $\mathfrak{Z}$ nach drei gegebenen Richtungen zerlegt, indem zu $\mathfrak{P}$ als Raumdiagonale das Parallelflach mit den gegebenen Kantenrichtungen konstruiert wird (Abb. 79.1). Dazu wird durch den Endpunkt von $\mathfrak{P}$ die Parallele zu einer der drei Richtungen, etwa zu 3, gezogen und mit der Ebene der beiden anderen (1, 2-Ebene) zum Schnitt gebracht (Durchstoßpunkt A). Danach läßt sich das Parallelflach durch Parallelenziehen vervollständigen.

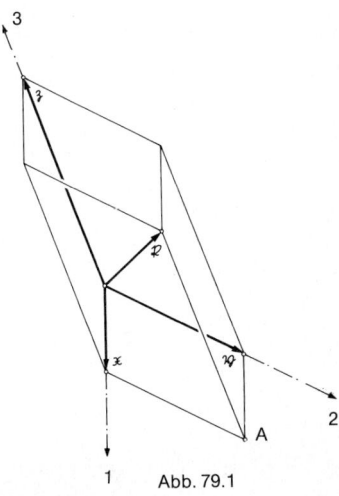

Abb. 79.1

Abb. 80.1 zeigt diese Konstruktion in Grund- und Aufriß; vgl. dazu die Grundaufgabe 1., S. 68. Die Kraft $\mathfrak{P}$ und ihre drei Komponenten sind der wahren Größe nach bestimmt (Grundaufgabe 3. b, S. 71).

Beispiel 29: In Abb. 81.1 ist ein *Kranausleger* mit den drei Streben *1, 2, 3* und einer an ihm wirkenden Kraft $\mathfrak{P}$ in Grund- und Aufriß gegeben. Die Komponentenzerlegung nach den drei Stabrichtungen ist wie vorher durchgeführt; Stab *1* wird auf Druck, die Stäbe *2* und *3* werden auf Zug beansprucht. Die wahre Größe der Beanspruchung ist $|\mathfrak{P}_1| = 52$ kp; $|\mathfrak{P}_2| = 28$ kp; $|\mathfrak{P}_3| = 39$ kp.

Beispiel 30: Abb. 82.1 zeigt eine Durchdringung ebenflächiger Körper, nämlich den *pyramidenförmigen Fuß einer quadratischen Säule*. Die Punkte des Streckenzuges, in dem Pyramide und Prisma einander durchdringen, werden gefunden, indem zunächst die vier Pyramidenkanten mit den zugehörigen Seitenebenen der quadratischen Säule (Durchstoßpunkte *I, II, III, IV*) und dann umgekehrt die vier Säulenkanten mit den zugehörigen Seitenebenen der Pyramide (Durchstoßpunkte *1, 2, 3, 4*) zum Schnitt gebracht werden, vgl.

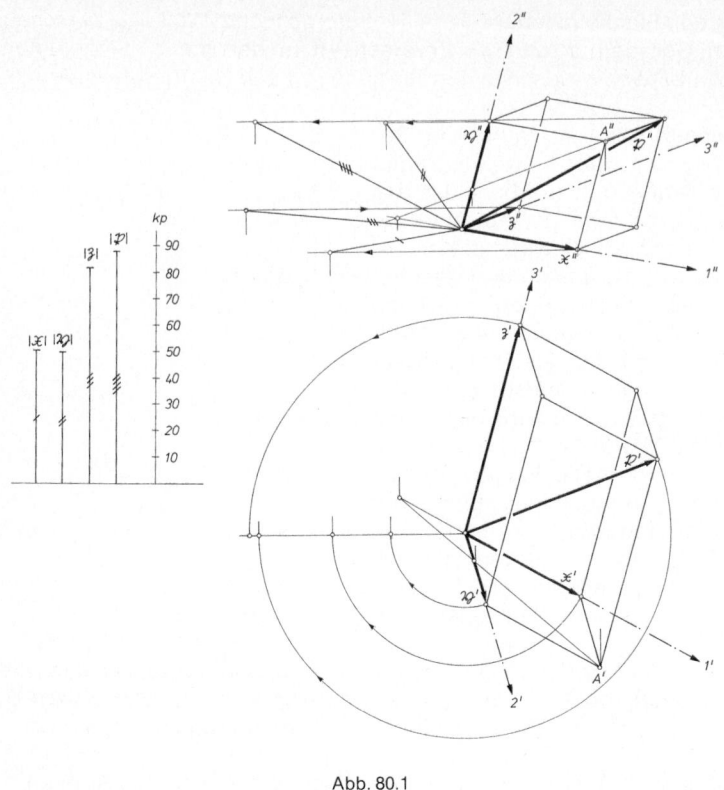

Abb. 80.1

Grundaufgabe 1., S. 68. In Abb. 82.1 ist die Konstruktion der Punkte *I* und *2* angegeben. Die vier Punkte *I, II, III, IV* liegen in gleicher Höhe, ebenso die Punkte *1, 2, 3, 4.*

Beispiel 31: In Abb. 82.2 ist ein einfaches *Haus mit ausgebautem Dach* dargestellt. Die Schnittgeraden der Dachebenen und Seiten-wände sind nach Grundaufgabe 1. und 2. gefunden; die Konstruktio-nen, die sich wegen der Sonderlagen der einzelnen Ebenen vielfach vereinfachen, sind an einigen Stellen eingezeichnet.

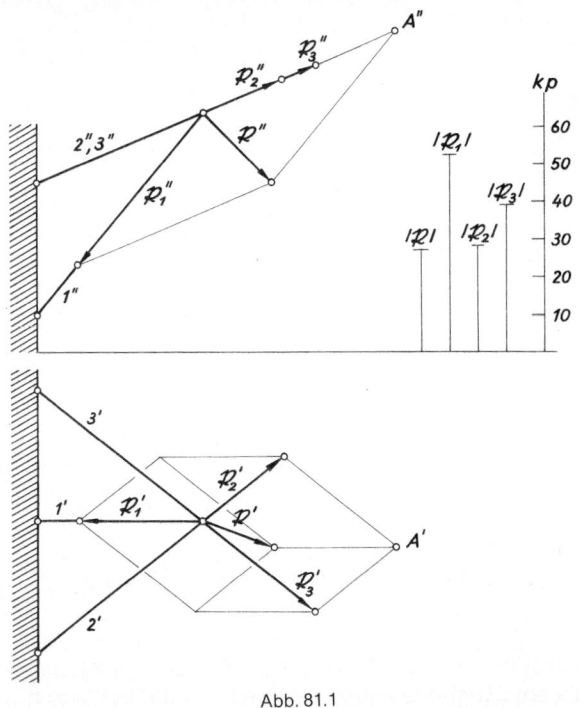

Abb. 81.1

Beispiel 32: *Ebener Schnitt einer Pyramide* (Abb. 83.1). Die schneidende Ebene ist durch ihre Spuren s_1, s_2 gegeben. Zur Vereinfachung der Konstruktion wird eine neue Aufrißtafel senkrecht zur Ebene (s_1, s_2) eingeführt; die neue Bildachse $\bar{x} \ldots \bar{x}$ steht somit senkrecht auf s_1. Das Bild der vierseitigen Pyramide und die Spur s_3 werden nach der Regel für Umprojektion (S. 77) gefunden; z.B. hat eine Höhenlinie durch den Punkte P auf der alten Aufrißspur s_2 ihr Bild in dem Punkt P''' auf der neuen Aufrißspur s_3, wobei $P_0 P'' = \bar{P}_0 P'''$ ist. (Wegen der Sonderlage der neuen Tafel projiziert sich die Höhenlinie in einen Punkt!) Die gesuchte ebene Schnittfigur erscheint in der neuen Tafel als Strecke $A''' B''' C''' D'''$ auf s_3; vgl. für diese Sonderlage die Abb. 73.1. Die Schnittfigur im alten Grundriß wird durch Zurückloten ($\perp \bar{x} \ldots \bar{x}$) der Schnittpunkte A''', B''', C''', D''' auf die Pyramidenkanten $S'\,1'$, $S'\,2'$, $S'\,3'$, $S'\,4'$ gefunden (Schnittpunkte A', B', C', D'); der alte Aufriß A'', B'', C'', D'' ergibt sich durch

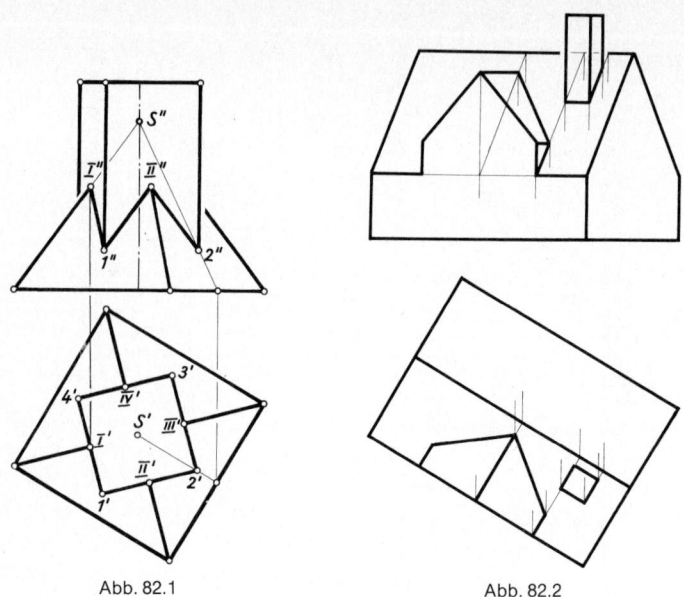

Abb. 82.1   Abb. 82.2

Heraufloten ($\perp$ x … x) der Grundrisse A′, B′, C′, D′ auf die zugehörigen Pyramidenkanten S″1″, S″2″, S″3″, S″4″ im Aufriß. Dabei beachte man als sehr wichtige Zeichenprobe für schleifende Schnitte, daß die Entfernung der Aufrisse A″, B″, C″, D″ von der alten Bildachse x … x jeweils gleich der Entfernung der neuen Aufrisse A‴, B‴, C‴, D‴ von der neuen Bildachse x̄ … x̄ sein muß (vgl. S. 77).

Die *wahre Größe der Schnittfigur* ist durch Umlegen der Ebene (s_1, s_3) um die Spur s_1 in die Grundrißtafel gefunden, vgl. Abb. 73.1 (Zeichenkontrolle: die Geraden (B), (C); B′, C′ und 2′, 3′ schneiden sich auf der Drehachse s_1, ebenso die Geradentripel (A), (D); A′, D′; 1′, 4′ usw.).

Wir wollen jetzt noch die *Abwicklung* des oberhalb der Schnittebene gelegenen Teils der Pyramide zeichnen. Die Kantenlängen des Schnittvierecks A B C D haben wir im umgeklappten Viereck (A)(B)(C)(D) bereits in wahrer Größe zur Verfügung. Die wahren Längen SA, SB, SC, SD auf den Pyramidenkanten bestimmen wir, indem wir die einzelnen Kanten um die Achse S, S′ parallel zum Aufriß drehen (vgl. S. 71). Diese Konstruktion ist in der neben dem Aufriß gezeichneten Abbildung durchgeführt. Z. B. hat der Punkt 1 von der Drehachse die im Grundriß abzulesende Entfernung S_0 1 = S′1′.

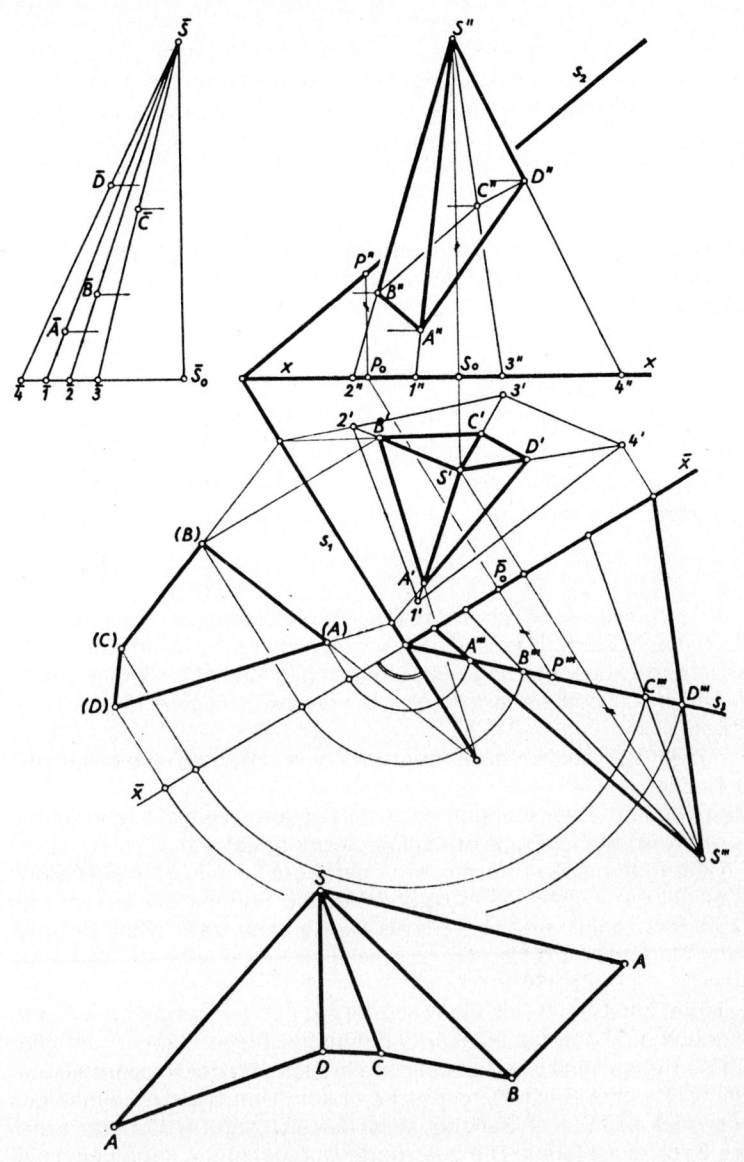

Abb. 83.1

Aus der herumgedrehten Kante $\overline{\overline{S}\,\overline{1}}$ wird der Punkt A von der Horizontalen durch A'' ausgeschnitten. Dann ist die wahre Länge $SA =$ $\overline{S}\,\overline{A}$. Auf die gleiche Weise bestimmt man die Längen auf den anderen Pyramidenkanten und kann dann die Abwicklung vollständig zeichnen. Aus dieser Abwicklung läßt sich durch Ausschneiden und Zusammenkleben ein *Modell* des abgeschnittenen Pyramidenteils herstellen.

Beispiel 33: Die konvexen regelmäßigen Vielflache *(Platonische Körper)* werden von regelmäßigen kongruenten Vielecken begrenzt. Es gibt fünf solche Platonische Körper (Abb. 84.1):

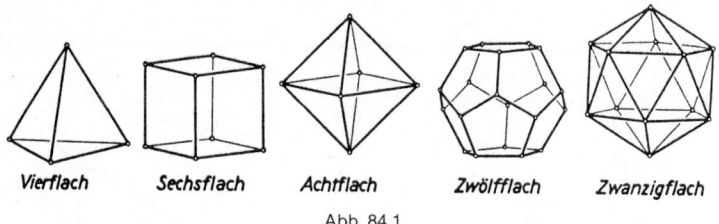

Vierflach   **Sechsflach**   **Achtflach**   **Zwölfflach**   **Zwanzigflach**

Abb. 84.1

Vierflach (Tetraeder), begrenzt von vier gleichseitigen Dreiecken;
Sechsflach (Würfel, Hexaeder), begrenzt von sechs Quadraten;
Achtflach (Oktaeder), begrenzt von acht gleichseitigen Dreiecken;
Zwölfflach (Dodekaeder), begrenzt von zwölf regelmäßigen Fünfecken;
Zwanzigflach (Ikosaeder), begrenzt von zwanzig gleichseitigen Dreiecken.
Man zeichne Abwicklungen der Oberflächen („Netze") der Platonischen Körper und fertige daraus Papiermodelle!
Für die Platonischen Körper wie überhaupt für alle konvexen Polyeder gilt der EULERsche Polyedersatz: Die Summe der Ecken- und Flächenanzahl ist um 2 größer als die Kantenanzahl. (Zum Beispiel beim Würfel: $8 + 6 = 12 + 2$.)

Beispiel 34: Kann durch einen Würfel ein Loch so gestoßen werden, daß sich ein kongruenter Würfel hindurchschieben läßt? – Ja! Wird ein Würfel auf eine Ecke gestellt und in Richtung der Körperdiagonalen senkrecht projiziert, so erscheint sein Umriß als regelmäßiges Sechseck. Ein Würfel-Seitenquadrat läßt sich ganz in das Innere dieses Sechsecks legen. Die geforderte Durchstoßung kann beispielsweise in Richtung der Körperdiagonale ausgeführt werden. Abb.

85.1 zeigt die sich durchdringenden Würfel sowie den Restkörper des durchgestoßenen Würfels.

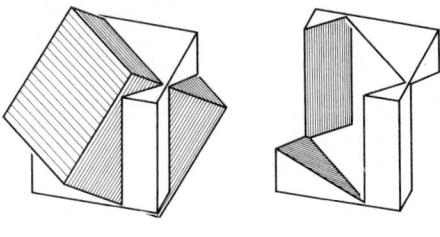

Abb. 85.1

Schräge Parallelprojektion – Affinität

Die schräge oder schiefe Parallelprojektion ist eine Verallgemeinerung der bisher behandelten senkrechten Parallelprojektion: der Winkel der Projektionsstrahlen gegen die Bildtafel beträgt nicht mehr 90°, vgl. S. 9. Das entstehende Bild weist nicht mehr die konstruktive Einfachheit wie bei senkrechter Projektion auf, vermittelt aber dafür einen anschaulicheren Eindruck des räumlichen Gegenstands. Eine einfache Vorstellung von der Entstehung eines solchen Bildes gewinnt man, indem man das Bild als Schlagschatten bei Sonnenbeleuchtung auf die Bildebene deutet.

Grundeigenschaften

Für *jede* Parallelprojektion gelten folgende vier Grundsätze, die früher schon bei der senkrechten Projektion benutzt worden sind:

I. Jede zur Tafel parallele Strecke hat ein paralleles und gleichlanges Bild, $AB = A'B'$, Abb. 86.1.

II. Jede zur Tafel parallele ebene Figur hat ein kongruentes Bild, z. B. $\triangle ABC \cong \triangle A'B'C'$, Abb. 86.2.

III. Parallele Geraden ($g_1 \parallel g_2$) haben parallele Bilder ($g_1' \parallel g_2'$); die Strecken auf ihnen werden in demselben Längenverhältnis abgebildet $\left(\dfrac{s_1}{s_1'} = \dfrac{s_2}{s_2'} \right)$, Abb. 86.3.

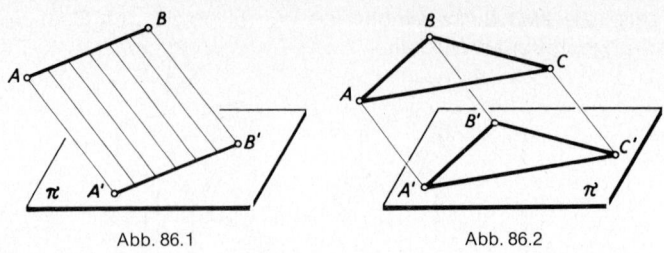

Abb. 86.1   Abb. 86.2

IV. Die Teilverhältnisse von Strecken auf sich entsprechenden Geraden g, g' bleiben erhalten, $AX : XB = A'X' : X'B'$, Abb. 86.4.

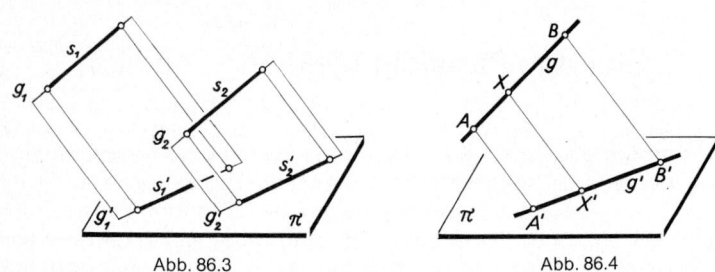

Abb. 86.3   Abb. 86.4

Diese Tatsachen lassen sich überall an Sonnenschlagschatten beobachten. So sind z. B. beim Schatten eines Lattenzauns (Abb. 9.2) die Lattenschatten untereinander parallel. (Bei Beleuchtung durch eine Bogenlampe, also bei nicht-parallelem Licht, ist das nicht mehr der Fall, Abb. 9.1.) – Der Schlagschatten des kreisförmigen Dachs eines Kiosks (Abb. 249.2) auf die Straßenebene ist wieder ein Kreis, denn das Dach ist parallel zur Straßenebene.

Axiale Affinitäten

Zwei ebene Figuren, die durch Parallelprojektion auseinander hervorgehen, heißen zueinander affin (parallelverwandt).

In Abb. 87.1 sind somit die Dreiecke $A\,B\,C$ in der Ebene π_1 und $A'B'C'$ in der Ebene π_2 zueinander affin, denn $\triangle\,A'B'C'$ ist das durch Parallelprojektion auf die Ebene π_2 entstandene Bild von $\triangle\,A\,B\,C$ oder auch, wenn die Projektionsrichtung umgekehrt wird, $\triangle\,A\,B\,C$ das

86

durch Parallelprojektion auf die Ebene π_1 entstandene Bild von $\triangle A'B'C'$.

Sind die Ebenen π_1 und π_2 parallel, so ist $\triangle ABC \cong \triangle A'B'C'$, vgl. Abb. 86.2. (Der Fall der Parallelität von π_1 und π_2 ist nicht der einzige, in dem die Affinität zur Kongruenz wird; wann noch?)

Im folgenden nehmen wir an, daß die beiden Ebenen π_1 und π_2 sich schneiden. Ihre Schnittgerade g heißt *Affinitätsachse*. Auf ihr schneiden sich zueinandergehörige Geraden wie z. B. A, C und A', C': dieser Schnittpunkt G nämlich ist der Durchstoßpunkt der Affinitätsachse g mit der Projektionsebene A, A', C, C' (Dreiebenenprobe, vgl. S. 31).

Ist die Ebene π_1 auf die Ebene π_2 affin abgebildet und drehen wir etwa die Ebene π_1 um die Affinitätsachse g in die Lage $\bar\pi_1$, so ist $\bar\pi_1$ wieder zu π_2 affin. Um dies zunächst anschaulich einzusehen, denken wir uns g als Scharnier und die zueinander parallelen Projektionsstrahlen A, A'; B, B'; usw. als Gummischnüre ausgebildet. Bei der Drehung um g bleiben diese Schnüre parallel. – Der Beweis ergibt sich aus dem Strahlensatz (Abb. 87.2). Da π_2 und π_1 zueinander affin sind, ist etwa $GA' : GC' = GA : GC$. Da $\bar\pi_1$ aus π_1 durch Drehung hervorgeht, ist weiter $GA = G\bar A$ und $GC = G\bar C$. Also folgt $GA' : GC'$

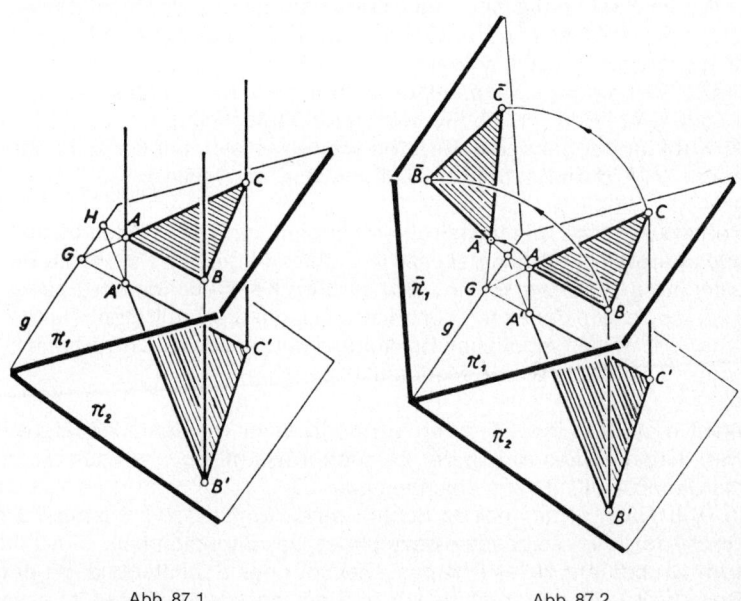

Abb. 87.1   Abb. 87.2

$= G\bar{A} : G\bar{C}$ und nach dem Strahlensatz $A', \bar{A} \parallel C', \bar{C}$. Somit sind die neuen Projektionsstrahlen zueinander parallel und die Ebene π_2 ist zu π_1 affin verwandt.

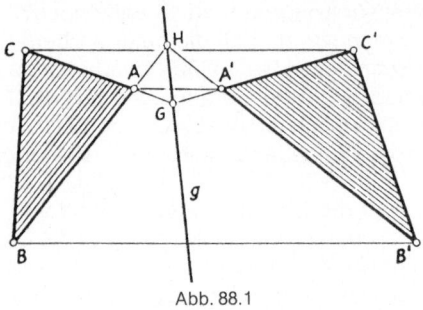

Abb. 88.1

Wird π_1 bis in die Lage von π_2 gedreht, so liegt eine *axiale Affinität in einer Doppelebene* vor (Abb. 88.1). Stets bestehen zwischen zwei affinen Figuren folgende Beziehungen:

I. Jedem Punkt der einen Figur entspricht genau ein Punkt der anderen Figur (A und A', B und B' usw.). Die Punkte der Affinitätsachse g entsprechen sich selbst (G, H, usw.).

II. Die Verbindungslinien entsprechender Punkte sind parallel, d. h. es gilt $A, A' \parallel B, B' \parallel C, C'$. Sie heißen Affinitätsstrahlen.

III. Zueinander gehörige Geraden schneiden sich auf der Affinitätsachse g (A, B und A', B' in H; B, C und B', C' in G usw.).

Bemerkung: Die Affinitätsstrahlen können − in der Doppelebene − auch parallel zur Affinitätsachse verlaufen. In diesem Fall ist die Bezeichnung *Scherung* üblich. (Bei welcher Konstellation der Ebenen π_1 und π_2 sowie der Projektionsrichtung kann dies eintreten? Nur bei einer der beiden möglichen Drehungen der Ebene π_1 in die Ebene π_2 kann sich eine Scherung ergeben!)

Weiß man, daß zwei Figuren vermöge einer axialen Affinität verwandt sind − dies trifft in der Zeichenpraxis oft zu −, so nützt man die Gesetze I, II, III beim Zeichnen aus.
In Abb. 89.1 ist der ebene Schnitt eines fünfseitigen Prismas auf Grund der Affinitätsgesetze gezeichnet. Das Schnittfünfeck liegt affin zum Grundfünfeck des Prismas. Die Spur der Schnittebene mit der Grundebene ist die Affinitätsachse. Die schneidende Ebene ist etwa

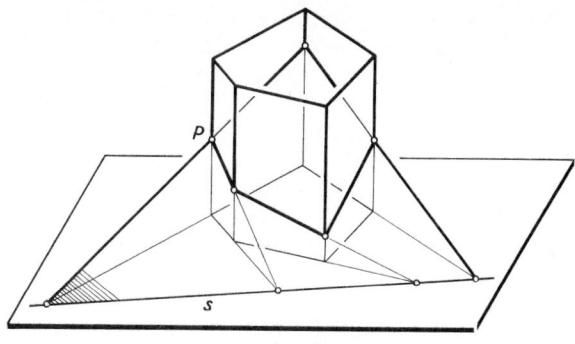

Abb. 89.1

durch ihre Spur *s* und einen der Kantenschnittpunkte *P* festgelegt. Die weiteren Schnittpunkte und Schnittgeraden ergeben sich nach den Gesetzen.

Jeder Parallelschatten einer ebenen Figur auf eine Ebene ist ein zu ihr affines (parallelverwandtes) Bild.

Wo liegt in Abb. 89.2 die Affinitätsachse, wo sind zueinandergehörige Punkte, welche Richtung haben die untereinander parallelen Affinitätsstrahlen?

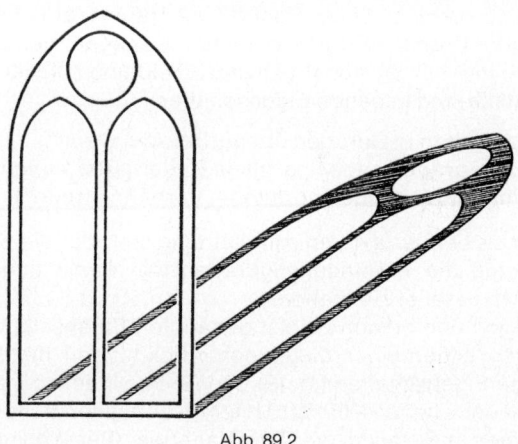

Abb. 89.2

Beispiel 35: Der Punkt A ist mit dem „unerreichbaren", d. h. außerhalb unseres Zeichenbretts liegenden Schnittpunkt der beiden Geraden g_1 und g_2 zu verbinden (Abb. 90.1). Eine solche „unglückliche Lage" tritt in der Praxis des Zeichnens häufig ein. – Wir denken uns g_1 als Affinitätsachse und suchen die zu g_2 affine Gerade durch A, die ja dann durch den Schnittpunkt von g_1 und g_2 laufen muß. Dabei ist die Richtung der Affinitätsstrahlen noch willkürlich wählbar; diese Richtung sei durch f festgelegt. Der zu A gehörige Punkt ist dann A' auf g_2 ($A'A \parallel f$). Einer Hilfsgerade l durch A entspricht die Gerade

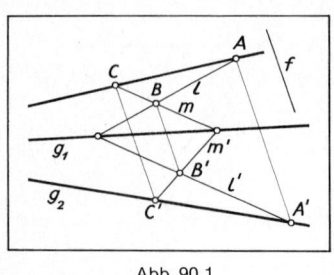

Abb. 90.1

l' durch A', wobei l und l' sich auf g_1 schneiden. Einer weiteren Hilfsgerade m' durch irgendeinen Punkt B' auf l' entspricht die Gerade m durch den zugehörigen Punkt B auf l ($BB' \parallel f$), wobei m' und m sich wieder auf g_1 schneiden. Der Schnittpunkt C' von m' und g_2 schließlich hat sein affines Bild in C ($C'C \parallel f$) auf m und die Gerade A, C ist das gesuchte affine Bild von g_2; sie muß durch den unerreichbaren Schnittpunkt von g_1 und g_2 laufen.

Affine Abbildungen der Ebene

Die Parallelprojektion einer Ebene des Raums auf eine andere (schneidende) Ebene führt in natürlicher Weise auf den Begriff der *axialen* Affinität. Für die konstruktive Behandlung solcher Abbildungen wesentlich sind folgende Eigenschaften:

(1) Geraden gehen in Geraden über („Geradentreue")
(2) Parallele Geraden haben parallele Bilder („Parallelentreue")
(3) Teilverhältnisse bleiben erhalten („Verhältnistreue")

Weiter gibt es bei der axialen Affinität eine Gerade, die punktweise festbleibt, und die Verbindungsgeraden von Punkt und Bildpunkt sind sämtlich parallel zueinander.
Sieht man von den beiden zuletzt genannten Eigenschaften ab, betrachtet also allgemeiner diejenigen Abbildungen der Ebene auf sich, die die Eigenschaften (1), (2) und (3) besitzen, so gelangt man zum Begriff der *ebenen Affinität*. Unter diesen fallen außer den axialen Affinitäten z. B. auch die Translationen (Parallelverschiebun-

90

gen), die Drehungen, die Drehstreckungen, die Schubspiegelungen und andere aus der Elementargeometrie bekannte Abbildungen. Man kann eine beliebige ebene Affinität durch ein Dreieck (= drei nicht auf einer Geraden liegende Punkte) und sein Bilddreieck festlegen. Durch eine solche Vorgabe sind nämlich zwei (schiefwinklige) Parallelkoordinatensysteme bestimmt; aufgrund von (1), (2) und (3) muß jedem Punkt, der bezüglich des ersten Koordinatensystems die Koordinaten (x_1, x_2) hat, derjenige Punkt zugeordnet werden, der bezüglich des zweiten Koordinatensystems dieselben Koordinaten besitzt (Abb. 91.1).

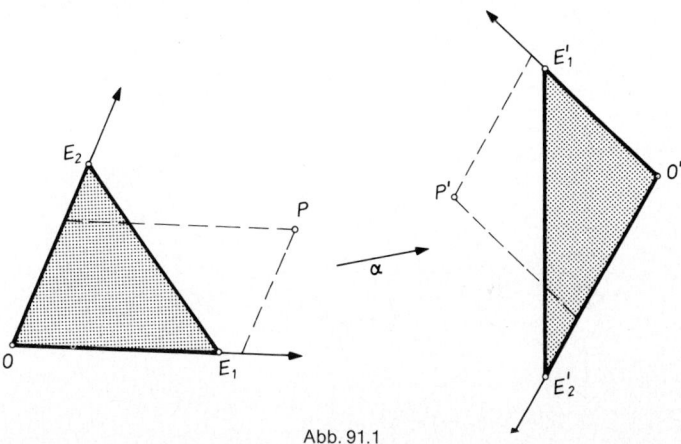

Abb. 91.1

Bemerkung: Im Fall der „reellen" Ebene (und nur mit dieser beschäftigen wir uns in diesem Buch) kann die Eigenschaft (3) aus den Eigenschaften (1) und (2) gefolgert werden.

Es läßt sich leicht einsehen, daß jede beliebige ebene Affinität sich als Hintereinanderausführung zweier geeigneter axialer Affinitäten darstellen läßt. Man kann dabei die Affinitätsrichtungen der beiden axialen Affinitäten noch im wesentlichen willkürlich wählen. Zum Beweis denken wir uns eine beliebige Affinität durch das Dreieck ABC und sein Bilddreieck $A'B'C'$ gegeben. Durch A, B, C zeichnen wir parallele Geraden mit der ersten Affinitätsrichtung, durch A', B', C' parallele Geraden mit der zweiten Affinitätsrichtung. Entsprechende Geraden schneiden sich in den Punkten A_0, B_0, C_0 (die einzige Bedingung für die willkürlichen Affinitätsrichtungen liegt darin, daß A_0, B_0, C_0 nicht kollinear sind). Nach dem Satz von DESARGUES (vgl. Abb. 92.1) liegen die Schnittpunkte entsprechender Dreiecks-seiten der beiden Dreiecke ABC und $A'B'C'$ auf einer Geraden; das Dreieck $A_0 B_0 C_0$ geht aus ABC durch eine axiale Affinität mit dieser Affinitätsachse hervor. Entsprechendes gilt für $A_0 B_0 C_0$ und $A'B'C'$. Somit kann die affine Abbildung, die ABC in $A'B'C'$ überführt, als Verkettung zweier axialer Affinitäten dargestellt werden.

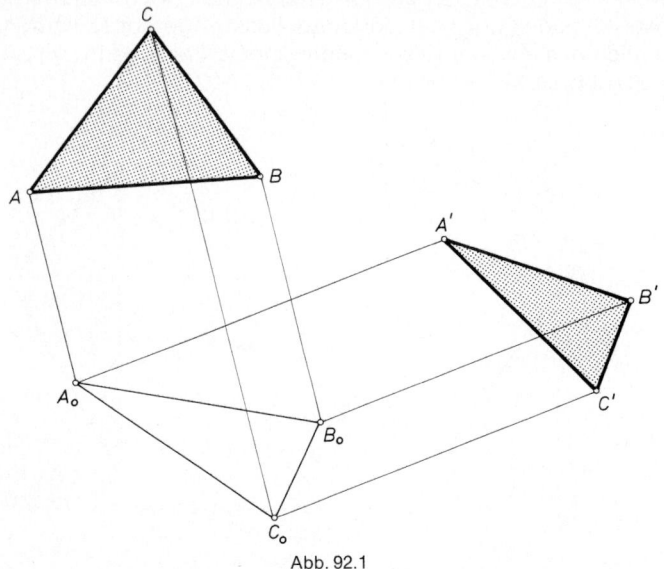

Abb. 92.1

Eine wichtige Folgerung hieraus ist, daß Kegelschnitte bei beliebi-gen affinen Abbildungen stets wieder in Kegelschnitte desselben Typs übergehen (also Ellipsen in Ellipsen, Parabeln in Parabeln, Hy-perbeln in Hyperbeln), und daß konjugierte Richtungen eines Kegel-schnitts als affine Bilder konjugierte Richtungen des Bildkegel-schnitts haben.

Kavalier- und Militärprojektion

Kavalierprojektion

Ein zeichentechnisch bequemer und anschaulicher Sonderfall der schrägen Parallelprojektion ist die Kavalierprojektion. Um ihre Gesetze zu entwickeln, konstruieren wir das Schattenbild eines Würfels bei Parallelbeleuchtung. Der Würfel mit den acht Ecken *1* bis *8* ist im Grundriß und Aufriß in Abb. 93.1 gezeichnet; dabei ist das Tafelsystem so einfach wie möglich gewählt: Grund- und Aufriß des Würfels sind Quadrate. Die Richtung der parallelen Lichtstrahlen ist durch den Pfeil *l* (Grundriß *l'*, Aufriß *l''*) festgelegt; das Licht fällt

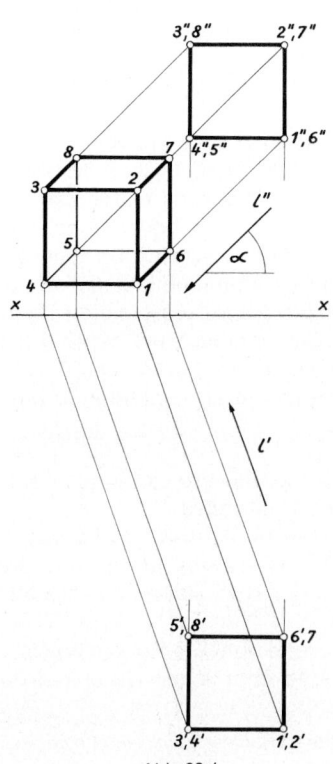

demnach von rechts oben ein. Die schattenauffangende Ebene sei die Aufrißtafel. Das Schattenbild jedes Würfeleckpunkts ist der Durchstoßpunkt des durch ihn gelegten Lichtstrahls mit der Aufrißtafel. Die beiden Quadrate *1234* und *5678* bilden sich als kongruente Quadrate ab, da sie zu unserer Bildebene (Aufrißtafel) parallel sind; die Kanten *16, 27, 38, 45* sind im Bild wie in Wirklichkeit parallel, sie erscheinen unter einem Winkel α gegen die Horizontale nach hinten fliehend und alle in demselben Verhältnis *q* verkürzt.

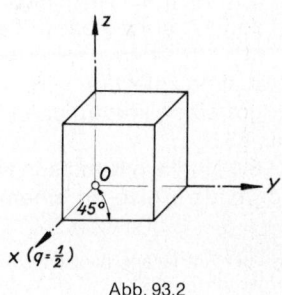

Abb. 93.1   Abb. 93.2

Deuten wir jetzt die Lichtrichtung *l* als Projektionsrichtung und die Aufrißebene als bildauffangende Ebene π, so sind die Punkte *1, 2, ..., 8* Eckpunkte des in Kavalierprojektion dargestellten Würfels (Abb. 93.1). Der Winkel α und das Verkürzungsverhältnis *q* hängen von der Wahl der Projektionsrichtung *l* ab. In der Praxis wählt man häufig *l* so, daß $\alpha = 45°$, $q = \frac{1}{2}$ gilt.

Werden Strecken, die parallel zu den Würfelkanten verlaufen, als *Tiefen, Breiten, Höhen* bezeichnet, so gilt folgende **Zeichenregel für Kavalierprojektion:**

Alle Breiten und Höhen werden in wahrer Größe, alle Tiefen unter dem Winkel α nach hinten fliehend und mit dem Faktor *q* verkürzt gezeichnet (Abb. 93.2).

Die Kavalierprojektion wird wegen ihrer Einfachheit und Anschaulichkeit überall beim freihändigen Skizzieren in der Praxis benutzt[1]. Abb. 95.1 zeigt die Grundform eines Schwungrads, Abb. 95.2 eine häufig auftretende Holzkonstruktion in Kavalierprojektion.

Beispiel 36: Mit Hilfe der Kavalierprojektion können aus dem Grundrißplan eines Geländes Ansichtsskizzen hergestellt werden. Dazu wird ein *xyz*-System benutzt und das quadratische Gitter der *xy*-Ebene in Kavalierprojektion ($\alpha = 45°$, $q = \frac{3}{4}$) gezeichnet. Vgl. Abb. 95.3, wo ein durch vier Höhenlinien beschriebener Berg darzustellen ist. Jede im Grundriß gezeichnete Höhenlinie läßt sich durch Übertragung einiger Punkte leicht in die Kavalierprojektion übernehmen; die Höhe der betreffenden Schichtlinie wird parallel zur *z*-Achse aufgetragen. In Abb. 95.3 Mitte sind die Höhenlinien *0* und *2* eingezeichnet. Der Umriß des Bergs entsteht als Einhüllende aller Höhenlinien.

Abb. 95.4 zeigt als Ansichtsskizze die Kavalierprojektion ($\alpha = 60°$, $q = \frac{2}{3}$) des durch die Abb. 39.1 gegebenen Geländes.

Die Kavalierprojektion wird vielfach bei Reklameschriften u. ä. benutzt, um einen körperlichen Eindruck der Buchstaben zu erzielen; s. Abb. 95.5.

Abb. 96.1 zeigt ein Konoid in Kavalierprojektion. Ein Konoid entsteht auf folgende Weise: In einem Kreis sind über einen Durchmesser

---

[1] Ein großer Teil der anschaulichen Skizzen in diesem Buch ist in solcher schrägen Parallelprojektion ($\alpha = 60°$, $q = \frac{2}{3}$) entworfen.

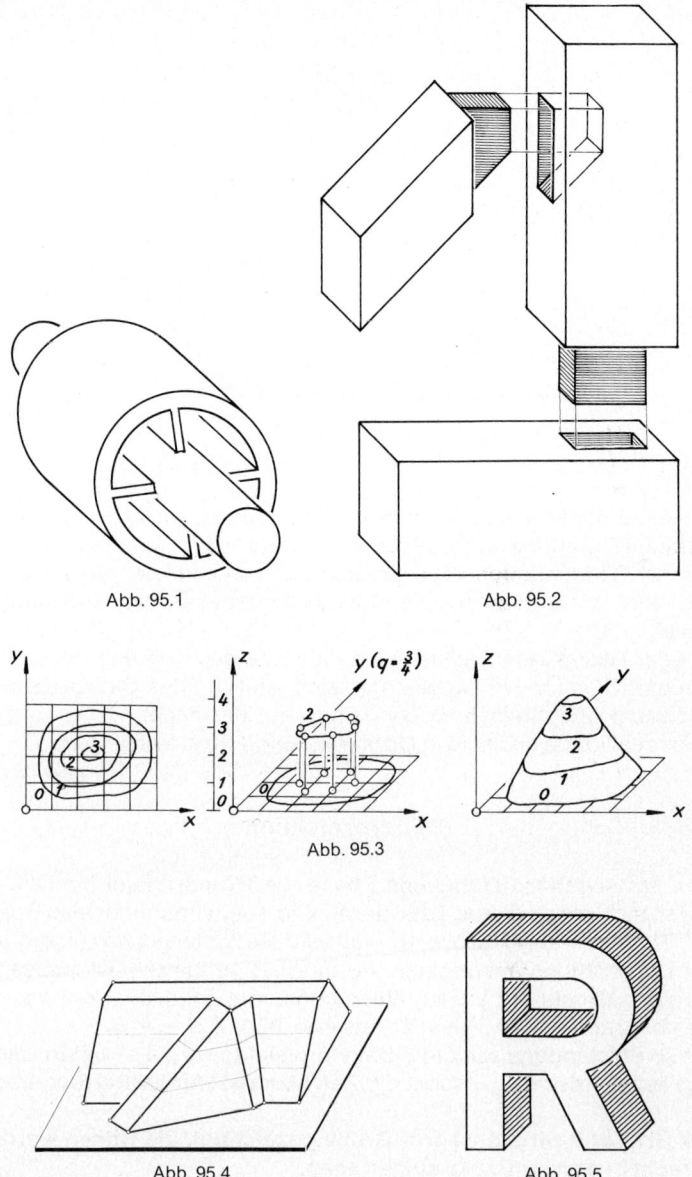

Abb. 95.1

Abb. 95.2

Abb. 95.3

Abb. 95.4

Abb. 95.5

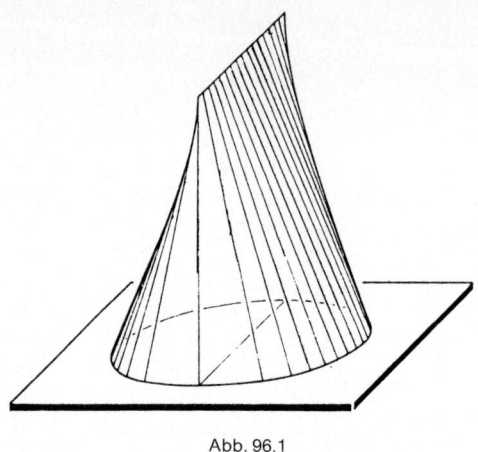

Abb. 96.1

alle dazu senkrechten Sehnen als Gummifäden aufgespannt. Hebt man den Durchmesser bis zu einer Höhe *h* empor, so bilden die gedehnten Gummifäden eine Schar von Mantellinien, die zu einer Schneide (nicht mehr wie beim Kegel zu einer Spitze) zusammenlaufen.

Ist *r* der Grundkreis-Radius und *h* die Höhe des Konoids, so ist sein Volumen $V = \frac{1}{2} \pi \cdot r^2 \cdot h$, wie man sich mit Hilfe des CAVALIERIschen Prinzips (Horizontalschnitte sind Ellipsen!) klarmacht.

Zeichnen Sie das Konoid in Grundriß, Aufriß, Kreuzriß!

Militärprojektion

Wird als schattenauffangende Ebene die Grundrißtafel benutzt, so bilden sich die zu dieser Tafel parallelen Ausdehnungen, also Breite und Tiefe, in wahrer Größe ab, während die Höhen sich in einem von der Lichtrichtung abhängigen Verhältnis *q* verkürzen. Ist insbesondere der Winkel der Lichtstrahlen gegen die Tafel 45°, so ist *q* = 1. Man begründe diese Tatsache aus Abb. 97.1: $AB = A_s B$.

Die so entstandene schiefe Parallelprojektion wird als Militärprojektion bezeichnet; es gilt somit die **Zeichenregel für Militärprojektion:**

Der Grundriß wird in wahrer Größe gezeichnet, die Höhen werden lotrecht in wahrer Größe aufgetragen.

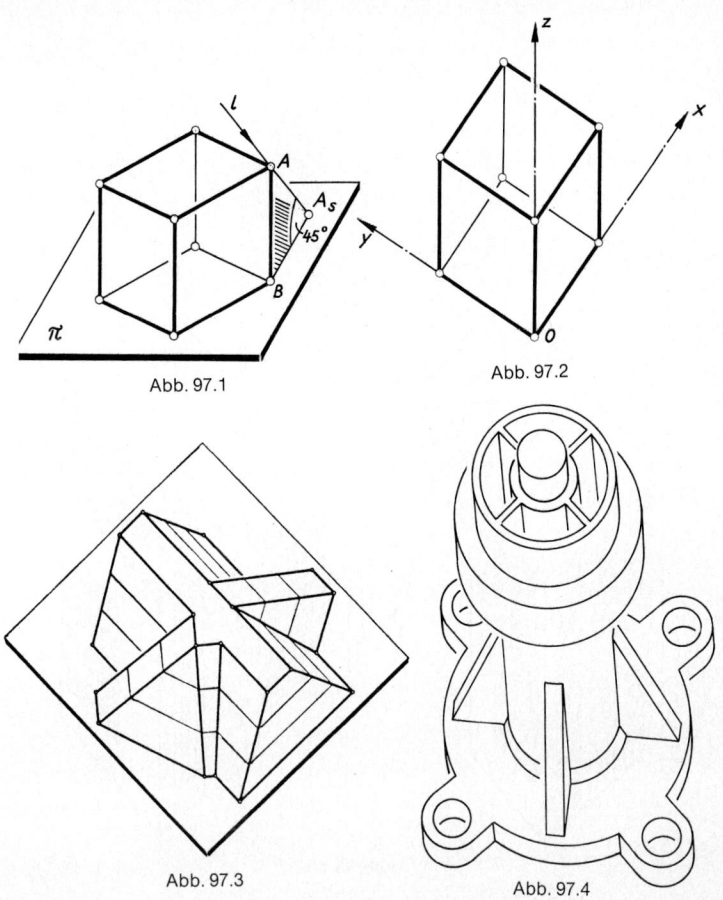

Abb. 97.1

Abb. 97.2

Abb. 97.3

Abb. 97.4

Die Wahl der Höhenrichtung entspricht unserer Gewohnheit, die Höhen immer lotrecht zu sehen. Abb. 97.2 zeigt das Bild eines Würfels in Militärprojektion.

Die Militärprojektion ist nicht so anschaulich wie die Kavalierprojektion, hat aber den großen Vorzug, daß in ihr der oft wesentliche Grundriß in wahrer Größe enthalten ist und sich außerdem noch alle Höhen in wahrer Größe abgreifen lassen. Die Militärprojektion Abb. 97.3 des Geländes Abb. 39.1 ist aus dem dort vorhandenen Grundriß durch Auftragen der Höhen entstanden. Abb. 97.4 zeigt einen Maschinenteil, Abb. 98.1 ein Hochhaus in Militärprojektion.

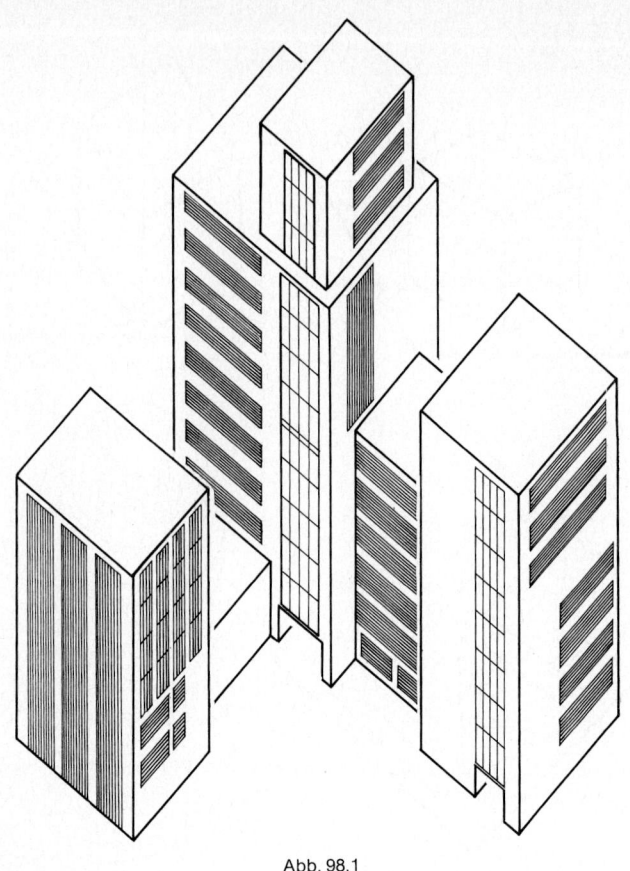

Abb. 98.1

Stets lassen sich die wichtigsten wahren Abmessungen unmittelbar abgreifen. Das ist besonders praktisch bei architektonischen Entwürfen: die in Abb. 99.1 dargestellte Skizze zeigt noch unmittelbar den (emporgehobenen) Grundriß (schraffiert).

Man achte auf Darstellungen in Kavalier- und Militärprojektion bei Reklamezeichnungen und Plakaten! Vgl. auch Abb. 165.2.

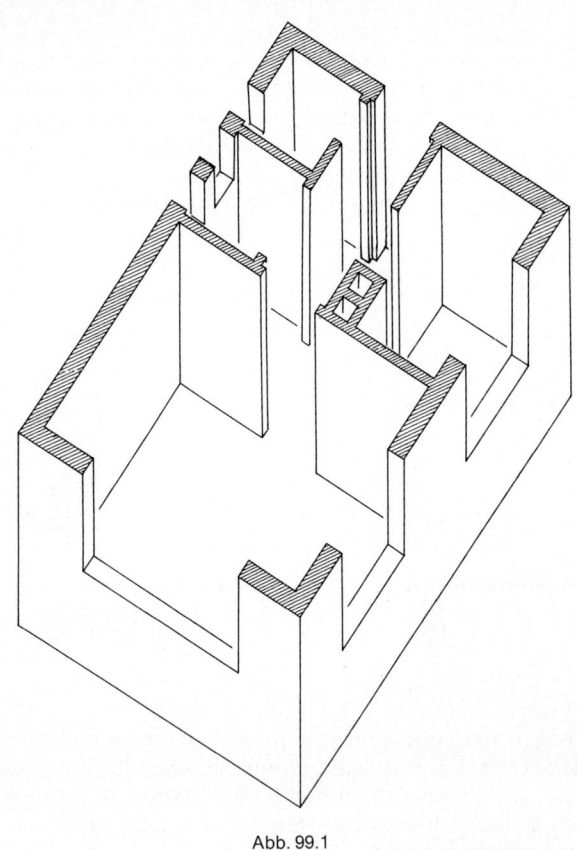

Abb. 99.1

Schattenkonstruktionen

Die Anschaulichkeit einer Zeichnung wird erhöht, wenn wir uns den dargestellten Körper beleuchtet denken und die Schatten, die er auf die Bildebene, auf sich selbst oder einen anderen Körper wirft, mit in die Zeichnung aufnehmen. Schattenkonstruktionen werden in der Hauptsache bei anschaulichen Entwürfen (etwa in Kavalierprojektion) durchgeführt, dagegen nicht bei technischen Konstruktionszeichnungen.

Im folgenden seien die Körper mit parallelem Licht beleuchtet. Ihr dem Licht abgewandter Teil befindet sich im sogenannten *Selbst*- oder *Eigenschatten*. Die Grenzlinie zwischen dem beleuchteten und dem unbeleuchteten Teil heißt *Eigenschattengrenze*. Die an dieser Schattengrenze entlangstreifenden Lichtstrahlen bilden eine Prisma- oder Zylinderfläche (*Lichtzylinder*), deren Schnitt mit der Bildebene oder anderen Körpern die *Schlagschattenbegrenzung* des Körpers ergibt.

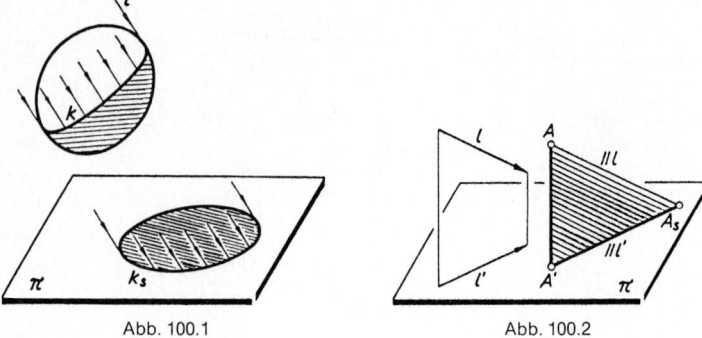

Abb. 100.1   Abb. 100.2

An der in Abb. 100.1 gezeichneten Kugel tritt als Eigenschattengrenze ein Großkreis k auf, dessen Ebene senkrecht auf der Lichtrichtung l steht. Die Lichtstrahlen durch die Punkte von k berühren die Kugel längs k und bilden den Mantel des Lichtzylinders. Dieser schneidet die Ebene π in der Begrenzungslinie k_s des Kugelschlagschattens auf π.
Für die Schattenbilder lotrechter Kanten gilt:

Der Schatten einer Senkrechten zur Bildebene ist parallel zur senkrechten Projektion der Lichtrichtung auf der Bildebene.

Begründen Sie diese Tatsache nach Abb. 100.2.

Schlagschatten eines Punkts: Bei gegebener Lichtrichtung l (Grundriß l') wird somit der Schlagschatten A_s eines Punkts A (Grundriß A') als Schnittpunkt der Parallelen zu l durch A mit der Parallelen zu l' durch A' gewonnen, Abb. 100.2.

Beispiel 37: Abb. 101.1 zeigt die Anwendung dieser Grundaufgabe am Würfel. Siehe auch die Deutung der Militärprojektion als Schlagschatten (Abb. 97.1).

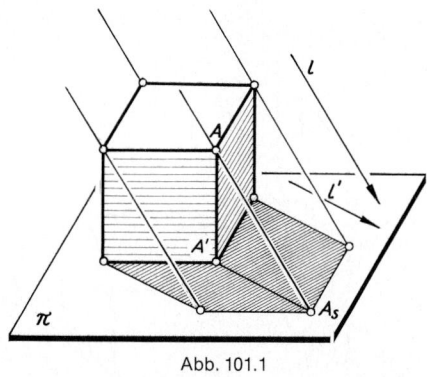

Abb. 101.1

Beispiel 38: Abb. 101.2 zeigt die Schattenkonstruktion an einem in Kavalierprojektion dargestellten architektonischen Motiv.

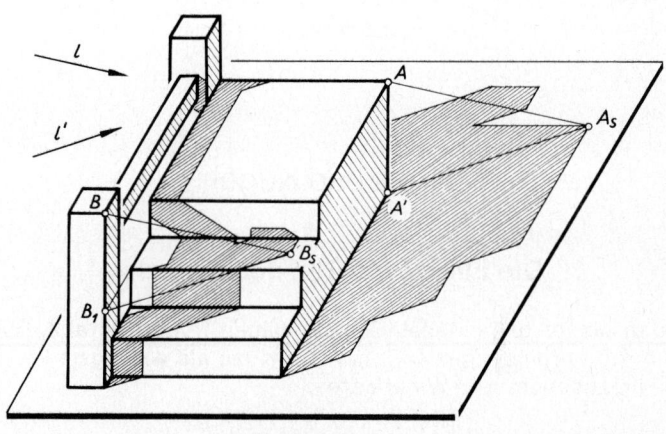

Abb. 101.2

Ist die Eigenschattengrenze eines Körpers eine ebene Kurve, so geht die Begrenzungslinie seines Schlagschattens auf eine Ebene aus der Eigenschattengrenze durch eine axiale Affinität hervor. Es lassen sich dann zur Konstruktion des Schlagschattens die auf

101

S. 88 angeführten Gesetze verwenden, die für axiale Affinitäten gelten. Man lese nach diesem Gesichtspunkt die Abb. 102.1.

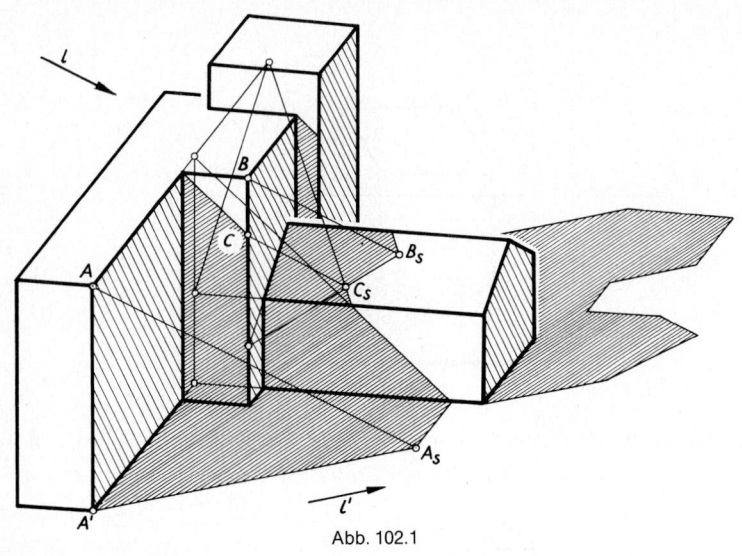

Abb. 102.1

Kreis und Kugel

Die Ellipse als Bild des Kreises

Zu den bisher behandelten Grundgebilden Punkt, Gerade, Ebene und ihren Verbindungen wird nun der Kreis als wichtigste krumme Linie hinzugenommen. Wir erklären:

Die Parallelprojektion eines Kreises heißt Ellipse.

Wir werden zunächst einige geometrische Eigenschaften der so erklärten Kurve ableiten und dann zeigen, daß sie in der Tat mit der in der analytischen Geometrie als Ellipse bezeichneten Kurve übereinstimmt.

Werden die parallelprojizierenden Strahlen als die Mantellinien eines (im allgemeinen schiefen) Kreiszylinders aufgefaßt, so ergibt sich (Abb. 103.1):

Der ebene Schnitt eines Kreiszylinders ist eine Ellipse.

In diesen einander gleichwertigen Erklärungen der Ellipse ist natürlich der Kreis als Sonderfall mit enthalten.

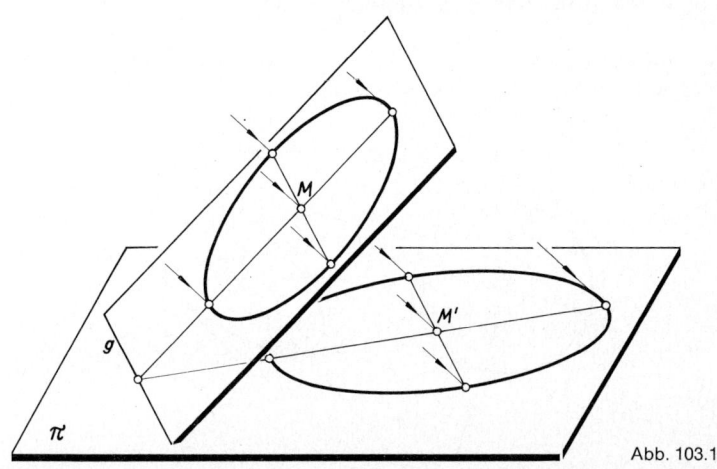

Abb. 103.1

Die Projektion des Kreismittelpunkts *M* liefert einen Punkt *M′*, der der Mittelpunkt jeder durch ihn gehenden Ellipsensehne ist. (Bei der Parallelprojektion bleibt das Teilverhältnis erhalten, insbesondere: Mitte bleibt Mitte!) Dieser Punkt *M′* heißt *Mittelpunkt der Ellipse*, die durch ihn gehenden Sehnen heißen *Durchmesser der Ellipse*.

Um weiterhin die Ellipse zu untersuchen, denken wir uns wie auf S. 87 die Kreisebene um ihre Schnittgerade *g* mit der Grundebene π, in der das elliptische Kreisbild liegt, bis in diese gedreht und erhalten so die axiale Affinität in der Doppelebene. *g* ist Affinitätsachse, *M* und *M′* ein zugeordnetes Punktepaar.

Irgendeinem *senkrechten Halbmesserpaar MX, MY* des Kreises entspricht ein Halbmesserpaar *M′X′, M′Y′* der Ellipse, das (im allgemeinen) *keinen* rechten Winkel bildet (Abb. 104.1).

Die Bilder senkrechter Kreisdurchmesser heißen konjugierte (zugeordnete) Durchmesser der Ellipse.

Aus der Erhaltung der Parallelität bei affinen Bildern folgt, daß die Tangenten in den Endpunkten eines Ellipsendurchmessers parallel zu dem konjugierten Durchmesser sind. Ein dem Kreis umbeschriebenes Tangentenquadrat geht in ein der Ellipse umbeschriebenes Tangentenparallelogramm über. Ebenso läßt sich, da auch Mitte stets Mitte bleibt, aus Abb. 104.1 der Satz ablesen:

Ein Ellipsendurchmesser trägt die Mittelpunkte der zu seinem konjugierten Durchmesser parallelen Sehnen.

In der analytischen Geometrie wird dieser Satz vielfach zur Definition konjugierter Durchmesser benutzt.

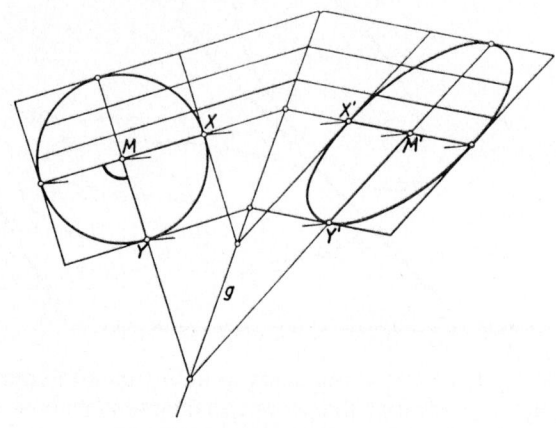

Abb. 104.1

Rechtwinkelpaar

Wir untersuchen nun, ob es ein rechtwinkliges Kreisdurchmesserpaar gibt, dessen Bilder wieder aufeinander senkrecht stehen. Dazu müßte (Abb. 105.1) der Thaleskreis durch U, M, V auch durch den Ellipsenmittelpunkt M' gehen. Der Mittelpunkt O eines solchen Thaleskreises ist der Schnittpunkt der Mittelsenkrechten der Strecke MM' mit der Affinitätsachse g (Abb. 105.2, $MA = M'A$). Der Kreis um O durch M und M' schneidet g in den Punkten U und V; das rechtwinklige Kreisdurchmesserpaar auf den Geraden M, U; M, V hat dann zum

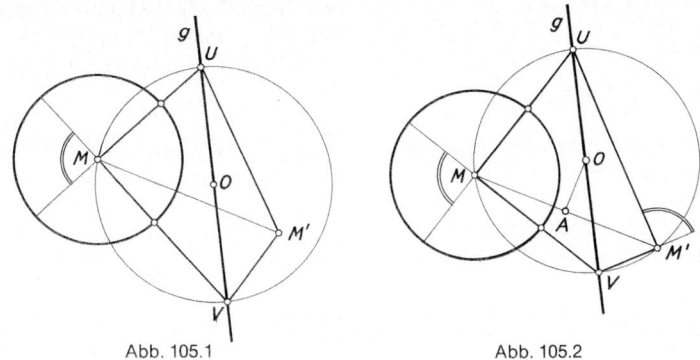

Abb. 105.1   Abb. 105.2

Bild ein rechtwinkliges konjugiertes Ellipsendurchmesserpaar auf den Geraden M', U; M', V.

Die beiden aufeinander senkrechten konjugierten Durchmesser der Ellipse heißen Achsen der Ellipse.

Die Endpunkte der Achsen heißen die *Scheitel* der Ellipse.

Wir können jetzt den Anschluß an die analytische Geometrie gewinnen; dort ist es üblich, die Gleichung der Ellipse auf ihre Achsen zu beziehen. In Abb. 106.1 sei das xy-Achsenkreuz durch dasjenige rechtwinklige Kreisdurchmesserpaar festgelegt, das die Achsen der Ellipse zum Bild hat. Der Radius des Kreises sei r, die halben Achsenlängen der Ellipse seien a und b. Die Gleichung des Kreises im xy-Achsenkreuz lautet

(1) $$x^2 + y^2 = r^2$$

Ein Punkt $P(x, y)$ des Kreises hat zum Bild den Ellipsenpunkt $P'(x', y')$. Da sich bei der Affinität alle Strecken auf Parallelen im gleichen Verhältnis verkürzen (vgl. S. 85), ist $x : r = x' : a$ und $y : r = y' : b$. Die Gleichung (1) geht somit über in

(2) $$\frac{x'^2}{a^2} + \frac{y'^2}{b^2} = 1,$$

die aus der analytischen Geometrie her bekannte *Gleichung der Ellipse*.

Geht man von einem beliebigen rechtwinkligen Durchmesserpaar des Kreises aus, so ergibt sich die Gleichung der Ellipse ebenfalls in

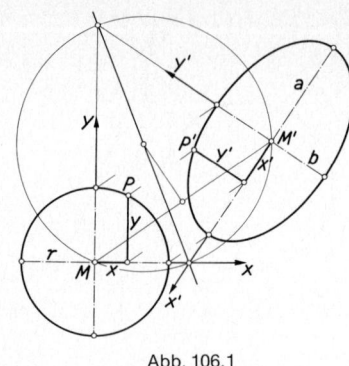

Abb. 106.1

der Gestalt (2), jedoch in bezug auf das *schiefwinklige* Achsensystem der konjugierten Durchmesser.

Eine gleichartig verlaufende Betrachtung ergibt den Nachweis, daß das axial-affine Bild einer Ellipse wieder eine Ellipse ist.

Abb. 106.2 zeigt ein Kreismodell mit seinen Parallelschatten auf eine horizontale Ebene. Senkrechte Kreisdurchmesser gehen in konjugierte Durchmesser der Schattenellipse über.

Der Parallelschatten einer Ellipse auf eine Ebene ist wieder eine Ellipse (Abb. 106.3). Aus den Hauptachsen der schattenwerfenden Ellipse entstehen konjugierte Durchmesser der Schattenellipse.

Völlig entsprechende Aussagen gelten nach S. 92 auch für beliebige affine Bilder von Ellipsen: Konjugierte Durchmesser einer Ellipse gehen bei einer allgemeinen ebenen Affinität in konjugierte Durchmesser der Bildellipse über.

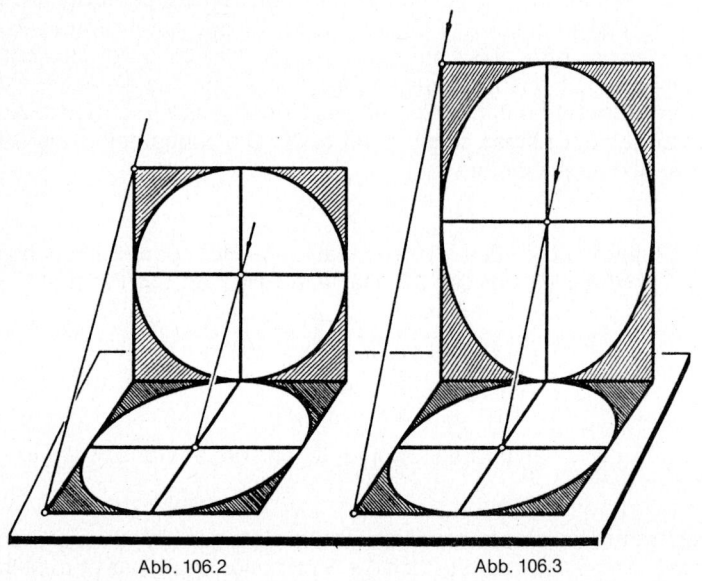

Abb. 106.2   Abb. 106.3

Senkrechte Projektion des Kreises

Im folgenden betrachten wir die senkrechte Projektion des Kreises (Abb. 107.1).

Der zur horizontalen Tafel π_1 parallele Kreisdurchmesser AB (Höhenlinie) wird in wahrer Größe, der zu ihm senkrechte Durchmesser EF (Fallinie) am stärksten verkürzt abgebildet. Nach dem Satz über die senkrechte Projektion eines rechten Winkels (S. 29) ist das Bilddurchmesserpaar $A'B'$, $E'F'$ von AB, EF wieder rechtwinklig. Also sind $A'B'$, $E'F'$ die Achsen der Ellipse. Die größere $A'B'$ von ihnen heißt große Achse oder Hauptachse, die kleinere $E'F'$ kleine Achse oder Nebenachse. Es gilt demnach:

Bei der senkrechten Projektion eines Kreises auf eine horizontale Bildebene π geht die Hauptachse der Bildellipse aus dem Höhenliniendurchmesser, die Nebenachse aus dem Falliniendurchmesser hervor. Die Länge der Hauptachse ist gleich dem Durchmesser des Kreises.

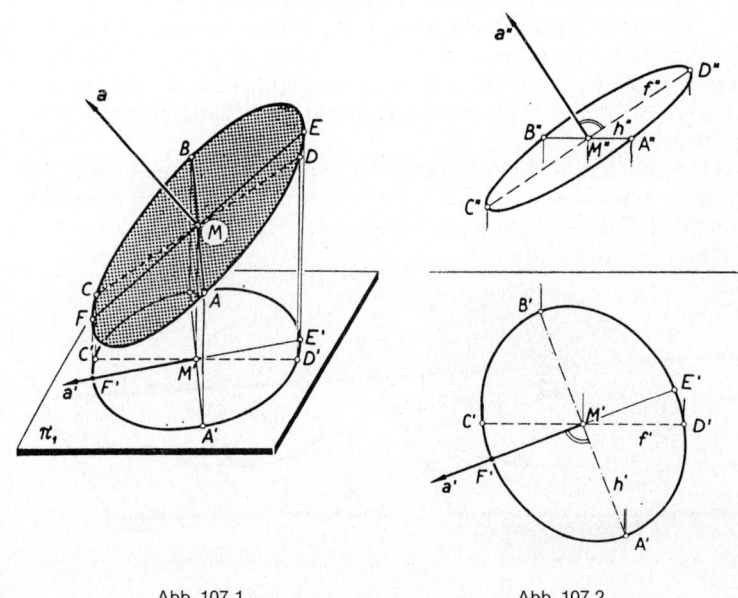

Abb. 107.1   Abb. 107.2

Diese Aussage lautet ganz entsprechend, wenn wir den Kreis auf irgendeine Bildebene π senkrecht projizieren: Die große Achse der Bildellipse geht dann aus dem zu π parallelen Kreisdurchmesser, die kleine Achse aus dem Kreisdurchmesser mit der größten Neigung gegen π hervor. − Ist π speziell die Aufrißebene, so geht die große Achse der Aufrißellipse aus dem Frontliniendurchmesser des Kreises hervor (vgl. Abb. 107.2).

Die Senkrechte im Kreismittelpunkt auf der Kreisebene heißt *Achse des Kreises.* Sie bildet mit allen Kreisdurchmessern einen rechten Winkel; derjenige dieser rechten Winkel, dessen zweiter Schenkel der Höhenliniendurchmesser ist, bildet sich im Grundriß wieder als rechter Winkel ab. Die Projektion der Kreisachse steht somit senkrecht auf der Hauptachse der Bildellipse:

Die Projektion der Kreisachse liegt auf der Nebenachse der Bildellipse.

In Abb. 107.2 ist auf Grund dieser Überlegungen das Bild eines Kreises mit seiner Achse (Reißzwecke!) in Grund- und Aufriß gezeichnet. Die Ebene des Kreises ist durch die Höhenlinie h und die Frontlinie f aufgespannt. Für die Zeichnung der Ellipsen vgl. S. 117.

Zur zeichentechnischen Vereinfachung denken wir uns in Abb. 108.1 die Bildtafel π parallel bis zum Punkt M emporgehoben, so daß M und M' zusammenfallen. Die Allgemeinheit unserer Untersuchung wird durch diese Parallelverschiebung der Bildtafel nicht eingeschränkt (vgl. S. 58).

Die Hauptachse $A'B'$ der Ellipse ist dann mit dem Höhenliniendurchmesser AB des Kreises zusammengefallen (Abb. 108.1). Legen wir um diese Gerade $A', B' = A, B$ den Kreis in die Ellipsenebene π um,

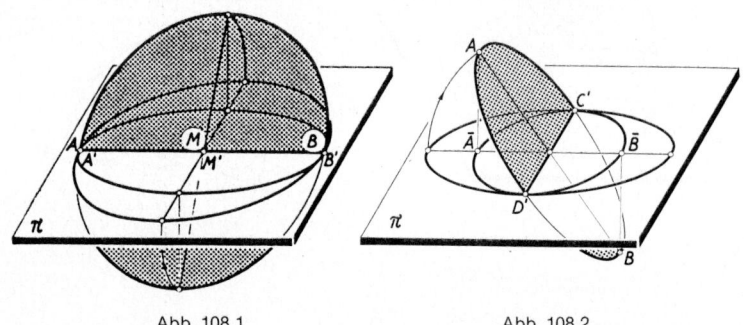

Abb. 108.1   Abb. 108.2

so liegt in dieser Ebene ein einfacher Sonderfall der axialen Affinität vor (Abb. 109.1): die zusammenfallenden Mittelpunkte M und M' des Kreises und der Ellipse liegen auf der Affinitätsachse A, B, und die Affinitätsstrahlen stehen senkrecht auf dieser Achse („orthogonale Affinität"). Der Kreis geht durch die beiden Hauptscheitel A und B der Ellipse; er heißt ihr *Hauptscheitelkreis*.

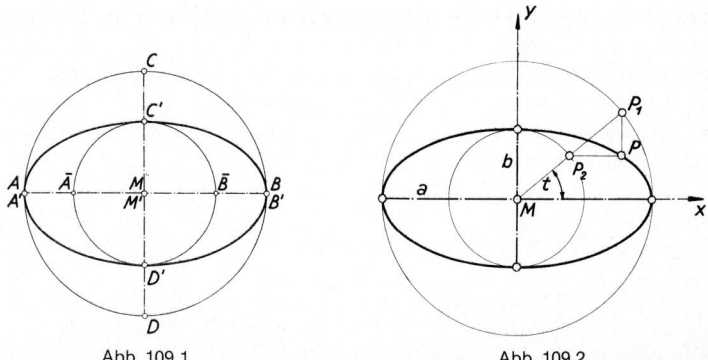

Abb. 109.1　　　　　　　　　Abb. 109.2

Entsprechend wird der durch die beiden Nebenscheitel C' und D' der Ellipse laufende Kreis um ihren Mittelpunkt als *Nebenscheitelkreis* bezeichnet. Wir erhalten ihn durch Projektion aus der Ellipse, wenn wir diese um ihre Nebenachse $C'D'$ aus der Zeichenebene herausdrehen, bis bei senkrechter Projektion der Hauptscheitel A sein Bild in $\bar{A}$ und dann auch B sein Bild in $\bar{B}$ hat (Abb. 108.2). Die Ellipse erscheint dann als ebener Schnitt des über dem Nebenscheitelkreis $\bar{A}D'\bar{B}C'$ errichteten geraden Zylinders.

Dem Punkt $P_1(x_1, y_1)$ des Hauptscheitelkreises entspricht der Ellipsenpunkt $P(\xi, \eta)$, und es gilt

$$\xi = x_1, \qquad \eta = \frac{b}{a} \cdot y_1,$$

wenn a und b die halben Achsenlängen der Ellipse sind (Abb. 109.2). Diesem Punkt $P(\xi, \eta)$ entspricht der Punkt $P_2(x_2, y_2)$ auf dem Nebenscheitelkreis, dabei ist

$$x_2 = \frac{b}{a} \cdot \xi, \qquad y_2 = \eta.$$

Es folgt

$$x_1 : y_1 = x_2 : y_2,$$

d. h. die Punkte P_1 und P_2 liegen auf einer Gerade durch den Anfangspunkt M. Somit gilt folgende Regel für die

Konstruktion von Ellipsenpunkten aus den Scheitelkreisen

Ein Strahl durch den Mittelpunkt trifft den Hauptscheitelkreis in P_1, den Nebenscheitelkreis in P_2. Die Parallele durch P_1 zur Nebenachse und die Parallele durch P_2 zur Hauptachse schneiden sich in einem Ellipsenpunkt P (Abb. 110.1).

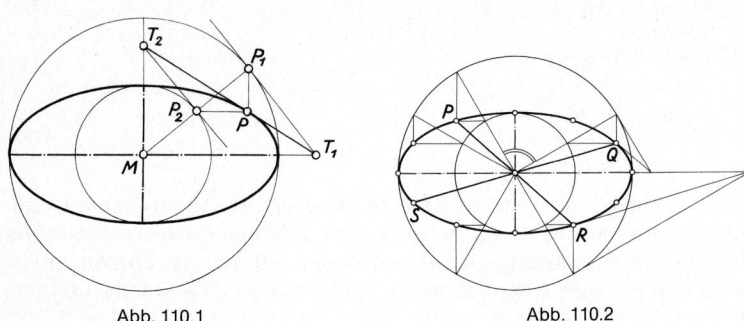

Abb. 110.1   Abb. 110.2

Die Ellipsentangente im Punkt P muß auf Grund der affinen Verwandtschaft (S. 88) sowohl durch den Schnittpunkt T_1 der Kreistangente in P_1 mit der Hauptachse als auch durch den Schnittpunkt T_2 der Kreistangente in P_2 mit der Nebenachse gehen.

Aus Abb. 109.2 läßt sich unmittelbar die bekannte Parameterdarstellung

$$x = a \cdot \cos t$$
$$y = b \cdot \sin t$$

der Ellipse ablesen. Dabei ist t der Winkel zwischen dem Strahl M, P_1 und der x-Achse.

Abb. 110.2 zeigt die punkt- und tangentenweise Entstehung einer Ellipse aus ihren beiden Scheitelkreisen.

Auf Grund der affinen Verwandtschaft des Hauptscheitelkreises und der Ellipse sind die Durchmesser PR und QS zueinander konjugiert, denn sie entstehen aus zwei zueinander senkrechten Durchmessern des Hauptscheitelkreises.

Ermittlung der Ellipse aus einer Achse und einem Ellipsenpunkt

Wird durch P die Parallele zum Ausgangsstrahl gezogen (Abb. 111.1) und in R_1 mit der Hauptachse und in R_2 mit der Nebenachse zum Schnitt gebracht, dann folgt aus den beiden so entstandenen Parallelogrammen $MP_1 PR_2$ und $MP_2 PR_1$

$$PR_2 = MP_1 = a, \qquad PR_1 = MP_2 = b.$$

Sind nun, was in der zeichnerischen Praxis sehr häufig eintritt, von der Ellipse eine Achse, z. B. die Hauptachse und ein Punkt P bekannt, so läßt sich die Nebenachse finden nach folgender *Papierstreifenkonstruktion*:

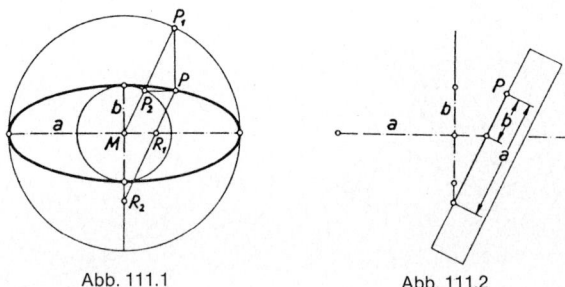

Abb. 111.1   Abb. 111.2

Auf einem Papierstreifen wird die halbe Hauptachsenlänge a markiert und dieser Streifen so eingepaßt, daß der eine Endpunkt in P, der andere auf der Nebenachse liegt (Abb. 111.2). Dann ist die auf dem Papierstreifen zu markierende Strecke von P bis zur Hauptachse gleich der Länge b der halben Nebenachse.
(Das Arbeiten mit einem Papierstreifen ist zeichentechnisch bequemer als die elementargeometrische Durchführung dieser Konstruktion mit Zirkel und Lineal; wie verläuft diese?)
Bewegt man den Papierstreifen derart, daß die beiden Punkte auf den Achsen auf diesen entlanggleiten, so beschreibt der Punkt P die Ellipse.

111

Ermittlung der Ellipse aus konjugierten Durchmessern
(RYTZsche[1] Achsenkonstruktion)

Ein Paar konjugierter Halbmesser MP und MQ der Ellipse (Halbachsen a, b) geht aus einem Paar senkrechter Kreisradien MP_1 und MQ_1 hervor, vgl. S. 105 und 110. Wird der eine Halbmesser MQ zusammen mit dem starr mit ihm verbunden gedachten Dreieck $Q_1 Q Q_2$ um einen rechten Winkel gedreht, so fällt Q_1 auf P_1, Q_2 auf P_2 und Q kommt an die Stelle R (Abb. 112.1). PP_1P_2R ist ein Rechteck; seine Mitte sei O. Die verlängerte Rechteckdiagonale PR schneide die Ellipsenachsen in den Punkten U und V; dann ist $PU = RV = MP_1 = a$ und $PV = RU = MP_2 = b$. Wegen $OU = OV = OM$ geht der Kreis um O durch M auch durch die Punkte U und V.

Aus dieser Überlegung ergibt sich, wenn nur das unbedingt Notwendige zur Ermittlung der Ellipsenachsen aus dem Paar konjugierter Halbmesser gezeichnet wird, die *RYTZsche Achsenkonstruktion*:

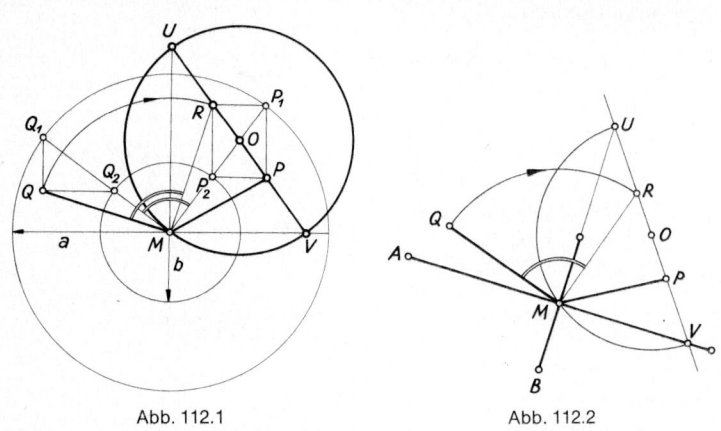

Abb. 112.1   Abb. 112.2

Der eine der beiden konjugierten Halbmesser MQ (oder MP) wird um 90° gedreht, die neue Lage seines Endpunkts ist R (Abb. 112.2). Die Strecke PR wird gehälftet, der Mittelpunkt ist O. Der Kreis um O durch M trifft die Verlängerung von PR in den Punkten U und V. Die Achsenrichtungen der Ellipse sind M, U und M, V. Die Längen der Halbachsen werden vom Endpunkt P des ungedrehten Halbmessers

---

[1] David RYTZ, 1801–1868.

aus gemessen: die eine Halbachsenlänge ist *PU*, abzutragen auf der (abgewandten) Richtung *M, V*, die andere Halbachsenlänge ist *PV*, abzutragen auf der (abgewandten) Richtung *M, U*. Die so gewonnenen Punkte *A* und *B* (*PU* = *MA*, *PV* = *MB*) sind Scheitel der Ellipse.

Zylinderschnitt, Brennpunktseigenschaften, DANDELINsche Kugeln[1]

Wir erzeugen eine Ellipse als ebenen Schnitt eines geraden Kreiszylinders (vgl. S. 103). Durch den Zylinder lassen wir eine Kugel gleicher Dicke hindurchgleiten; diese Kugel berührt den Zylinder also stets längs eines Großkreises (Abb. 113.1). Beim Hinabgleiten wird diese Kugel die Ellipsenebene zunächst in einem Punkt F_1 berühren (Lage *I*), weiterhin die Ellipsenebene in einem allmählich größer werdenden, nach Überschreitung der Symmetrielage wieder abnehmenden Kreis schneiden und sie schließlich in einem Punkt F_2 berührend verlassen (Lage *III*). In der Symmetrielage wird gerade

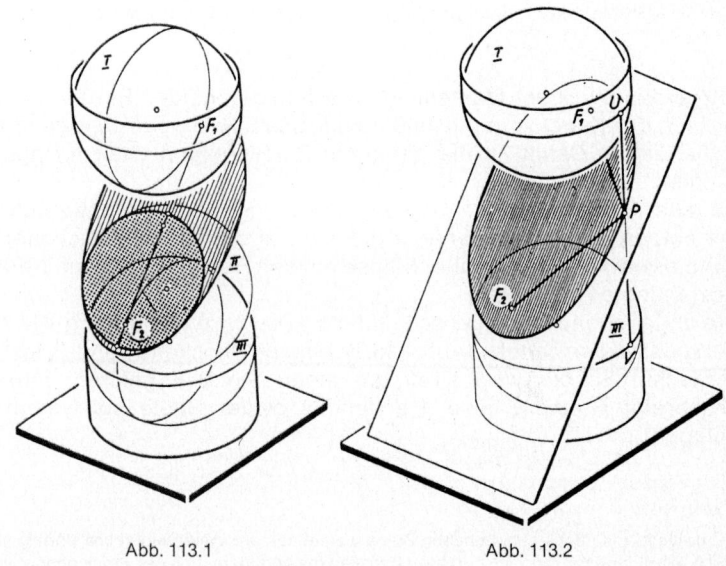

Abb. 113.1   Abb. 113.2

[1] Nach G. P. DANDELIN, 1794–1847.

der Nebenscheitelkreis der Ellipse ausgeschnitten. In Abb. 113.1 ist noch eine Zwischenlage *II* der durchgleitenden Kugel eingezeichnet.

Die beiden Punkte F_1 und F_2 heißen die *Brennpunkte* der Ellipse, die beiden Kugeln *I* und *III* DANDELIN*sche Kugeln.*

Die Ellipse ist der geometrische Ort aller Punkte, für die die Summe ihrer Entfernungen von zwei festen Punkten, den Brennpunkten, konstant ist.

Diese Eigenschaft läßt sich aus Abb. 113.2 mit Hilfe der beiden DANDELINschen Kugeln, die in den Brennpunkten F_1 bzw. F_2 berühren, ablesen. Ist *P* irgendein Punkt der Ellipse, so ist

$$PF_1 = PU,$$

denn diese beiden Strecken sind Tangenten von *P* an die Kugel *I* und als solche gleich lang. *PU* liegt auf der durch *P* gehenden Mantellinie des Zylinders. Ebenso ist

$$PF_2 = PV$$

als Tangentenpaar von *P* an die untere Kugel *III*. Somit wird

$$PF_1 + PF_2 = PU + PV = UV.$$

UV ist das Stück der Mantellinie zwischen den beiden Berührungskreisen der Kugeln *I* und *III* und hat für *alle* Ellipsenpunkte *dieselbe* feste Länge. Damit ist die genannte Ellipseneigenschaft nachgewiesen.

Da jeder Brennpunkt der Ellipse vom Nebenscheitel die Entfernung der halben Hauptachse *a* hat, ergibt sich für die Brennpunktsentfernung *e* vom Mittelpunkt einer Ellipse mit den Halbachsen *a* und *b* die Beziehung $e^2 = a^2 - b^2$.

Die angegebene Ortseigenschaft der Ellipse wird bei der sog. *Gärtnerkonstruktion* benutzt (Abb. 115.1): eine an Pflöcken F_1 und F_2 festgemachte Schnur wird straff um einen Stock *P* geführt, dabei beschreibt *P* eine Ellipse (Herstellung ovaler Beete bei Gartenanlagen)[1].

---

[1] Eine an einen Pflock angebundene Ziege weidet aus der Wiese einen kreisförmigen Fleck. Wird dagegen die Ziege an zwei Pflöcken festgebunden und der Strick ohne Verknotung gleitend durch ihr Halsband geführt, so weidet sie einen elliptischen Fleck aus, dessen Brennpunkte die beiden Pflöcke sind.

Es läßt sich weiter nachweisen, daß stets die beiden Brennstrahlen r_1 und r_2 mit der zugehörigen Ellipsentangente t gleiche Winkel bilden; die Normale n halbiert den Winkel $\sphericalangle\, r_1 r_2$ (Abb. 115.1). Dieser Eigenschaft verdanken die Brennpunkte ihren Namen: die Strahlen einer in F_1 befindlichen Lichtquelle werden an der Ellipse alle nach dem anderen Brennpunkt F_2 reflektiert. Ebenso sammeln sich die von einer Schallquelle F_1 ausgehenden Schallstrahlen alle wieder in F_2. Auf

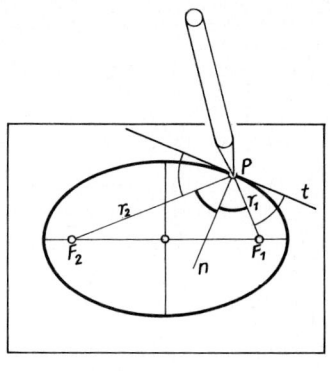

Abb. 115.1

diesem Sachverhalt beruht die Erklärung für die bekannten Flüstergalerien.

Scheitelkrümmungskreise

Wir betrachten nun die Zwischenlagen unserer durchgleitenden Kugel. Der aus der Ellipsenebene herausgeschnittene Kreis wird stets von der Ellipse umschlossen, denn diese liegt auf der Oberfläche und die Kugel im Innern des Zylinders. Wenn es also überhaupt Punkte gibt, die sowohl auf dem Kreis als auch auf der Ellipse liegen, so können es nur *Berührungspunkte* sein. Solche Punkte müssen auf dem Kugelgroßkreis liegen, längs dem die Kugel im Zylinder entlanggleitet, denn *nur* die Kugelpunkte dieses Großkreises liegen auf dem Zylinder und damit möglicherweise auch auf der Ellipse.

In Abb. 113.1 ist eine solche Kugellage *II* mit dem im Innern der Ellipse liegenden, diese in zwei Punkten berührenden Schnittkreis eingezeichnet.

Die Sonderlage, in der diese beiden Berührungspunkte zusammenfallen, ist in Abb. 116.1 in Grund- und Aufriß dargestellt. Der Ellipsenmittelpunkt M ist der Durchstoßpunkt der Zylinderachse mit der Schnittebene (s_1, s_2); die Hauptachse AB der Ellipse liegt auf einer Fallinie, die Nebenachse CD auf einer Höhenlinie der Ebene. Die Ellipse ist in wahrer Größe durch Umlegen der Ebene um ihre Grundrißspur s_1 gewonnen. Unsere gleitende Kugel (Mittelpunkt O) ist in derjenigen Lage festgehalten, in der ihr berührender Großkreis durch den Hauptscheitel A der Ellipse läuft. Der Kreis (Mittelpunkt

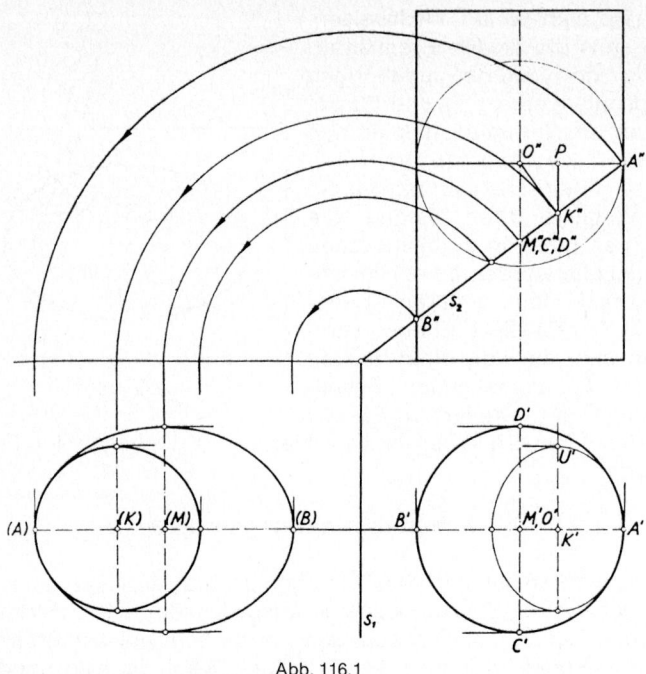

Abb. 116.1

K), der aus dieser Kugel von der Ellipsenebene ausgeschnitten wird, muß die Ellipse im Hauptscheitel *doppelt berühren,* denn in dieser Lage fallen die beiden Berührungspunkte der Kugel *II* (Abb. 113.1) zusammen. Dieser Kreis schmiegt sich der Ellipse wegen der doppelten Berührung besonders gut an; er heißt *Krümmungskreis im Hauptscheitel*[1].

Der Radius ϱ_1 dieses Krümmungskreises läßt sich aus dem Aufriß von Abb. 116.1 ablesen: In dem rechtwinkligen Dreieck $M''O''A''$ ist $O''A'' = b$ die halbe Nebenachsenlänge der Ellipse, die ja ebenso lang wie der Zylinderradius ist, ferner $M''A'' = a$ die halbe Hauptachsenlänge und $K''A'' = \varrho_1$ der Radius des Krümmungskreises. Nach dem Kathetensatz ist

---

[1] Der so durch geometrische Überlegungen gewonnene Krümmungskreis ist derselbe wie der in der Analysis durch Grenzwertbetrachtungen abgeleitete Krümmungs- oder Schmiegkreis.

$$a \cdot \varrho_1 = b^2 \quad \text{oder} \quad \varrho_1 = \frac{b^2}{a}.$$

Um den Radius ϱ_2 des *Krümmungskreises im Nebenscheitel* einer Ellipse zu bestimmen, betrachten wir den Grundriß in Abb. 116.1. Der eben behandelte Kreis (Mittelpunkt K) hat zum Grundrißbild eine Ellipse (Mittelpunkt K', halbe Nebenachse $K'A' = A''P = \bar{b}$, halbe Hauptachse $K'U' = K''A'' = \bar{a}$); bei passender Wahl des Zylinders und der Ebene kann man so jede Ellipse erhalten. Ihr Krümmungskreis im Nebenscheitel ist der Grundkreis des Zylinders (Mittelpunkt M'), denn dieser Kreis und die Ellipse haben in A' einen doppelten Berührungspunkt. Aus dem Aufriß ergibt sich dann

$$O''A'' = M'A' = \varrho_2,$$

und aus dem rechtwinkligen Dreieck $O''K''A''$ folgt nach dem Kathetensatz

$$(K''A'')^2 = O''A'' \cdot A''P \quad \text{oder} \quad a^2 = \varrho_2 \cdot b, \qquad \varrho_2 = \frac{a^2}{b}.$$

Zeichnen der Ellipse mit Hilfe der Krümmungskreise

Um eine Ellipse, deren Achsenlängen bekannt sind, schnell und genau zu zeichnen, benutzt man die Krümmungskreise in den Scheiteln. Ihre Mittelpunkte M_1 und M_2 werden gewonnen, indem in dem Rechteck $TUVW$, das die Achsen zu Mittellinien hat (Abb. 117.1), auf eine Diagonale UW von einer Ecke T das Lot gefällt wird. Dieses Lot trifft die Hauptachse im Mittelpunkt M_1 des Krümmungskreises für den Hauptscheitelpunkt A und die Nebenachse im Mittelpunkt M_2

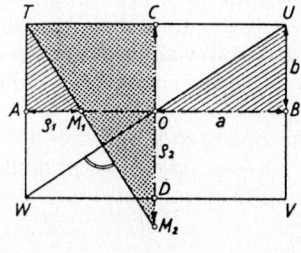

Abb. 117.1

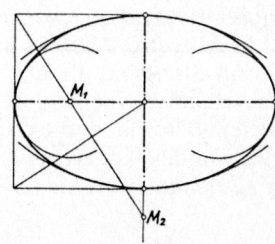

Abb. 117.2

117

des Krümmungskreises für den Nebenscheitelpunkt C, denn aus der Ähnlichkeit der Dreiecke UBO, TAM_1 und TCM_2 folgt

$$AM_1 = \frac{b^2}{a} = \varrho_1 \quad \text{und} \quad CM_2 = \frac{a^2}{b} = \varrho_2.$$

Beim Zeichnen der vier Krümmungskreise brauchen nur die Bogen in der Nähe der Scheitel ausgezogen zu werden. Je nach der gewünschten Genauigkeit konstruiert man in einem Zwischenstück mit Hilfe der Scheitelkreise Zwischenpunkte mit ihren Tangenten (vgl. Abb. 110.1) und nutzt die Symmetrie der Figur aus. Die Ellipse umschließt die beiden Krümmungskreise in den Hauptscheiteln und wird umschlossen von den Nebenscheitel-Krümmungskreisen (Abb. 117.2).

Grundaufgaben der Ellipsenkonstruktion

A. Sind die Achsen der Ellipse bekannt, so konstruiert man einzelne Ellipsenpunkte und -tangenten mit Hilfe der Scheitelkreise (vgl. S. 110). **In der Umgebung der Scheitel verwendet man die Krümmungskreise** (vgl. S. 117).
B. Sind eine Achse und ein Punkt bekannt, so wird nach der Papierstreifenkonstruktion (vgl. S. 117) **die zweite Achse bestimmt und die Ellipse nach A. gezeichnet.**
C. Sind zwei konjugierte Durchmesser der Ellipse bekannt, so werden die Achsen nach der RYTZschen Konstruktion (vgl. S. 112) **bestimmt und die Ellipse nach A. gezeichnet.**

Beispiele

Beispiel 39: Abb. 119.1 zeigt einen *Würfel mit kreisförmigen Durchbohrungen in Kavalierprojektion.* Der Kreis auf der Vorderseite erscheint in wahrer Größe; die elliptischen Kreisbilder auf den anderen Würfelseiten sind als affine Bilder dieses Kreises unmittelbar aus den Achsen gewonnen (vgl. S. 104).
Wie verlaufen im Raum die parallelprojizierenden Strahlen, die die affine Verwandtschaft zwischen dem Kreis auf der Vorderseite und dem *kongruenten* Kreis auf der Oberseite vermitteln?

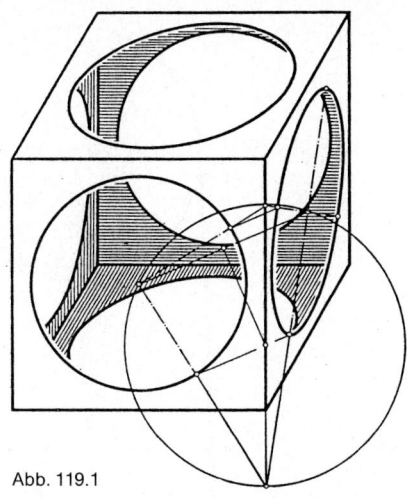

Abb. 119.1

Beispiel 40: In Abb. 120.1 ist ein *ebener Zylinderschnitt in Militärpro-jektion* dargestellt, wie er etwa bei einem zylindrischen Turm oder Schornstein auf schräger Dachfläche auftritt. Der Grundkreis (Mittel-punkt *M′*) des Zylinders wird in wahrer Größe abgebildet. Die Ebene ist durch ihre Spur *s* in der Grundkreisebene und durch ihren Schnittpunkt *M* auf der Zylinderachse festgelegt. Der elliptische Schnitt ist das axial-affine Bild des Grundkreises mit *s* als Affinitäts-achse und den Mantellinien des Zylinders als Affinitätsstrahlen (parallelprojizierenden Strahlen); dem Kreismittelpunkt *M′* ent-spricht der Ellipsenmittelpunkt *M*. Die Achsen der Ellipse sind wie auf S. 105 gewonnen. Die äußersten Punkte *U* und *V* der Ellipse lie-gen auf der Gerade *M, A,* die zu der waagerechten Gerade *M′, A* durch die äußersten Mantellinien affin ist. Höchster und tiefster Punkt der Ellipse werden auf Grund der Tatsache bestimmt, daß an diesen Stellen die Tangente waagerecht verläuft. Die Richtung der zugehörigen Kreistangente wird nämlich dadurch gefunden, daß man *M′* mit dem Schnittpunkt der Waagerechten durch *M* und der Spur *s* verbindet. Ist der angedeutete Teil der Schnittebene im Raum rechteckig oder parallelogrammförmig begrenzt?

Beispiel 41: *Rohrknie.* Wird ein Zylinderrohr eben durchschnitten und der abgeschnittene Teil um 180° gedreht auf die elliptische Schnittfläche wieder aufgesetzt, so entsteht ein Rohrknie. Zwischen·

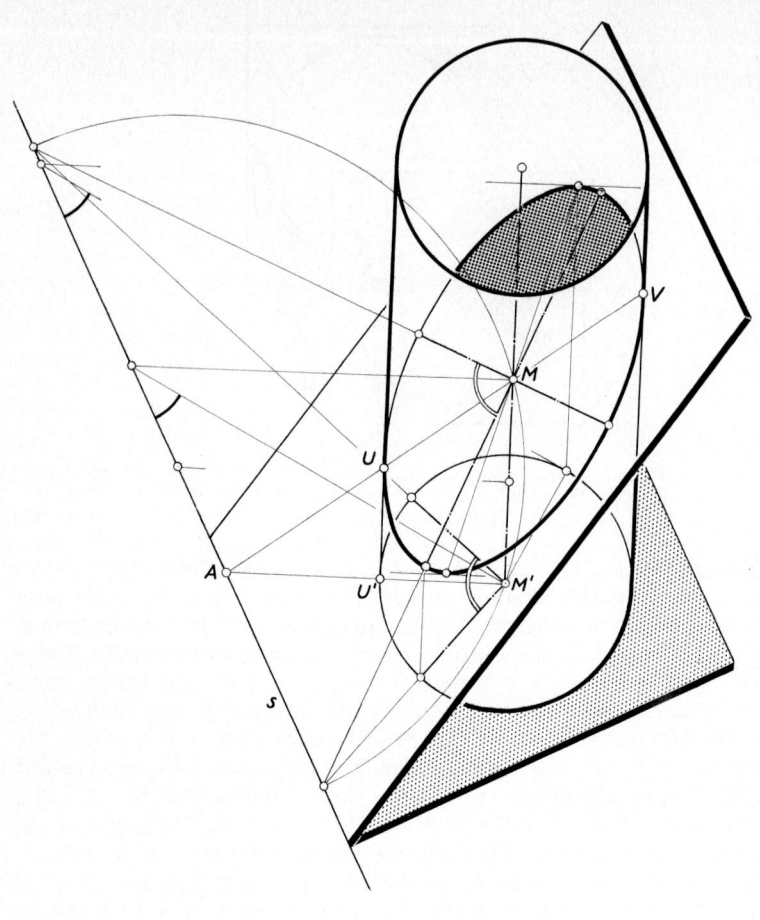

Abb. 120.1

dem Neigungswinkel α der schneidenden Ebene und dem Rohrknie-
winkel $2\,\beta$ besteht nach Abb. 121.1 die Beziehung $\alpha + \beta = 90°$; danach läßt sich ein Rohrknie mit vorgeschriebenem Knickwinkel 2β
konstruieren.
Aus Abb. 121.1 wird das Rohrknie in allgemeiner Lage (Abb. 121.2)
gewonnen, indem es um die alte Zylinderachse gedreht wird: die
Grundrisse in beiden Abbildungen sind kongruent. Diese Drehung

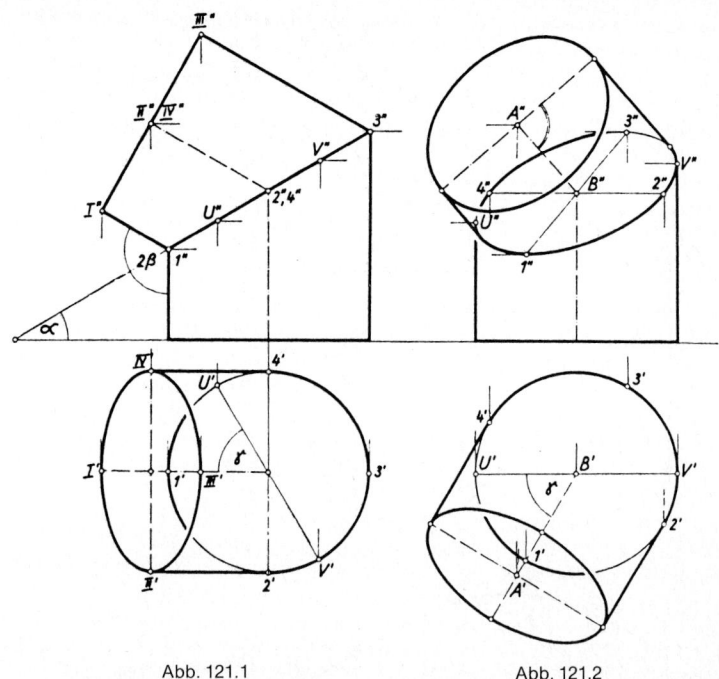

Abb. 121.1   Abb. 121.2

des abzubildenden Gegenstands unter Beibehaltung des Tafelsystems ist gleichwertig einer Darstellung des Gegenstands in ursprünglicher Lage in einem neuen Tafelsystem (Umprojektion, vgl. S. 76). Bei einer solchen Drehung ändern sich die Höhen nicht; der Aufriß in Abb. 121.2 ist so unter Benutzung der Höhen aus dem Aufriß von Abb. 121.1 gewonnen. Das elliptische Bild des abschließenden Kreises läßt sich aus einem Paar konjugierter Durchmesser *I III*, *II IV* zeichnen. Die Hauptachse der Ellipse steht senkrecht auf der Kreisachse *A″B″*, ihre Länge ist gleich dem Zylinderdurchmesser (vgl. S. 107 und 108). Die Schnittellipse des Rohrknies wird aus einem Paar konjugierter Durchmesser *1 3*, *2 4* konstruiert (*1* bzw. *3* tiefster bzw. höchster Punkt); die Höhen der äußersten Punkte *U* und *V* werden aus dem Aufriß von Abb. 121.1 übertragen. Die Ellipse berührt die äußersten Mantellinienpaare beider Zylinderstücke; diese vier Mantellinien bilden die Seiten eines Rhombus, dem die Ellipse somit einbeschrieben ist. Aus den Symmetrieeigenschaften eines Rhombus und den Symmetrieeigenschaften einer Ellipse folgt dann,

121

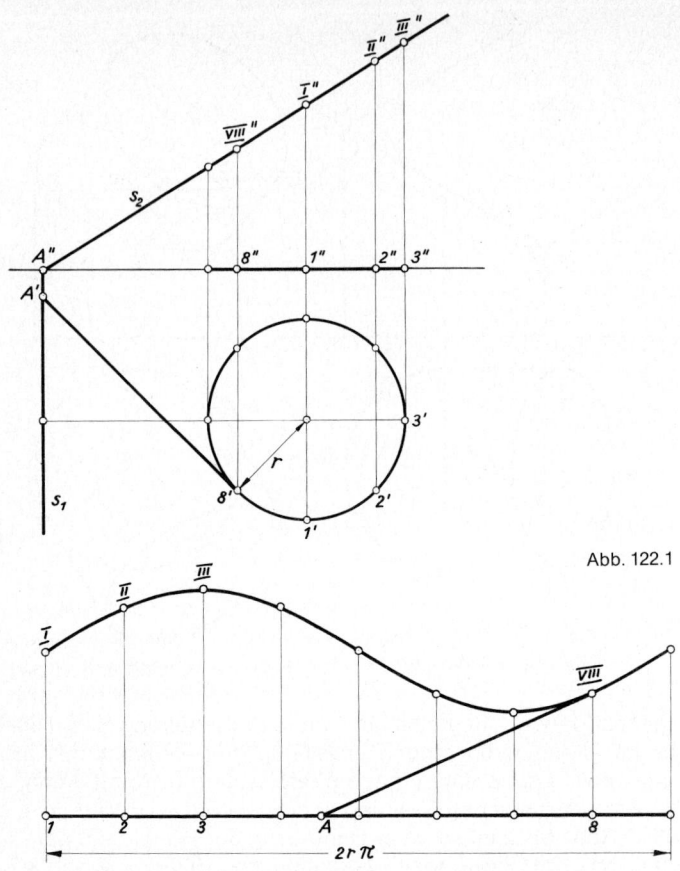

Abb. 122.1

daß bei dieser Lage die Achsen der Ellipse durch die Ecken des Rhombus gehen müssen. Diese Tatsache läßt sich als Zeichenkontrolle für die Schnittellipse im Aufriß von Abb. 121.2 verwerten.

Beispiel 42: Um das Rohrknie aus einem ebenen Blechstück durch Zusammenbiegen und Verlöten herstellen zu können, braucht man die *Abwicklung*. Dabei geht der Grundkreis des Zylinders (Halbmesser r) in eine Strecke der Länge $2\pi r$ über, die man mit dem Taschenrechner berechnet und anträgt. Man unterteilt dann diese Strecke und den Kreis in gleicher Weise (in Abb. 122.1 durch die Punkte *1, 2, 3, …, 8, 9 = 1*). Die zugehörigen Mantellinien des Zylinders stehen

senkrecht auf der Grundstrecke;
ihre Höhen *1I, 2II, 3III,* ... usw. werden aus dem Aufriß in wahrer Größe
entnommen (Abb. 122.1).

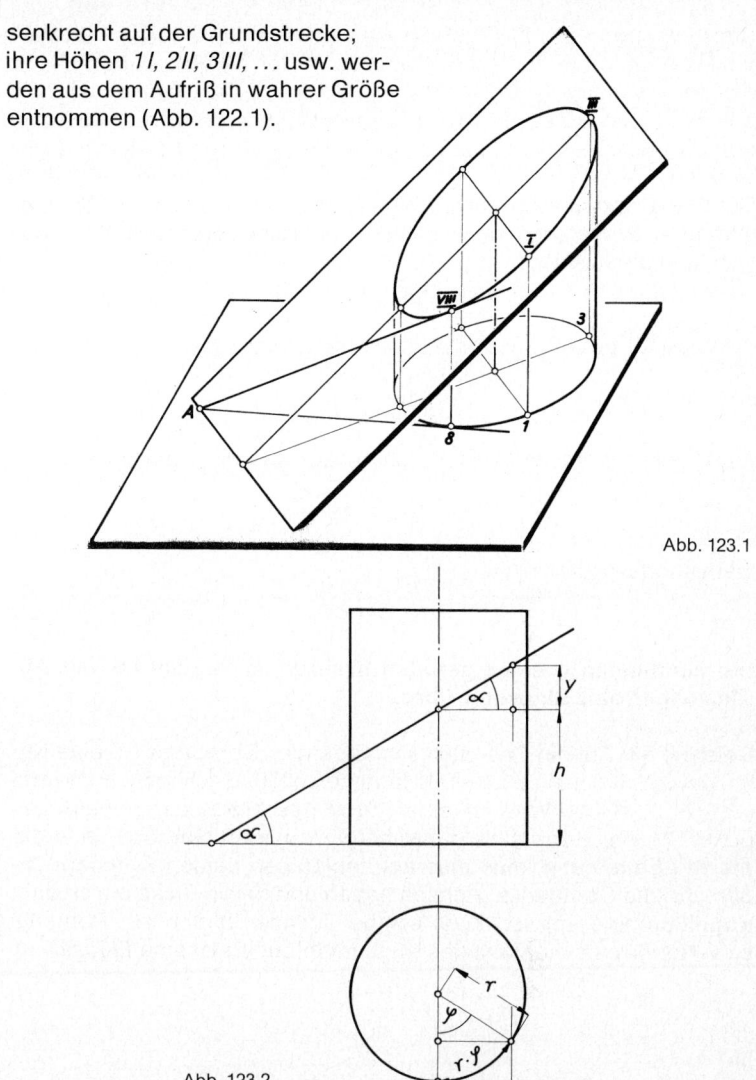

Abb. 123.1

Abb. 123.2

Die Tangente in einem Punkt der Abwicklungskurve, z. B. im Punkt
VIII, ergibt sich nach folgender Überlegung: die Tangente *VIII, A* der
Schnittellipse ist die Schnittgerade der Ellipsenebene und der Be-

rührungsebene des Zylinders längs der Mantellinie *VIII, 8*; ihr Spurpunkt *A* liegt auf der Grundrißspur s_1. In der Abwicklung erscheint das rechtwinklige Dreieck *VIII8A* in wahrer Größe (siehe dazu die anschauliche Skizze 123.1); durch Übertragung der Strecke *8A* aus dem Grundriß wird so die Tangente *VIII, A* in der Abwicklung gewonnen.

Die *Gleichung der Abwicklungskurve* läßt sich nach Abb. 123.2 bestimmen: die Bogenlänge $\varphi \cdot r$ des Grundkreises erscheint in der Abwicklung als Abszisse

$$x = \varphi \cdot r,$$

die zugehörige Höhe *y* wird aus dem rechtwinkligen Dreieck im Aufriß zu

$$y = r \cdot \tan \alpha \cdot \sin \varphi$$

abgelesen. Daraus folgt als Gleichung der Abwicklungskurve

$$y = r \cdot \tan \alpha \cdot \sin \frac{x}{r},$$

insbesondere für $r = 1$, $\alpha = 45°$

$$y = \sin x.$$

Die Schnittellipse eines geraden Kreiszylinders geht bei der Abwicklung in eine Sinuslinie über.

Beispiel 43: Auf ein Paar sich schneidender Geraden wird eine Kugel gelegt, die in ein Winkelfeld hinunterrollt und schließlich abwärts fällt (Abb. 124.1). Was für eine Kurve beschreibt der Kugelmittelpunkt? — Der Kugelmittelpunkt hat von beiden Geraden stets die gleiche Entfernung, muß also auf denjenigen beiden Zylindern liegen, die die Geraden zu Achsen haben und deren Dicke gleich dem Kugeldurchmesser ist. Zwei solche Zylinder bilden ein Rohrknie bzw. Rohrkreuz; die Bahn des Kugelmittelpunkts ist eine *Ellipse*.

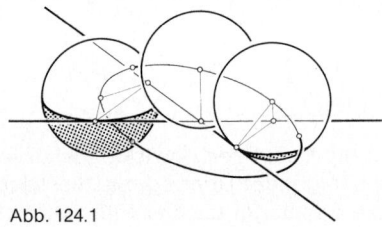

Abb. 124.1

Aufgabe: Abb. 125.1 zeigt als Leseübung eine *Pfahlverbindung*.

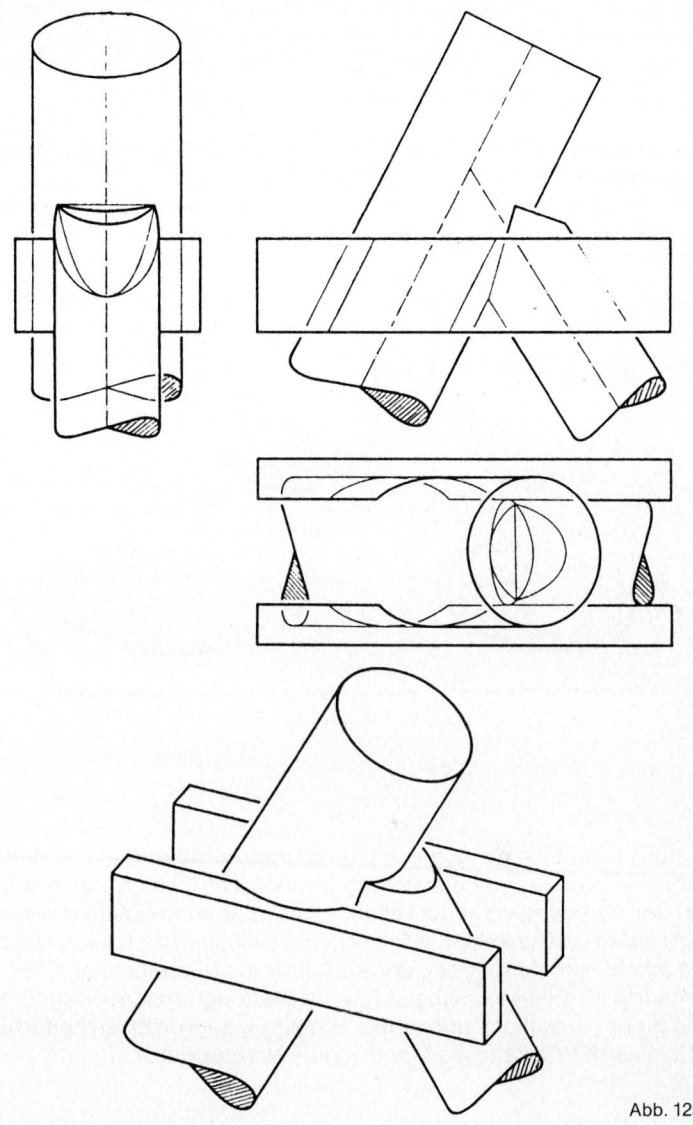

Abb. 125.1

Die Kugel

Bei der Parallelprojektion einer Kugel bilden die Projektionsstrahlen einen geraden Zylinder, dessen Leitkreis ein Großkreis der Kugel ist. Der Umriß des Kugelbildes ist der Schnitt dieses Zylinders mit der Zeichenebene π (Abb. 126.1).

Bei senkrechter Projektion ist der Kugelumriß ein Kreis, dessen Halbmesser mit dem der Kugel übereinstimmt.
Bei schräger Projektion ist der Kugelumriß eine Ellipse, deren Nebenachse gleich dem Kugeldurchmesser ist.

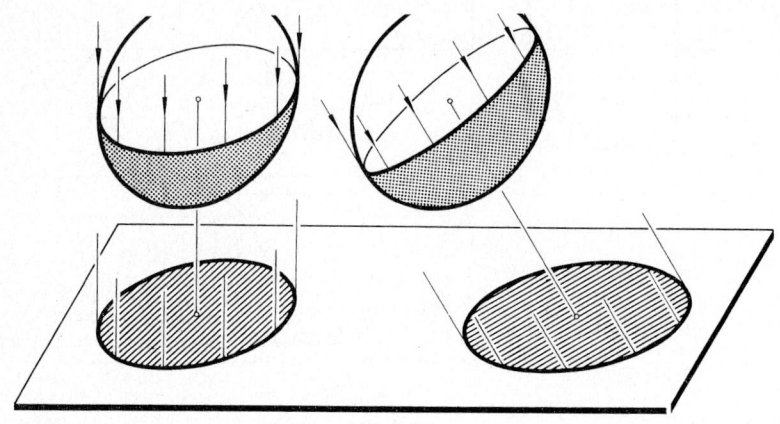

Abb. 126.1

In Abb. 127.1 ist eine Kugel in Grund- und Aufriß dargestellt und ihr Schatten bei Parallelbeleuchtung in der Lichtrichtung *l* gezeichnet. Bei der Beleuchtung in der Richtung *l* ist eine Kugelhälfte im Hellen, die andere im Dunkeln; die Grenzkurve zwischen den beiden Gebieten ist ein Kugelgroßkreis, der im Aufriß als Durchmesser $C''D''$, im Grundriß als Ellipse erscheint (Eigenschattengrenze der Kugel). Der von einer Halbellipse und einem Halbkreis begrenzte sichelförmige Teil im Grundriß kann als *Mondsichel* gedeutet werden.

Der elliptische Schlagschatten der Kugel auf die Grundrißtafel ist als Schnitt des Lichtzylinders gefunden. Die Brennpunkte F_1 und F_2 dieser Schattenellipse gehen aus dem höchsten bzw. tiefsten Kugelpunkt H_1 bzw. H_2 hervor; denn denkt man sich die Kugel in ihrem Lichtzylinder zur Grundrißtafel hinuntergleitend, so berührt sie diese zuerst in ihrem tiefsten Punkt H_2 und verläßt sie schließlich nach dem Durchgleiten berührend mit dem höchsten Punkt H_1. Die beiden Berührungskugeln sind die DANDELINschen Kugeln und die Berührungspunkte der Brennpunkte (vgl. S. 113 ff.). Allgemein gilt:

Die Brennpunkte der Schattenellipse einer Kugel sind die Bilder derjenigen Kugelpunkte, die von der Bildebene den größten oder kleinsten Abstand haben.

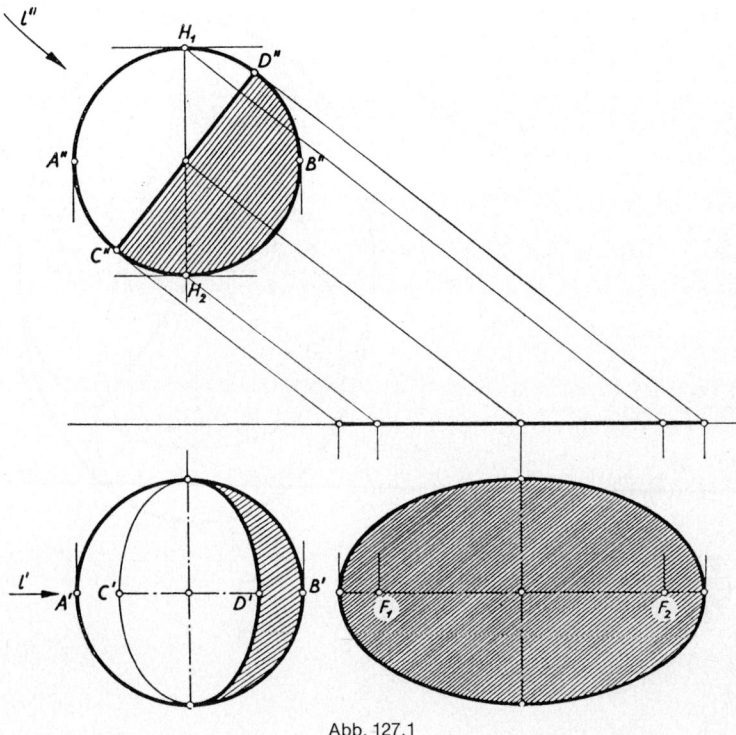

Abb. 127.1

Abb. 128.1 zeigt als Foto eine Kugel mit ihrem elliptischen Schatten. Der Berührungspunkt der Kugel ist ein Brennpunkt der Schattenellipse.
Auf Grund dieser Tatsache gewinnen wir leicht das Bild einer Kugel in Kavalierprojektion (Abb. 128.2).

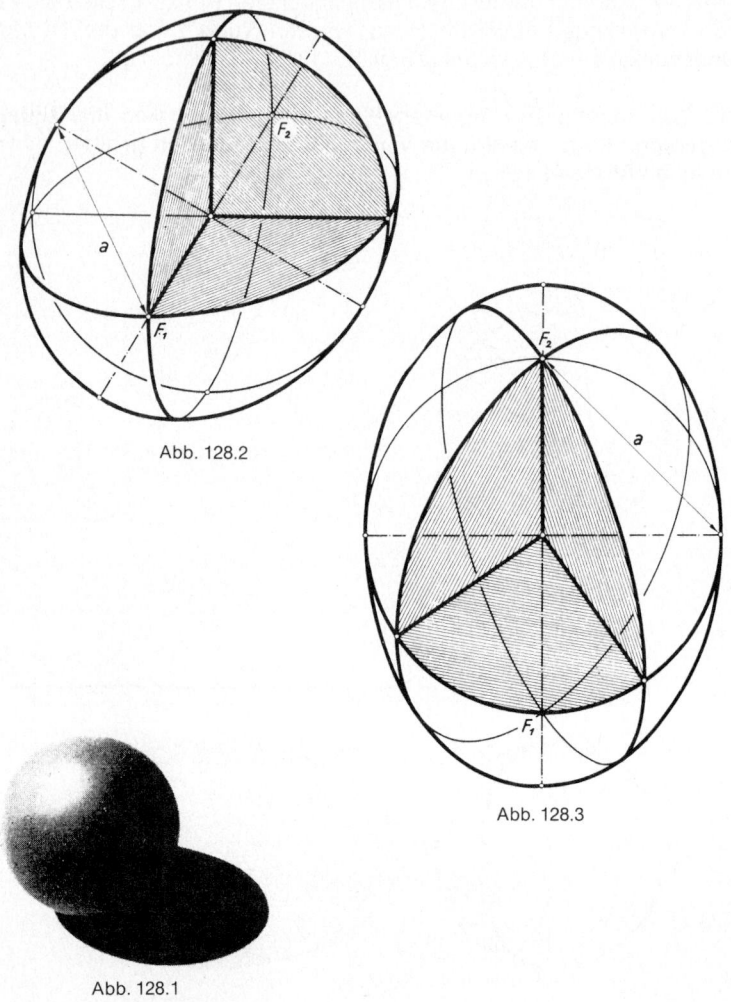

Abb. 128.2

Abb. 128.3

Abb. 128.1

Die drei Kugeldurchmesser in Höhen-, Breiten-, Tiefenrichtung bestimmen paarweise konjugierte Durchmesser von drei Großkreisbildern der Kugel; das erste von ihnen erscheint als Kreis in wahrer Größe (vgl. S. 93). Die Umrißellipse der Kugel ist durch die Brennpunkte F_1 (vorderster Kugelpunkt) und F_2 (hinterster Kugelpunkt) festgelegt; der Nebenscheitel ist bekannt (kleine Halbachse gleich Kugelradius) und die Entfernung von einem Brennpunkt bis zum Nebenscheitel ist gleich der halben Hauptachsenlänge a. Die Umrißellipse berührt alle Großkreisbilder. In Abb. 128.2 ist ein Oktant der Kugel herausgenommen.

Abb. 128.3 zeigt eine in gleicher Weise (siehe S. 96) gezeichnete Kugel in Militärprojektion.

Die Kugelbilder in Kavalier- und Militärprojektion erscheinen uns verzerrt, da wir gewohnt sind, den Kugelumriß als Kreis zu sehen. In Abb. 129.1 ist eine Kugel in senkrechter Projektion, also mit kreisförmigem Umriß, dargestellt.

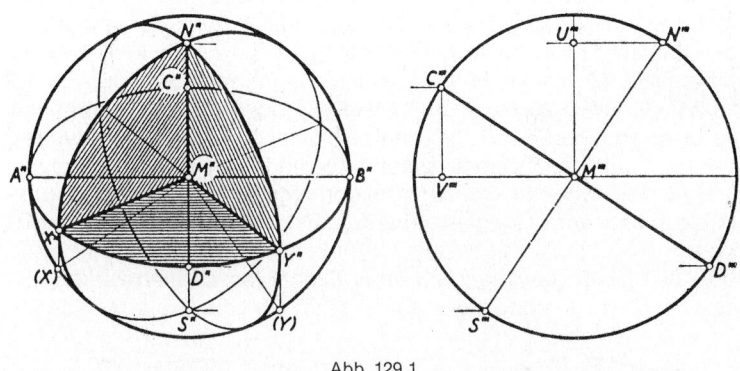

Abb. 129.1

Kugel in senkrechter Projektion

Wir stellen uns die Kugel als Erdkugel vor und wählen einen Kugeldurchmesser NS als Erdachse. Die projizierende Ebene durch NS schneidet einen Großkreis aus, der in Abb. 129.1 herausgezeichnet ist; er läßt sich als Kreuzriß der Kugel auffassen (vgl. S. 77). In ihm erscheint der Äquatorkreis als der zu $N'''S'''$ senkrechte Durchmesser $C'''D'''$; von dem elliptischen Äquatorbild in Abb. 129.1 sind somit die Hauptachse $2a = A''B''$ und die Nebenachse $2b = C''D''$ bekannt.

Aus der Kongruenz der beiden rechtwinkligen Dreiecke $M'''U'''N'''$ und $M'''V'''C'''$ folgt

$$MV = MU = N''M'',$$

ferner ist nach dem Lehrsatz des PYTHAGORAS

$$(MV)^2 = (MC)^2 - (CV)^2 = a^2 - b^2 = e^2,$$

also

$$N''M'' = e,$$

wobei e die halbe Brennpunktentfernung des elliptischen Äquatorbildes ist. Diese Beziehung gestattet, unmittelbar bei gegebenem Polbild N'' die „Äquatorellipse" zu zeichnen, da Hauptachse und Brennpunkte bekannt sind.

Um ein Paar zueinander senkrechter Meridiane zu erhalten, hat man in der Äquatorebene ein Paar konjugierter Halbmesser $M''X''$ und $M''Y''$ zu zeichnen, die wie in Abb. 129.1 aus einem Paar senkrechter Durchmesser $M''(X), M''(Y)$ des Umrißkreises hervorgehen. Das elliptische Bild des ersten Meridians ist durch die konjugierten Halbmesser $M''N''$ und $M''X''$, das des zweiten ebenso durch $M''N''$ und $M''Y''$ bestimmt. Die Hauptachse der ersten Ellipse steht nach den Überlegungen auf S. 107 senkrecht auf $M''Y''$, die der zweiten senkrecht auf $M''X''$. Daher lassen sich die Bilder dieser Meridiane mit Hilfe der Papierstreifenkonstruktion (vgl. S. 111) aus Mittelpunkt M'', Hauptachsenrichtung und einem Punkt X'' bzw. Y'' sofort konstruieren.

Abb. 130.1 zeigt die Kugel mit einer Reihe von *Breitenkreisen,* die aus dem Kreuzriß übertragen sind. In ihm sind die Breitenkreise als

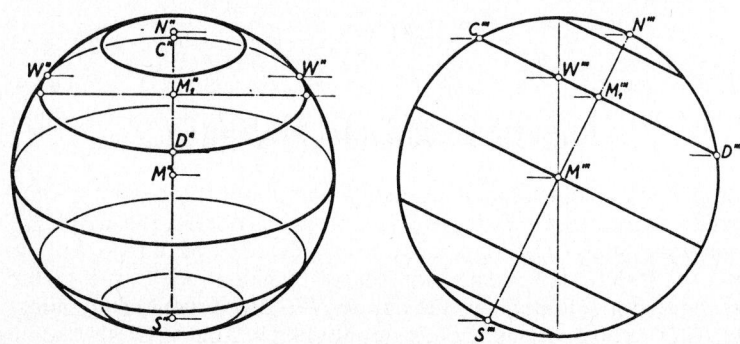

Abb. 130.1

Sehnen des Umrißkreises und die geographischen Breiten auf dem Umrißkreis in wahrer Größe abgebildet.

Die Kugel ist eine besondere Drehfläche (vgl. S. 192), und zwar ist sie unter den übrigen Drehflächen dadurch ausgezeichnet, daß *jeder* ihrer Durchmesser Drehachse sein kann. Außer der Kugel besitzt nur noch die *Ebene* als besondere Drehfläche unendlich viele Drehachsen, nämlich jede Senkrechte auf der Ebene. Die übrigen Drehflächen (etwa der gerade Kreiszylinder oder Kreiskegel oder irgendeine rotationssymmetrische Vase) haben nur *eine* Drehachse. Die Kugel wird als ausgezeichnete Drehfläche später (S. 242) bei der konstruktiven Behandlung der Drehflächen als Hilfsfläche benutzt werden.

Beispiele

Beispiel 44: Durch zwei Punkte P und Q einer Kugel ist der *Großkreis* zu legen und weiterhin einer der beiden Großkreise durch P zu zeichnen, der mit dem ersten einen Winkel von 60° bildet (Abb. 132.1, senkrechte Eintafelprojektion). − Der Großkreis durch P und Q liegt in der Ebene durch P, Q und den Kugelmittelpunkt M. Denken wir uns M in der Tafelebene liegend, so ist die Spur die Hauptachsenrichtung des elliptischen Großkreisbildes, wobei der Spurpunkt S der Gerade P, Q durch Umklappen gefunden wird. Die Hauptachsenlänge ist gleich dem Kugeldurchmesser, die Nebenachse wird mit Hilfe der Papierstreifenkonstruktion (vgl. S. 111) bestimmt. − Die beiden Schenkel des Winkels 60° liegen in der Tangentialebene von P; die Spur s dieser Tangentialebene ist aus dem Stützdreieck $(P) P' A$ gefunden ($s \perp MP'$, $\sphericalangle M (P) A = 90°$). Beim Umlegen der Tangentialebene um ihre Spur s in die Tafelebene fällt P nach $\{P\}$. Die Tangente t_1' in P' an die oben bestimmte Ellipse geht durch den Schnittpunkt U von Hauptachse und Spur s, ihre Umlegung $\{t_1\} = U, \{P\}$ ist der eine Schenkel des Winkels 60°, der in der umgelegten Tangentialebene in wahrer Größe erscheint. Durch Zurückdrehen wird das Bild $t_2' = P', V$ des zweiten Schenkels gewonnen; die Hauptachsenrichtung der zweiten „Großkreis-Ellipse" ist M, V. Diese Ellipse läßt sich dann mit Hilfe der Papierstreifenkonstruktion wie die erste zeichnen.

Beispiel 45: Abb. 132.2 zeigt in Grund- und Aufriß eine *quadratische Hängekuppel,* die von einer Halbkugel aus einem quadratischen Prisma ausgeschnitten wird. Die vier Schnittkreise in den Seiten-

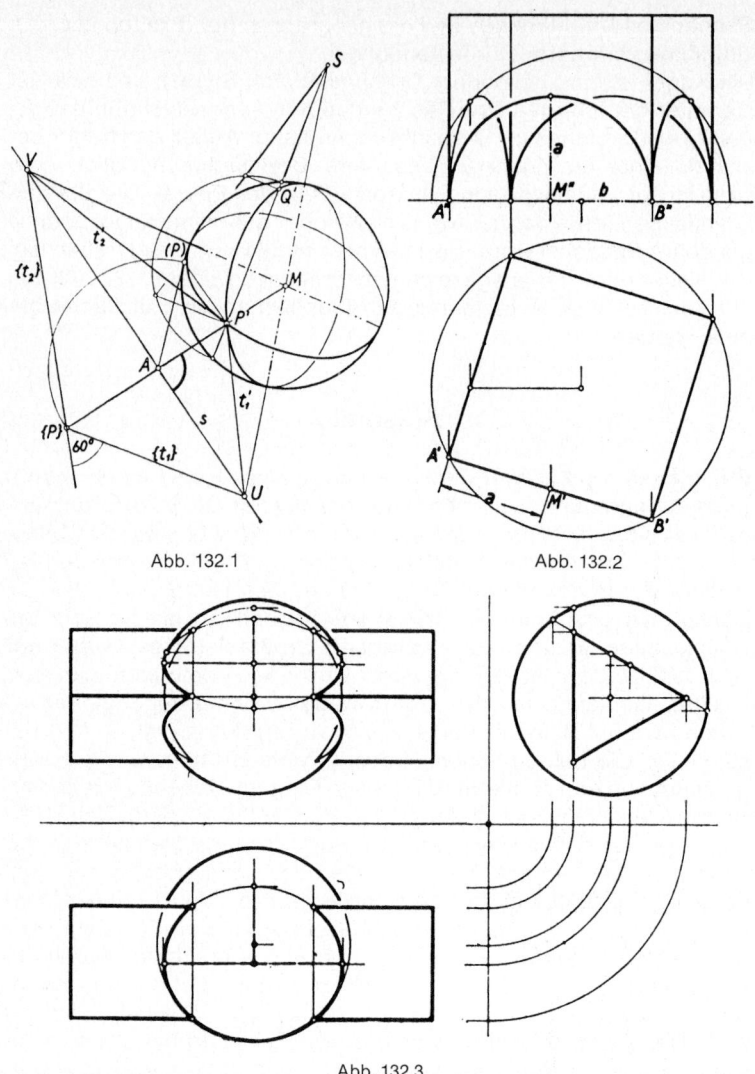

Abb. 132.1

Abb. 132.2

Abb. 132.3

ebenen des Prismas erscheinen im Grundriß als Strecken (z. B. $A'B'$), im Aufriß als Ellipsen, deren Achsen unmittelbar aus dem Grundriß abgegriffen werden (z. B. $b = M''A''$, $a = M'A'$). Die Berührungspunkte der Ellipsen mit dem Kugelumriß haben ihren Grundriß auf dem waagerechten Kreisdurchmesser.

Beispiel 46: In Abb. 132.3 ist in Grund-, Auf- und Kreuzriß ein Kugelläufer auf einem Dreikantprisma dargestellt, wie er etwa als *Laufgewicht* bei medizinischen Waagen auftritt. Die drei Prismaseiten stoßen aus der Kugel Kreisbogen aus, die im Kreuzriß als Strecken-, in Grund- und Aufriß als Ellipsenbögen bzw. Kreisbögen erscheinen. Die Ellipsenachsen sind wie im Beispiel 45 gefunden.

Aufgabe: Ein Kreis ist durch *drei* seiner Punkte festgelegt. Durch wieviel Punkte ist eine *Kugel* bestimmt? – Durch *vier*! Stellt man sich die Kugel als einen aufblasbaren Gummiball vor, so kann man diesen Ball auf drei Fingerspitzen (drei Punkte) legen und noch so lange aufblasen (Halbmesser verändern), bis er durch einen vorgeschriebenen vierten Punkt geht. Also hat jedes Vierflach eine Umkugel (sowie jedes Dreieck einen Umkreis besitzt).

Aufgabe: Welche Gestalt hat der Körper, der in Abb. 133.1 in Grund-, Auf- und Kreuzriß dargestellt ist? – Er entsteht als Durchdringung dreier gleichdicker Kreiszylinder, deren Achsen ein rechtwinkliges räumliches Koordinatenkreuz bilden. Die Abb. 134.1 zeigen zwei Modellfotos dieses Körpers. Durch Umprojektion erhält man auch zeichnerisch ein anschaulicheres Bild.

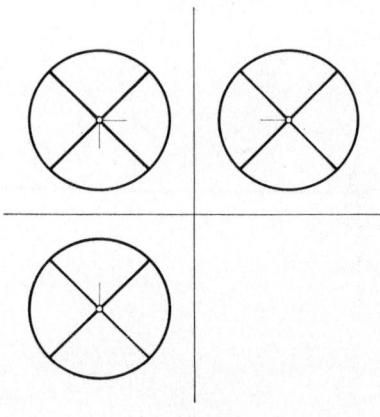

Abb. 133.1

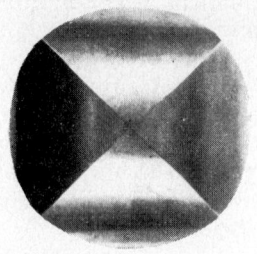 

Abb. 134.1

Aufgabe: Die beiden Kreise in Abb. 134.2 können nicht Grund- und Aufriß einer Kugel sein, wie aus der Zuordnung der vier Punkte *1, 2, 3, 4* hervorgeht. Welche Lage und Gestalt hat die Ellipse, deren Bilder die beiden Kreise sind? − Die Ebene der Ellipse ist parallel zur winkelhalbierenden Ebene des zweiten und vierten Quadranten (vgl. S. 59); ihr Achsenverhältnis ist $\sqrt{2}:1$.

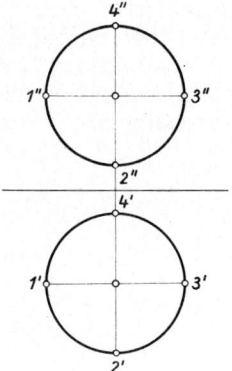

Abb. 134.2

Axonometrie

In der Kavalier- und Militärprojektion (S. 93ff.) haben wir bereits Beispiele für die axonometrische Methode kennengelernt. Dort wurde der Gegenstand schräg auf die Auf- bzw. Grundrißebene parallel projiziert. Jetzt verwenden wir eine beliebige Bildebene. Gegenüber der kotierten Projektion und der Zweitafelprojektion stehen in der Axonometrie zwei Gesichtspunkte im Vordergrund:

1. Der darzustellende Gegenstand ist durch seine Maße gegeben. Durch geeignetes Antragen dieser Maße (entsprechend verkürzt bzw. verlängert) soll ein *anschauliches* Bild entstehen.
2. Die ausgezeichneten Richtungen, Kanten und Ebenen des Gegenstandes befinden sich meist in *allgemeiner Lage* zur Projektionsrichtung und der Bildebene.

Um den abzubildenden Gegenstand im Raum beschreiben zu können, werden wir ihm ein räumliches Koordinatensystem zuordnen.

Koordinatensystem, orthonormiertes Achsenkreuz

Wir betrachten drei durch einen Punkt O *(Ursprung)* laufende, paarweise zueinander senkrechte Geraden (Zimmerecke!). Diese Geraden nennen wir x-, y- bzw. z-*Achse* (zusammenfassend: *Koordinatenachsen*). Jede dieser Geraden betrachten wir als *Zahlengerade* (Abb. 135.1). Die *Einheitspunkte* auf den Koordinatenachsen bezeichnen wir zur Unterscheidung mit X, Y bzw. Z (Abb. 135.2). Es ist also $OX = OY = OZ = 1$ (1 Zeicheneinheit, also 1 cm oder 1 m

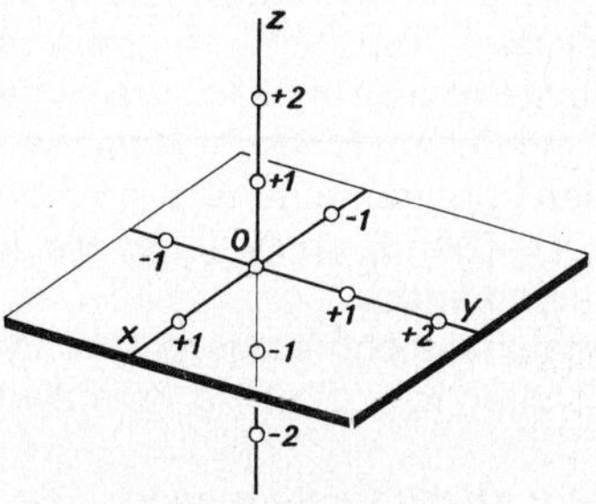

Abb. 135.1

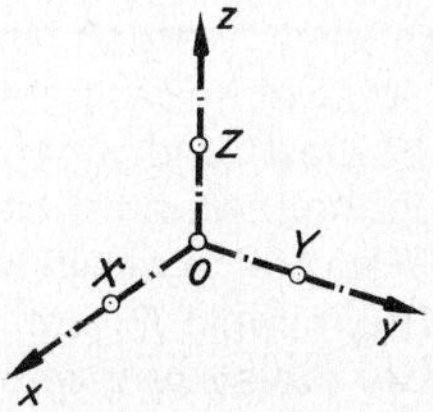

Abb. 135.2

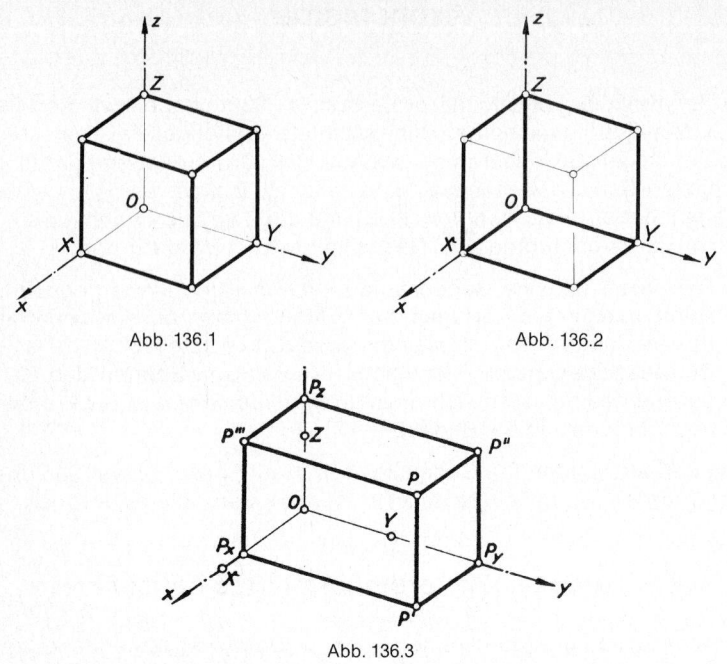

Abb. 136.1   Abb. 136.2

Abb. 136.3

usw.). Die Einheitspunkte liegen auf den *positiven Halbachsen*; diese zeichnen wir durch einen Pfeil vor den *negativen Halbachsen* aus. − Die beschriebene Figur heißt (räumliches) *cartesisches Koordinatensystem* oder auch *orthonormiertes Achsenkreuz*.

Liegen die positiven Halbachsen wie in Abb. 136.1 zueinander, so spricht man von einem *Rechtssystem*. Abb. 136.2 zeigt ein *Linkssystem*. Ein Rechtssystem kann nicht mit einem Linkssystem zur Deckung gebracht werden (rechter und linker Handschuh sind verschieden!). Je zwei Koordinatenachsen spannen eine *Koordinatenebene* auf (z. B. die x- und y-Achse die xy-Ebene). Je zwei der drei Koordinatenebenen stehen senkrecht aufeinander.

Ist im Raum einmal ein Koordinatensystem festgelegt, so läßt sich jeder Raumpunkt P durch drei Zahlen x, y, z, seine *Koordinaten*, in folgender Weise kennzeichnen:

Zu P gibt es genau einen Quader *(Koordinatenquader)*, der P als Ecke und die Koordinatenachsen als Kanten besitzt. Außer O liegen die Ecken P_x, P_y, P_z des Quaders auf den Achsen (Abb. 136.3). Die Abstände des Punkts P von den Koordinatenebenen sind der Reihe nach die Tiefe OP_x, Breite OP_y und Höhe OP_z des Quaders. Es ist dann

$$x = \pm\, OP_x, \qquad y = \pm\, OP_y, \qquad z = \pm\, OP_z.$$

Je nachdem der Punkt P_x, P_y oder P_z auf der positiven bzw. negativen Halbachse liegt, ist dabei das positive bzw. negative Zeichen zu wählen; je nachdem ist also die zugehörige Koordinate selbst positiv oder negativ.

Umgekehrt läßt sich ein Punkt P mit gegebenen Koordinaten x, y, z im Raum wiederfinden: Wir suchen die auf den Koordinatenachsen gelegenen Punkte P_x, P_y, P_z; P_x zum Beispiel hat von O den Abstand x und liegt je nach dem Vorzeichen von x auf der positiven oder negativen Halbachse. P_x, P_y, P_z bestimmen eindeutig einen Koordinatenquader. Der dem Punkt O gegenüberliegende Eckpunkt dieses Quaders ist der gesuchte Punkt $P(x, y, z)$. − Man gelangt zu P einfacher über den Streckenzug OP_x, P_xP', $P'P$. In Abb. 137.1 ist auf diese Weise der Punkt $P(\frac{3}{4}, \frac{3}{2}, \frac{3}{2})$ und auch $Q\,(\frac{1}{2}, -1, 1)$ eingezeichnet. Zeichnen Sie auch die Punkte $R(-1, \frac{1}{2}, 1)$, $T(\frac{1}{2}, 1, -1)$ ein!

Um die Punkte eines Gegenstands mittels Koordinaten beschreiben zu können, wählt man zu diesem Gegenstand ein geeignetes Koordinatensystem. Meist besitzt ein Gegenstand gewisse ausgezeichnete Geraden, die sich als Achsen unseres Koordinatensystems verwenden lassen (Abb. 137.2). An dem einmal gewählten Koordinatensystem hält man dann bei der Beschreibung dieses Gegenstands fest.

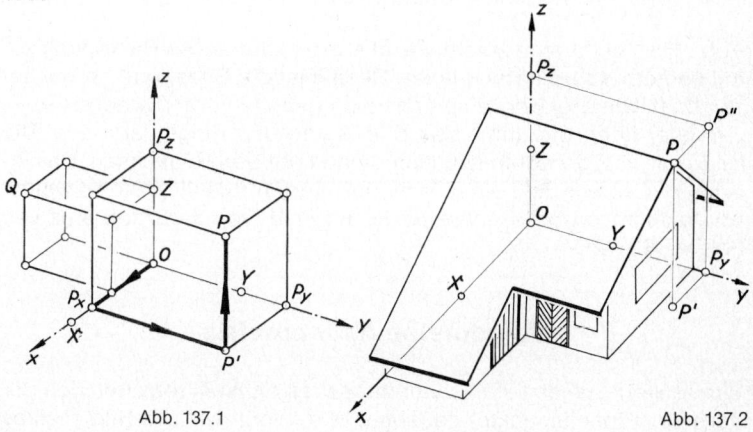

Abb. 137.1   Abb. 137.2

137

Parallelprojektion eines Gegenstands

Wir denken uns den räumlichen Gegenstand in ein Koordinatensystem hineingelegt und entwerfen ein ebenes Bild dieser Figur, indem wir sie auf eine Bildebene π parallel projizieren (Schatten bei Sonnenbeleuchtung!). Wir wählen die Projektionsrichtung so, daß sie zu keiner der Koordinatenachsen parallel ist.

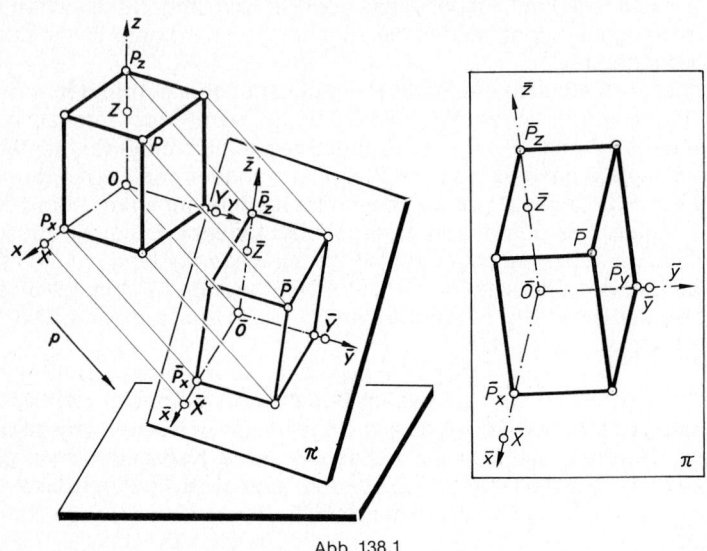

Abb. 138.1

Abb. 138.1 zeigt eine solche Parallelprojektion eines Raumpunkts P mit seinem Koordinatenquader. Rechts ist die Bildebene herausgezeichnet. Die drei Koordinatenachsen gehen in drei Geraden ($\bar{x}$-, $\bar{y}$-, $\bar{z}$-Achse) über, die durch das Bild $\bar{O}$ des Ursprungs verlaufen. Die Bilder $\bar{X}$, $\bar{Y}$, $\bar{Z}$ der Einheitspunkte liegen auf den Bildachsen. Das so erhaltene ebene Bild eines orthonormierten Achsenkreuzes wollen wir *axonometrisches Achsenkreuz* nennen (vgl. dazu den Satz von POHLKE, S. 142).

Allgemeine Axonometrie

Wir denken uns jetzt ein axonometrisches Achsenkreuz (mit den Bildern der Einheitspunkte) gegeben. Wie finden wir das Bild $\bar{P}$ eines

138

durch seine Koordinaten gegebenen Raumpunkts $P(x, y, z)$, ohne dabei die Parallelprojektion tatsächlich durchzuführen? Wir haben oben gesehen, daß die Punkte P_x, P_y, P_z den Koordinatenquader von P und damit P selbst eindeutig festlegen. Dementsprechend suchen wir uns zuerst die Bilder $\bar{P}_x$, $\bar{P}_y$, $\bar{P}_z$ auf den Bildachsen $\bar{x}$, $\bar{y}$, $\bar{z}$. Da bei Parallelprojektion Streckenverhältnisse auf Geraden erhalten bleiben, gilt:

$$\frac{OP_x}{OX} = \frac{\bar{O}\bar{P}_x}{\bar{O}\bar{X}}, \qquad \frac{OP_y}{OY} = \frac{\bar{O}\bar{P}_y}{\bar{O}\bar{Y}}, \qquad \frac{OP_z}{OZ} = \frac{\bar{O}\bar{P}_z}{\bar{O}\bar{Z}}.$$

Hierin sind die linken Seiten bekannt:

$$x = \pm \frac{OP_x}{OX}, \qquad y = \pm \frac{OP_y}{OY}, \qquad z = \pm \frac{OP_z}{OZ}.$$

Also findet man zum Beispiel den Punkt $\bar{P}_x$ auf der $\bar{x}$-Achse, indem man die Strecke $\bar{O}\bar{P}_x = x \cdot \bar{O}\bar{X}$ anträgt; mit P_x liegt auch $\bar{P}_x$ auf der positiven bzw. negativen Halbachse. Mit anderen Worten:

Verwendet man $\bar{O}\bar{X}$ als Einheitsstrecke auf der $\bar{x}$-Achse, so besitzt $\bar{P}_x$ auf der $\bar{x}$-Achse dieselbe Koordinate wie der Punkt P_x auf der x-Achse im Raum, nämlich die Zahl x.

Auf der y- bzw. z-Achse sind entsprechend die Einheitsstrecken $\bar{O}\bar{Y}$ bzw. $\bar{O}\bar{Z}$ zu verwenden, die im allgemeinen von $\bar{O}\bar{X}$ und untereinander verschieden ausfallen.
Mißt man die Längen von $\bar{O}\bar{X}$, $\bar{O}\bar{Y}$ bzw. $\bar{O}\bar{Z}$ in der Zeicheneinheit des Raumes, so erhält man die *Verkürzungszahlen u, v* bzw. *w*. Damit ergibt sich:

(*) $\qquad \bar{O}\bar{P}_x = \pm u \cdot x, \qquad \bar{O}\bar{P}_y = \pm v \cdot y, \qquad \bar{O}\bar{P}_z = \pm w \cdot z.$

Man findet die Punkte $\bar{P}_x$, $\bar{P}_y$, $\bar{P}_z$ auf den Achsen des axonometrischen Achsenkreuzes, indem man $u \cdot x$ bzw. $v \cdot y$ bzw. $w \cdot z$ (unter Beachtung des Vorzeichens) auf den Achsen anträgt.

Mit Hilfe der Punkte $\bar{P}_x$, $\bar{P}_y$, $\bar{P}_z$ läßt sich dann wegen der Erhaltung der Parallelität bei Parallelprojektion das Bild des Koordinatenquaders durch Ziehen von Parallelen zeichnen (Abb. 140.1).
Praktisch wird man nicht den gesamten Bildkoordinatenquader einzeichnen, sondern etwa nur den in Abb. 140.1 markierten Kantenzug $\bar{O}\bar{P}_x$, $\bar{P}_x\bar{P}'$, $\bar{P}'\bar{P}$.

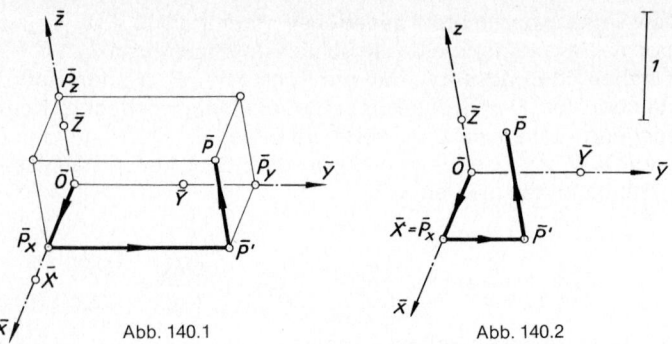

| Abb. 140.1 | Abb. 140.2 |

Ein nach diesem Verfahren gezeichnetes Bild heißt *axonometrisches* Bild. Je nachdem, ob die Projektionsstrahlen schräg oder senkrecht zur Bildebene einfallen, spricht man von *allgemeiner* bzw. *senkrechter* (auch *normaler* oder *orthogonaler*) *Axonometrie*.

Beispiel 47: Gegeben sei ein axonometrisches Achsenkreuz (Abb. 140.2). Darin ist

$$u = \bar{O}\bar{X} = \frac{2}{3}, \qquad v = \bar{O}\bar{Y} = 1, \qquad w = \bar{O}\bar{Z} = \frac{1}{2}.$$

Weiter ist das axonometrische Bild $\bar{P}$ des Punkts P $(1, \frac{3}{4}, 2)$ eingezeichnet. Nach (*) ist

$$\bar{O}\bar{P}_x = u \cdot x = \frac{2}{3}, \qquad \bar{P}_x\bar{P}' = v \cdot y = \frac{3}{4}, \qquad \bar{P}'\bar{P} = w \cdot z = 1.$$

Bemerkung: Beim Zeichnen eines axonometrischen Bildes eines Gegenstands (Bauwerk, Zahnräder einer Armbanduhr) ist man meist gezwungen, im Raum und auf dem Zeichenblatt verschiedene Maßeinheiten zu verwenden. Man zeichnet also tatsächlich nicht die Parallelprojektion eines Gegenstands, sondern ein ähnlich verkleinertes oder vergrößertes Bild dieser Parallelprojektion. Man trägt also beim Zeichnen eines axonometrischen Bildes nicht ux, vy, wz, sondern λux, λvy, λwz an. Den Ähnlichkeitsfaktor λ wählt man nach Möglichkeit so, daß die Zahlen

$$\bar{u} = \lambda u, \qquad \bar{v} = \lambda v, \qquad \bar{w} = \lambda w$$

einfache Zahlen sind, da diese Zahlen als Faktoren immer wieder auftreten.

Beispiel 48: Ein Bauwerk hat eine Breite und Tiefe von 20 m und eine Höhe von 10 m; die Verkürzungsverhältnisse seien $u = \frac{1}{2}$, $v = \frac{1}{4}$, $w = 1$, die Maßeinheit 1 m. Man wird etwa $\lambda = 0,04$ wählen; dann ist $\bar{u} = \lambda u = 0,02$, $\bar{v} = \lambda v = 0,01$, $\bar{w} = \lambda w = 0,04$. In m gemessen hat man die Strecken 0,02 x, 0,01 y, 0,04 z auf den entsprechenden Achsen des axonometrischen Achsenkreuzes anzutragen, in cm gemessen also die Strecken $2 \cdot x$, $1 \cdot y$, $4 \cdot z$. Verwendet man für die drei Achsenrichtungen (verschiedene) Maßstabslineale, so braucht man nicht zu rechnen.

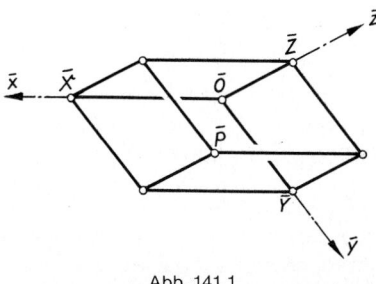

Abb. 141.1

Das axonometrische Bild eines Gegenstands wird nicht in jedem beliebig gewählten axonometrischen Achsenkreuz anschaulich wirken. Der in Abb. 141.1 dargestellte Quader kann wohl schwerlich als Würfel empfunden werden, obwohl $\bar{P}$ das Bild von $P\,(1, 1, 1)$ ist. Um anschauliche Bilder zu erzielen, wählt man die $\bar{z}$-Achse vertikal (parallel der Schwerkraft!) und richtet die $\bar{x}$-, $\bar{y}$-Achsen sowie die Verkürzungsverhältnisse u, v, w so ein, daß das axonometrische Bild eines Würfels den anschaulichen Eindruck eines Würfels erweckt. Die Verkürzungsverhältnisse wird man im Hinblick auf schnelles und einfaches Zeichnen nach Möglichkeit als einfache Zahlen wählen (z. B. 1, 2, $\frac{1}{2}$, ...).

Kavalier- und Militärprojektion

In der Praxis verwendet man häufig zwei Spezialfälle der allgemeinen Axonometrie: die schon auf S. 93 ff. behandelte Kavalier- und Militärprojektion.
Bei der *Kavalierprojektion* liegt die yz-Ebene zur Bildebene π parallel. Dabei erscheinen alle Figuren in Ebenen, die zur yz-Ebene par-

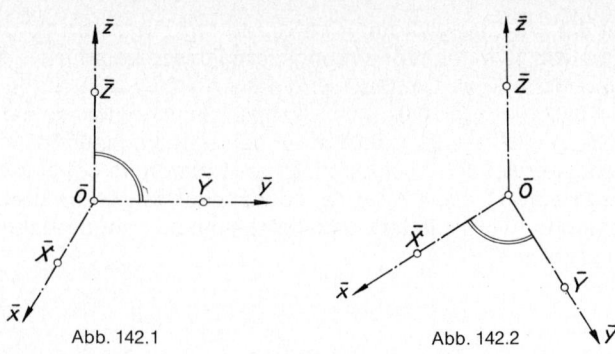

Abb. 142.1   Abb. 142.2

allel sind, in wahrer Gestalt. Insbesondere steht die $\bar{y}$-Achse auf der $\bar{z}$-Achse senkrecht, und es ist $v = w = 1$ (Abb. 142.1). Die Richtung der $\bar{x}$-Achse und das Verkürzungsverhältnis u auf ihr sind noch frei wählbar.

Bei der *Militärprojektion* liegt die xy-Ebene parallel zur Bildebene π. Daher steht die $\bar{x}$-Achse auf der $\bar{y}$-Achse senkrecht, und es ist $u = v = 1$. Ferner legt man meistens die $\bar{z}$-Achse vertikal und wählt $w = 1$ (Abb. 142.2). Dies hat zur Folge, daß neben den Figuren, die in Ebenen parallel zur xy-Ebene liegen, auch alle Höhen in wahrer Größe erscheinen (vgl. S. 96).

Satz von POHLKE

Geben wir uns ein beliebiges axonometrisches Achsenkreuz vor und zeichnen nach der obigen Zeichenregel ein axonometrisches Bild eines Gegenstands, so ist es fraglich, ob dieses Bild tatsächlich durch eine Parallelprojektion entsteht. Hierüber gibt der *Satz von POHLKE*[1] Auskunft:

Zu einem beliebig gewählten axonometrischen Achsenkreuz in der Bildebene π, bei dem nicht alle Punkte $\bar{O}$, $\bar{X}$, $\bar{Y}$, $\bar{Z}$ auf einer Gerade liegen, lassen sich eine Projektionsrichtung p und ein räumliches orthonormiertes Achsenkreuz so finden, daß seine Parallelprojektion in Richtung p auf π zu dem ursprünglich gewählten axonometrischen Achsenkreuz ähnlich ist.

---

[1] Karl Wilhelm POHLKE (1810–1876), 1853.

Einen Beweis dieses Satzes kann man folgendermaßen führen:
Zunächst überlegt man sich, daß das axonometrische Bild der Kugelfläche $x^2 + y^2 + z^2 = 1$ das (doppelt überdeckte) Innere einer Ellipse ist; diese Ellipse ist die Einhüllende der Ellipsenschar, die aus der „Breitenkreisschar" z = const. hervorgeht. Für den Sonderfall der Militärprojektion ist dies leicht einzusehen (vgl. Abb. 128.3 und

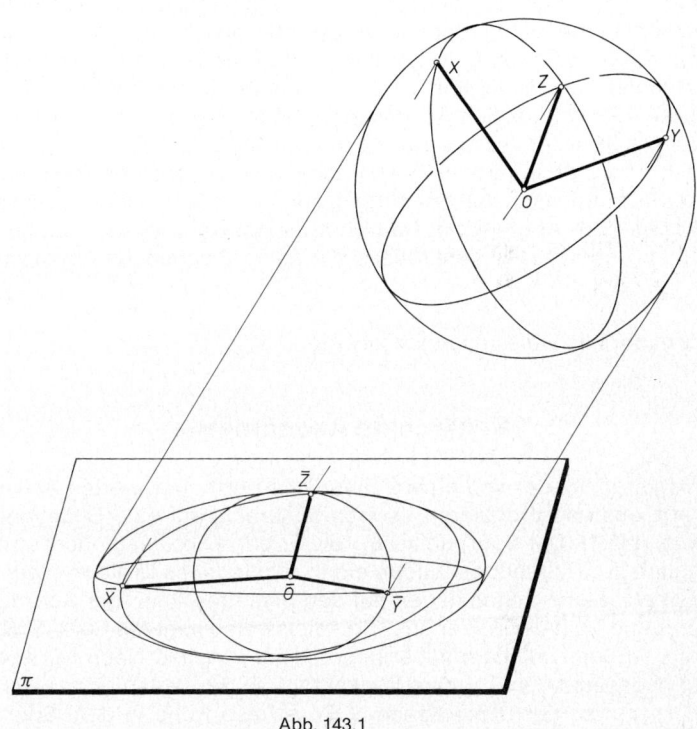

Abb. 143.1

208.1). Ein beliebiges axonometrisches Achsenkreuz (bei dem alle drei Achsen verschiedene Richtung haben) kann aber mittels einer affinen Abbildung in ein solches überführt werden, das zu einer Militärprojektion gehört. Hierbei werden Ellipsen als Ellipsen abgebildet, und die Berührung bleibt erhalten. Auch wenn x-Achse und y-Achse übereinstimmen, die Bilder der Breitenkreise also (doppelt zu durchlaufende) Strecken sind, erhält man als axonometrisches Bild der Einheitskugelfläche das Innere einer Ellipse.

Diese „Hüllellipse" muß nun, falls der Satz von POHLKE zutrifft, der Umriß der Einheitskugel sein. Damit sind die in Frage kommenden Projektionsrichtungen festgelegt, nämlich als Achsen derjenigen beiden geraden Kreiszylinder, die aus der Bildebene die Hüllellipse ausschneiden. Einem der beiden Zylinder beschreiben wir nun eine von innen berührende Kugel ein (ihr Radius ist gleich der kleinen Halbachse der Hüllellipse). Die axonometrischen Bilder der Einheitskreise, die in den Koordinatenebenen liegen, führen dann zu drei Großkreisen auf der Kugel, die jeweils paarweise aufeinander senkrecht stehen (warum?). Die Achsen des gesuchten räumlichen Dreibeins liegen in den Schnittgeraden je zweier solcher Großkreisebenen (vgl. Abb. 143.1). Damit ist die Existenz eines räumlichen orthonormierten Achsenkreuzes mit den angegebenen Eigenschaften gezeigt.

Aufgabe: Wie viele Lösungen gibt es?

Senkrechte Axonometrie

Wir gehen wieder von einem räumlichen orthonormierten Achsenkreuz aus und projizieren es jetzt *senkrecht* auf eine Bildebene π (Abb. 145.1). Die Spurpunkte S_x, S_y, S_z der Koordinatenachsen bezüglich der Bildebene π bilden ein in π gelegenes Dreieck *(Spurendreieck)*. Seine Seiten liegen auf den Schnittgeraden der Koordinatenebenen mit der Bildebene. Beispielsweise liegt die Seite $S_y S_z$ in der yz-Ebene und ist somit orthogonal zur x-Achse. Nach den Abbildungsgesetzen über rechte Winkel (vgl. S. 29) verläuft die $\bar{x}$-Achse senkrecht zu der Dreieckseite $S_y S_z$, ist also Höhe in dem Spurendreieck. Dies gilt entsprechend für die anderen Achsen:

Das normalaxonometrische Bild $\bar{O}$ des Ursprungs O ist der Schnittpunkt der Höhen im Spurendreieck (Abb. 145.2).

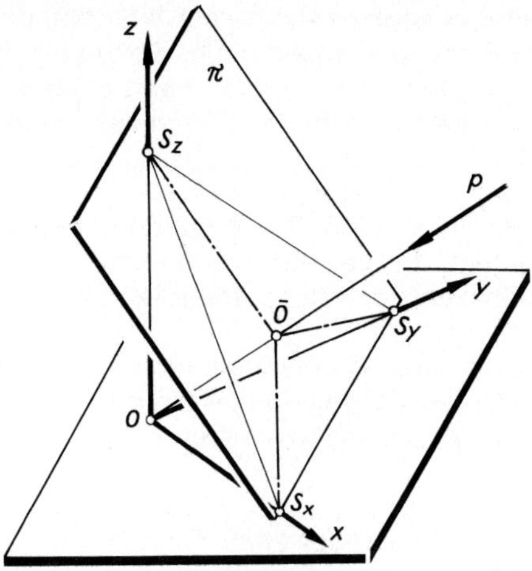

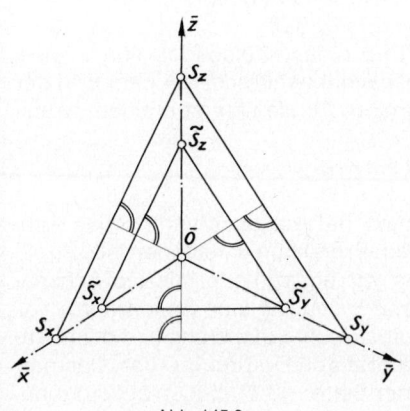

Abb. 145.1

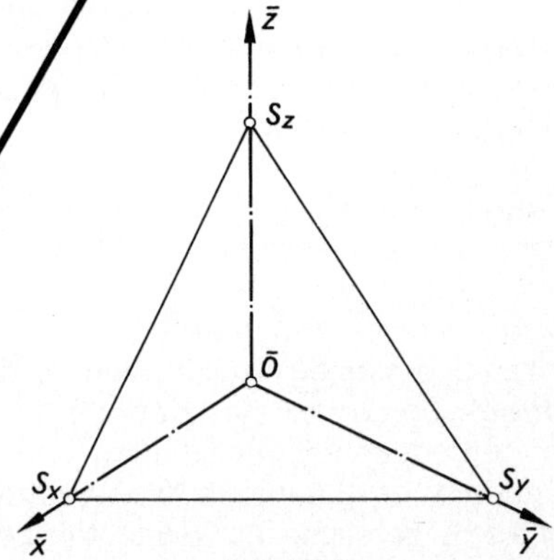

Abb. 145.2

Abb. 145.3

Verschieben wir die Bildebene π parallel zu sich selbst, lassen aber das räumliche Achsenkreuz fest, so entsteht ein neues Spurendreieck $\bar{S}_x$, $\bar{S}_y$, $\bar{S}_z$, während die Bilder der Achsen unverändert bleiben. Das neue Spurendreieck ist zum alten Spurendreieck zentrisch ähnlich (Abb. 145.3). Demnach gilt:

Durch Vorgabe eines Spurendreiecks sind $\bar{O}$ und die Richtungen der drei Achsenbilder festgelegt. Umgekehrt bestimmen diese Achsen ein Spurendreieck nur bis auf zentrische Ähnlichkeiten.

Die Normalprojektion $\bar{O}$ des Ursprungs O liegt stets innerhalb des Spurendreiecks. Da in diesem Dreieck $\bar{O}$ der Höhenschnittpunkt ist, muß also das Spurendreieck jedes normalaxonometrischen Achsenkreuzes *spitzwinklig* sein.

Aufgabe: Können zwei der drei Achsenbilder einer normalen Axonometrie aufeinander senkrecht stehen?

Die senkrechte Axonometrie ist insofern mit der kotierten Projektion verwandt, als es sich bei beiden Verfahren um eine normale Eintafelprojektion (vgl. erstes Kapitel) handelt. Es lassen sich also die dort gefundenen Eigenschaften und Konstruktionsmethoden auch bei unserer orthogonalen Axonometrie verwenden. Wir rufen einige wichtige Ergebnisse ins Gedächtnis zurück:

1. Das normalaxonometrische Bild eines rechten Winkels ist dann und nur dann wieder ein rechter, falls mindestens einer seiner Schenkel parallel zur Bildebene π verläuft.
2. Das normalaxonometrische Bild eines Kreises ist eine Ellipse. Die große Achse dieser Ellipse steht senkrecht auf dem Bild der Kreisachse. Die Länge der großen Achse stimmt mit dem Kreisradius überein.
3. Die Umrißlinie einer Kugel ist ein Kreis.

Welche besonderen Eigenschaften hat ein axonometrisches Achsenkreuz, das in einer senkrechten Projektion entstanden ist?
Um diese zu finden, projizieren wir ein orthonormiertes Achsenkreuz senkrecht auf die Bildebene π und auf eine Seitenrißtafel π_3, die parallel zur z-Achse ist und senkrecht auf π steht. In diesem Tafelsystem π, π_3 stellen wir uns zuerst den Ursprung O dar. Das normalaxonometrische Bild $\bar{O}$ und der Seitenriß O''' liegen auf einer horizontalen Ordnungslinie senkrecht zur Bildachse $a \ldots a$ (Abb.

147.1). Die Einheitspunkte X, Y, Z liegen auf der Kugel K und O mit dem Radius einer gewählten Einheitsstrecke 1. Die Umrißlinie dieser Einheitskugel ist in beiden Rissen ein Kreis.

Auf der z-Achse, deren Neigungswinkel ϑ gegen π im Seitenriß in wahrer Größe erscheint, markieren wir uns den Einheitspunkt Z (Nordpol der Einheitskugel):

$$O'''Z''' = 1, \qquad \bar{O}\bar{Z} = w = \cos\vartheta.$$

Die Einheitspunkte X, Y liegen auf dem Äquatorkreis k der Einheitskugel K. Im Seitenriß projiziert sich der Kreis in den Durchmesser k''', im axonometrischen Bild als Ellipse $\bar{k}$, deren große Achse (Länge 1) auf der $\bar{z}$-Achse (Bild der Kreisachse) senkrecht steht und deren kleine Achse die Länge $\sin\vartheta$ besitzt. Die Bilder $\bar{X}$ und $\bar{Y}$ werden als Endpunkte konjugierter Halbmesser aus einem senkrechten Halbmesserpaar des Hauptscheitelkreises gewonnen (vgl. Abb. 110.2). Die Lage dieses Halbmesserpaares werde durch den Winkel φ festgelegt (Abb. 147.1).

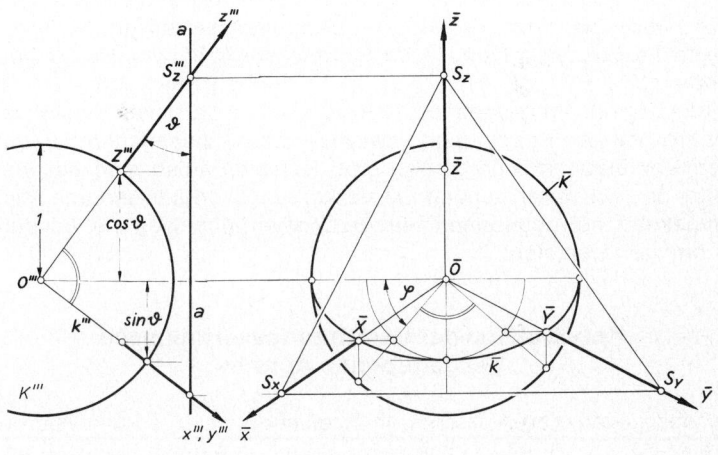

Abb. 147.1

Wir sehen: Nach Wahl des Punkts $\bar{O}$ und des Einheitspunkts $\bar{Z}$ ist der Seitenriß in Abb. 147.1 festgelegt. Nehmen wir zusätzlich etwa noch die Richtung der $\bar{x}$-Achse an, so sind dann sowohl die $\bar{y}$-Achse als die Einheitspunkte $\bar{X}$ und $\bar{Y}$ konstruierbar.

Mit Hilfe der Winkel φ und ϑ lassen sich die Verkürzungsverhältnisse u, v, w sofort ausrechnen. Aus Abb. 147.1 erhalten wir:

(1)
$$(\overline{O}\,\overline{X})^2 = u^2 = \cos^2 \varphi + \sin^2 \varphi \sin^2 \vartheta$$
$$(\overline{O}\,\overline{Y})^2 = v^2 = \sin^2 \varphi + \cos^2 \varphi \sin^2 \vartheta$$
$$(\overline{O}\,\overline{Z})^2 = w^2 = \cos^2 \vartheta$$

d. h. die Winkel φ und ϑ bestimmen die Verkürzungsverhältnisse eindeutig.

Die Verkürzungsverhältnisse u, v, w für ein normalaxonometrisches Bild lassen sich hiernach nicht willkürlich vorschreiben. Wir finden wegen $|\sin \varphi| < 1$, $|\cos \varphi| < 1$ und $\cos^2 \varphi + \sin^2 \varphi = 1$ aus (1):

(2)
$$u < 1; \quad v < 1; \quad w < 1$$

(3)
$$u^2 + v^2 > w^2; \quad u^2 + w^2 > v^2; \quad v^2 + w^2 > u^2$$

(4)
$$u^2 + v^2 + w^2 = 2.$$

D. h.: *Die (positiven) Verkürzungszahlen sind kleiner als* 1. *Die Summe zweier Verkürzungsquadrate ist mindestens so groß wie das dritte Verkürzungsquadrat. Die Summe der drei Verkürzungsquadrate ist* 2.

Diese Ergebnisse zeigen uns, daß es bei der orthogonalen Axonometrie gewisse Koppelungen zwischen den Achsenrichtungen und den Verkürzungsverhältnissen gibt. Beispielsweise sind bei Vorgabe der Achsenrichtungen die Verkürzungsverhältnisse und auch umgekehrt bei gegebenen Verkürzungsverhältnissen die Achsenrichtungen festgelegt.

Konstruktion der Verkürzungsverhältnisse bei gegebenen Achsen

Zu den gegebenen Achsen $\overline{x}$, $\overline{y}$, $\overline{z}$ zeichnen wir irgendein Spurendreieck S_x, S_y, S_z (die Achsen sind Höhen in diesem Dreieck!) und klappen zunächst das bei O rechtwinklige Dreieck $S_x O S_y$ um die Seite $S_x S_y$ des Spurendreiecks nach π um. Der umgeklappte Ursprung (O) liegt auf dem Thaleskreis über $S_x S_y$ und auf der Senkrechten zu $S_x S_y$ durch $\overline{O}$ (Abb. 149.1). Auf den umgeklappten Achsen (x) und (y) tragen wir die Einheitsstrecke 1 ab und klappen die Punkte (X) und (Y) wieder zurück. Dann ist $u = \overline{O}\,\overline{X}$ und $v = \overline{O}\,\overline{Y}$. – Klappen wir das Dreieck $S_y O S_z$ um die Seite $S_y S_z$ des Spurendreiecks nach π, so erhalten wir entsprechend den Punkt $\overline{Z}$ mit $w = \overline{O}\,\overline{Z}$.

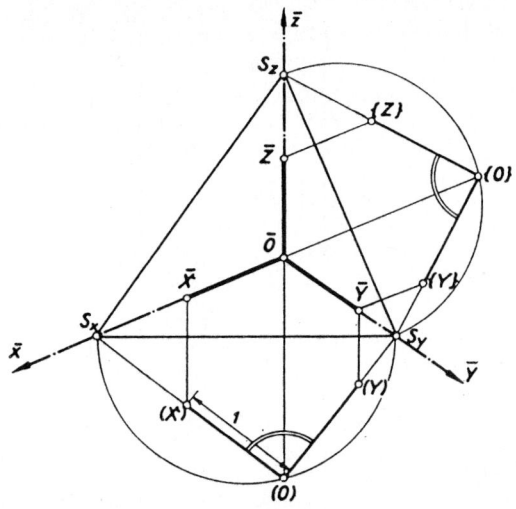

Abb. 149.1

Mit den so bestimmten Verkürzungszahlen kann man jetzt (wie auf S. 140 beschrieben) die normalaxonometrischen Bilder von koordinatenmäßig gegebenen Punkten $P(x, y, z)$ einzeichnen.

Bequemer ist es, die umgeklappten Koordinatenebenen zum Einzeichnen der Punkte zu verwenden. Abb. 150.1 zeigt dieses Verfahren für einen Punkt $P(x, y, z)$. Wir tragen auf den umgeklappten Koordinatenachsen die Koordinaten von P (unter Beachtung des Vorzeichens) ab: $(O)(P_x) = x$, $(O)(P_y) = y$, $\{O\}\{P_z\} = z$. Die zurückgeklappten Punkte $\bar{P}_x$, $\bar{P}_y$, $\bar{P}_z$ bestimmen das Bild des Koordinatenquaders von P.

Nach S. 88 besteht zwischen den umgeklappten Koordinatenebenen und den entsprechenden Koordinatenebenen im axonometrischen Bild eine axial-affine Verwandtschaft. Die Affinitätsachse ist die Klappachse (sie enthält die entsprechenden Seiten des Spurendreiecks). Die Affinitätsrichtung steht senkrecht auf der Affinitätsachse.

Beispiel 49: In Abb. 151.1 ist ein normalaxonometrisches Achsenkreuz durch die Achsenrichtungen gegeben. Wir konstruieren das Bild eines schiefen Kreiskegels, dessen Spitze der Punkt $P(-2,6;$ $1,6;\ 4,7)$ ist und dessen Grundkreis $k(O;\ r = 2,3$ cm) in der xy-Ebene liegt. Wir wählen irgendein Spurendreieck und zeichnen in die um-

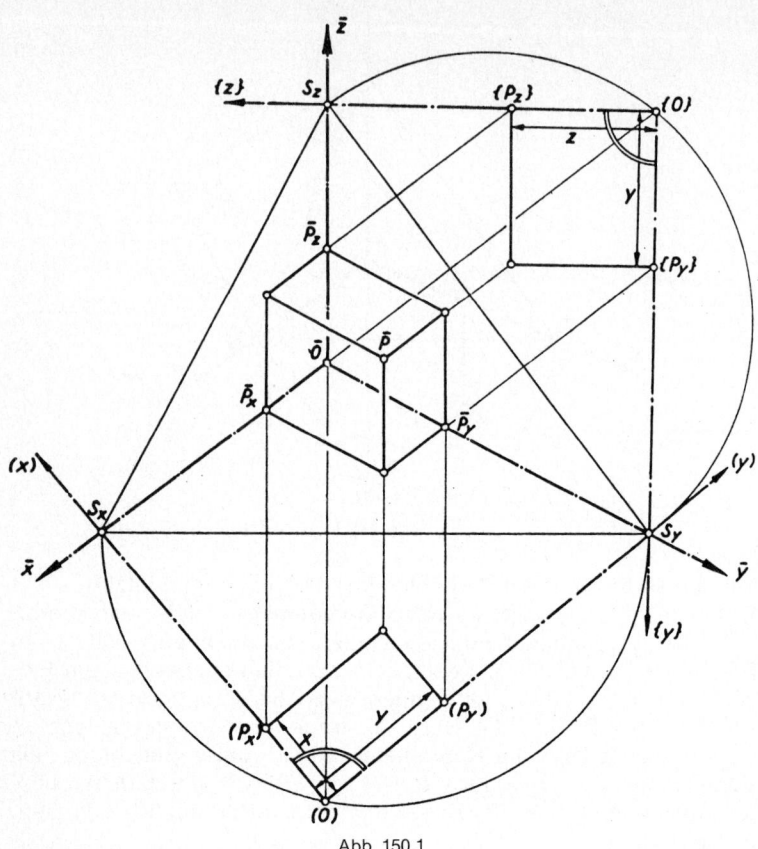

Abb. 150.1

geklappte xy-Ebene den Kreis (k) um (O). Der zurückgeklappte Kreis, die Ellipse $\bar{k}$, ist das Bild des Grundkreises. An $\bar{k}$ sind die Tangenten (Umrißmantellinien) von $\bar{P}$ zu konstruieren.

Konstruktion der Achsen bei gegebenen Verkürzungsverhältnissen

Sind die Verkürzungszahlen u, v, w gemäß den Bedingungen (2), (3), (4) von S. 148 gewählt, so läßt sich zeigen, daß dadurch die Achsen-

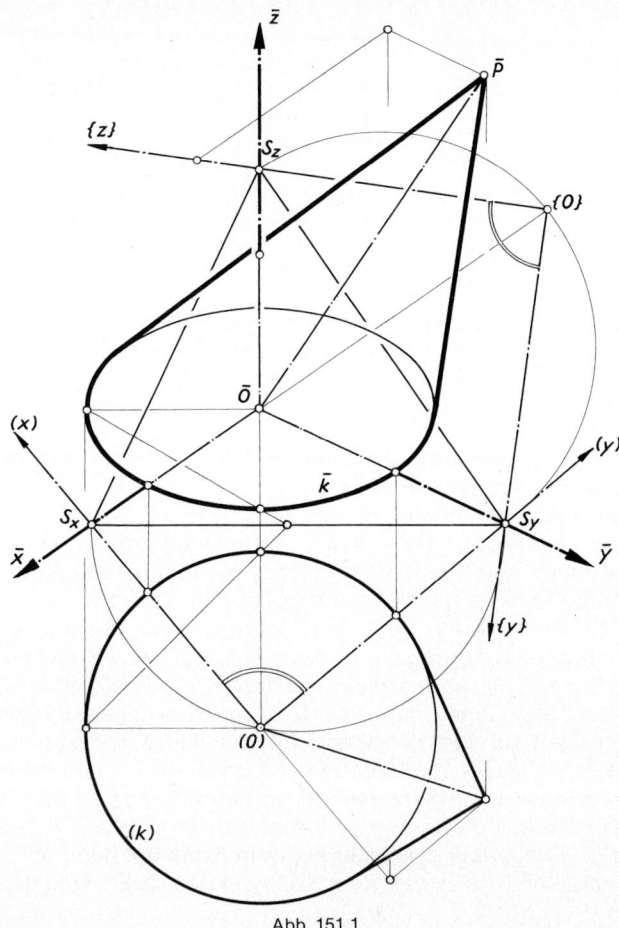

Abb. 151.1

richtungen eines normalaxonometrischen Achsenkreuzes festgelegt sind. Wir geben zunächst die Konstruktion dieser Achsen an: Auf einer horizontalen Gerade g tragen wir nacheinander die Strecken u^2, w^2, v^2 an und erhalten die Punkte 1, 2, 3, 4 (Abb. 152.1). Um den Punkt 2 zeichnen wir den Kreis mit dem Radius u^2 und um den Punkt 3 den Kreis vom Radius v^2. Der eine Schnittpunkt $\bar{O}$ der beiden Kreise ist der Ursprung des normalaxonometrischen Achsenkreuzes mit den Verkürzungszahlen u, v, w, die Gerade $\bar{O}, 1$ bzw. $\bar{O}, 4$ die $\bar{x}$-Achse bzw. die $\bar{y}$-Achse. Die $\bar{z}$-Achse steht senkrecht auf g.

151

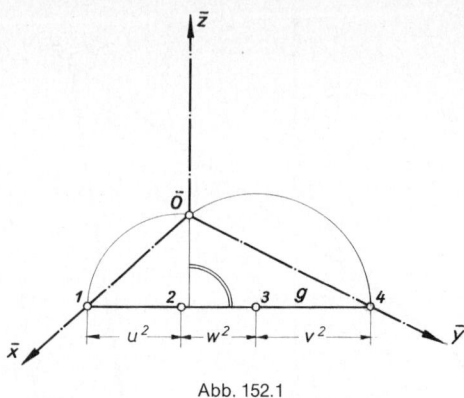

Abb. 152.1

(Der andere Schnittpunkt der beiden Kreise führt auf die symmetrische Lage des Achsenkreuzes.)

Zur Begründung kann man das in Beispiel 85 (S. 243) hergeleitete Ergebnis verwenden, daß „Viviani"-Kurven statt durch einen Doppelkegel auch durch einen geeigneten geraden Kreiszylinder aus einer Kugel ausgeschnitten werden können. Denkt man sich das räumliche Achsenkreuz über dem Spurendreieck liegend, so liegt nämlich dessen Ursprung O einerseits auf der Thales-Kugel mit dem Durchmesser $S_x S_y$, andererseits auf dem Kreiskegel mit der Spitze S_x und dem Steigungswinkel α der Erzeugenden gegen die Bildebene, aber auch auf dem Kreiskegel mit der Spitze S_y und dem Steigungswinkel β gegen die Bildebene. Nach S. 245 können diese beiden Kreiskegel durch Kreiszylinder mit den Radien u^2 bzw. v^2 ersetzt werden (die Thales-Kugel hat wegen $u^2 + v^2 + w^2 = 2$ den Radius 1). Somit liegt $\bar{O}$ sowohl auf dem Kreis um den Punkt 2 mit dem Radius u^2 als auch auf dem Kreis um den Punkt 3 mit dem Radius v^2.

Da man meist nicht die Parallelprojektion eines Gegenstands, sondern ein dazu ähnliches Bild zeichnet, kommt es nur auf die Verhältnisse der Verkürzungszahlen an (vgl. S. 140). Setzt man $\bar{u} = \lambda u$, $\bar{v} = \lambda v$, $\bar{w} = \lambda w$, so folgt aus (3)

(3') $\qquad \bar{u}^2 + \bar{v}^2 > \bar{w}^2, \qquad \bar{u}^2 + \bar{w}^2 > \bar{v}^2, \qquad \bar{v}^2 + \bar{w}^2 > \bar{u}^2.$

Werden $\bar{u}$, $\bar{v}$, $\bar{w}$ gemäß (3') gewählt — man wird nach Möglichkeit einfache Zahlen nehmen —, so lassen sich die zugehörigen Achsenrichtungen wie in Abb. 152.1 konstruieren. (Vgl. auch die folgenden Spezialfälle!)

Sind $\bar{u}, \bar{v}, \bar{w}$ gegeben, so ist dadurch der Maßstab, in dem das normalaxonometrische Bild gezeichnet wird, festgelegt. Nach (4) gilt ja

$$\bar{u}^2 + \bar{v}^2 + \bar{w}^2 = \lambda^2 (u^2 + v^2 + w^2) = \lambda^2 \cdot 2.$$

Also ist

(5) $$\lambda = \sqrt{\frac{\bar{u}^2 + \bar{v}^2 + \bar{w}^2}{2}}$$

Man benötigt den Ähnlichkeitsfaktor λ, um die wahre Länge einer Strecke an Hand des axonometrischen Bildes zu bestimmen bzw. um eine im Raum gegebene Strecke bestimmter Länge in das axonometrische Bild einzutragen. Liegt eine Strecke der Länge a zur Bildebene π parallel (beispielsweise der Durchmesser des Umrißkreises einer Kugel oder derjenige Durchmesser eines Kreises, der in die große Achse der Bildellipse übergeht), so hat die Bildstrecke dieselbe Länge a. Verwenden wir dagegen im Raum und in der Zeichenebene verschiedene Maßstäbe, so entspricht der Strecke a im Raum die Bildstrecke λa.

Beispiel 50: In einer senkrechten Axonometrie sei $\bar{u} = 1$, $\bar{v} = \bar{w} = 2$. Es soll der Umriß einer Kugel (Radius 4 cm) in das axonometrische Bild eingetragen werden. Nach (5) ist

$$\lambda = \sqrt{\frac{\bar{u}^2 + \bar{v}^2 + \bar{w}^2}{2}} = \sqrt{\frac{1 + 4 + 4}{2}} = \frac{3}{\sqrt{2}}.$$

In der Zeichenebene erscheint der Umriß als Kreis, dessen Radius also $\lambda \cdot 4 \approx 8,4$ cm beträgt.

Bei der Wahl eines normalaxonometrischen Achsenkreuzes hat man nicht nur auf die Beziehungen zwischen Achsenrichtungen und Verkürzungsverhältnissen zu achten, sondern auch darauf, daß das entstehende Bild anschaulich wirkt (Probe am Einheitswürfel!). Häufig verwendet man die folgenden

Spezialfälle der senkrechten Axonometrie

1. *Ingenieuraxonometrie.* Hier ist $u:v:w = 1:2:2$ gewählt. Die zugehörigen Achsenrichtungen ließen sich nach Abb. 152.1 finden. Einfa-

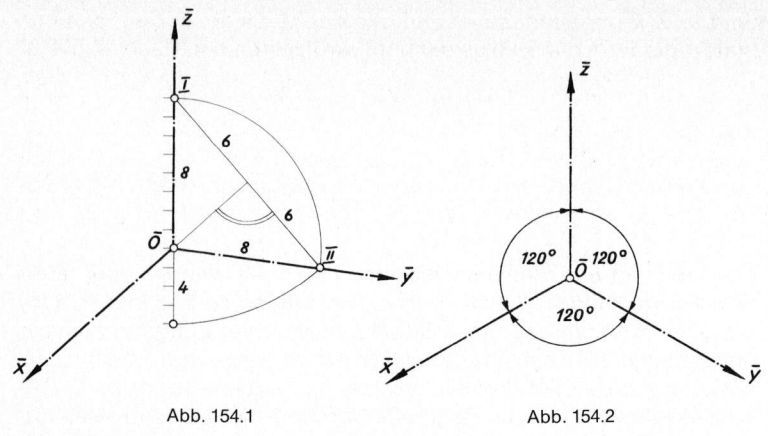

Abb. 154.1   Abb. 154.2

cher ist das folgende Verfahren: Vom Punkt O tragen wir auf der vertikalen z-Achse 8 Einheiten (Einheitsstrecke beliebig) ab (Abb. 154.1). Um den Endpunkt I zeichnen wir den Kreis vom Radius 12 und um $\bar{O}$ den Kreis vom Radius 8. Der eine Schnittpunkt dieser Kreise sei der Punkt II. Dann ist die $\bar{y}$-Achse die Gerade $\bar{O}$, II. Die $\bar{x}$-Achse steht senkrecht auf I, II. Sie geht durch den Mittelpunkt der Strecke I II.
2. *Isometrie.* Das Verkürzungsverhältnis ist auf allen drei Achsen gleich. $u:v:w = 1:1:1$. Je zwei Achsen schließen den Winkel von 120° miteinander ein (Abb. 154.2). Hier können die Maße auf allen drei Achsen in wahrer Größe abgetragen werden. Dem Mangel an Anschaulichkeit, den die isometrischen Bilder wegen ihrer Symmetrie aufweisen, steht als Vorteil die Einfachheit der Zeichnung gegenüber.

Konstruktion eines Seitenrisses
zu einem normalaxonometrischen Bild

Wir haben uns bisher nur damit beschäftigt, einen koordinatenmäßig gegebenen Gegenstand axonometrisch darzustellen. Es ist häufig weiter erforderlich, gewisse Konstruktionen an diesem Gegenstand auszuführen (z. B. bei Schattenaufgaben). Zu diesem Zweck wird man sich einen zweiten Riß des Gegenstands verschaffen, um die Methoden der Zweitafelprojektion anwenden zu können. Auch zur Darstellung geometrisch gegebener Gegenstände (z. B. einer Rotationsfläche; vgl. S. 201) ist die Anwendung dieses Verfahrens zweckmäßig.

154

Wir führen eine Seitenrißtafel π_3 ein, die senkrecht auf der Bildebene π steht und zur z-Achse des räumlichen Achsenkreuzes parallel ist. π_3 schneidet π in der Bildachse $a \ldots a$. Um den Seitenriß O''' des Ursprungs O zu erhalten, bestimmen wir seinen Abstand d von π. Dazu legen wir eine zu π_3 parallele Ebene durch die z-Achse und klappen sie um ihre Spur S_z, H_z um (Abb. 155.1). Der umgeklappte Punkt (O) liegt dann auf dem Thaleskreis über der Höhe $S_z H_z$ des Spurendreiecks, und es ist $d = \bar{O}(O)$. Der Seitenriß O''' liegt auf der horizontalen Ordnungslinie durch $\bar{O}$ und hat von der Bildachse $a \ldots a$ den Abstand d. Da die Spurpunkte S_x, S_y, S_z in π gelegen sind, fallen S_x''', S_y''', S_z''' auf die Bildachse. Im Seitenriß erscheint die z-Achse in wahrer Größe; die xy-Ebene als Gerade (Abb. 155.1).

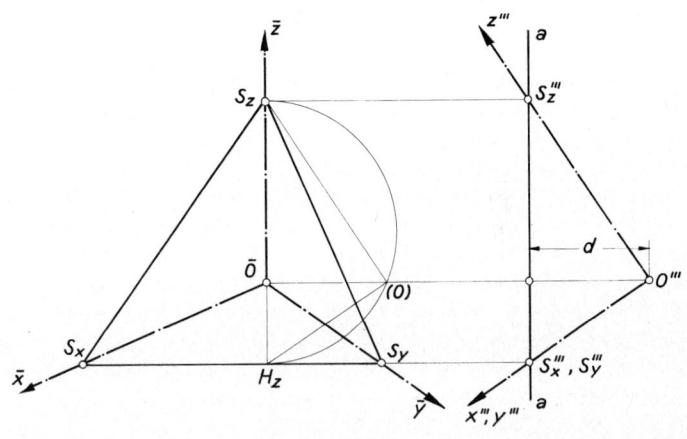

Abb. 155.1

Die *Vorzüge* der senkrechten Axonometrie liegen in der Anwendbarkeit des Zweitafelverfahrens und in der einfachen Darstellbarkeit von Kreisen und Kugeln. Dies bringt Vorteile für die konstruktive Behandlung allgemeiner Flächen, insbesondere der Rotationsflächen, mit sich. Auch wirken orthogonal-axonometrische Bilder krummer Flächen meistens anschaulicher als allgemein-axonometrische (vgl. die Kugelbilder in orthogonaler Axonometrie, in Kavalier- und Militärprojektion auf S. 129 und S. 128). Dagegen lassen sich Skizzen von ebenflächig begrenzten Gegenständen rascher in allgemeiner Axonometrie entwerfen, da das Achsenkreuz und die Verkürzungszahlen völlig willkürlich angenommen werden können.

Das Einschneideverfahren[1]

Ein schnelles und einfaches Verfahren, aus zwei Rissen ein anschauliches Bild eines Gegenstands zu zeichnen, ist das Einschneideverfahren: Man lege die zwei Normalrisse (z. B. Grund- und Aufriß) beliebig in die Zeichenebene und wähle zwei Einschneiderichtungen *I* und *II* (Abb. 156.1). Man schneide zu *I* bzw. *II* parallele

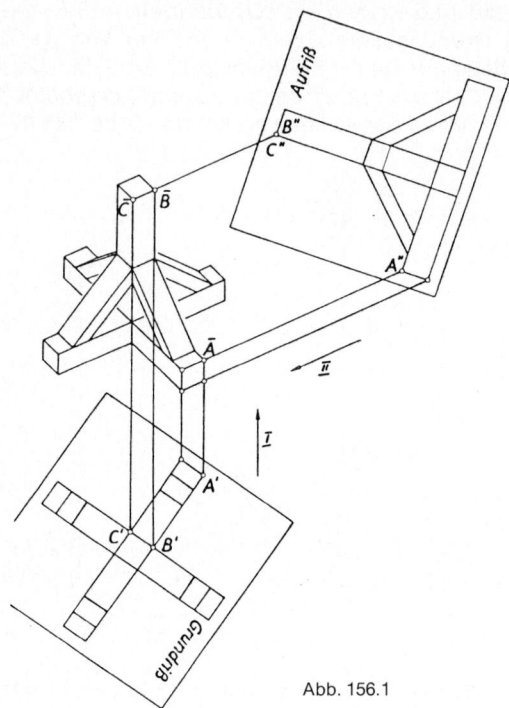

Abb. 156.1

Strahlen durch zusammengehörende Punkte *A'* bzw. *A''* der beiden Risse. Die Schnittpunkte ergeben ein axonometrisches Bild unseres Gegenstands; denn aus den Rissen eines orthonormierten Achsenkreuzes entsteht ein axonometrisches Achsenkreuz, und das Einschneidebild eines beliebigen Punkts stimmt mit dessen axonometrischem Bild überein.

---

[1] Schnellrißverfahren von L. ECKHARDT (1890–1938), 1937.

Bemerkung: Man kann hiernach für Grund- und Aufriß sogar verschiedene Maßstäbe wählen.

Mit dem Einschneideverfahren erhält man i. a. ein allgemeinaxonometrisches Bild. Wie müssen Grund- und Aufriß und die Einschneiderichtungen gewählt werden, damit speziell die Kavalier- oder Militärprojektion entsteht?

Um ein *normalaxonometrisches* Bild eines Gegenstands mit Hilfe des Einschneideverfahrens zu konstruieren, geht man zweckmäßigerweise von den Achsen oder vom Spurendreieck eines normalaxonometrischen Achsenkreuzes aus. Sodann konstruiert man wie in Abb. 149.1 die umgeklappte xy- und yz-Ebene (Abb. 157.1). Deuten wir die xy-Ebene als Grundriß, die yz-Ebene als Aufrißebene, so sind die x'- und y'-Achsen bzw. z''- und y''-Achsen zu den entsprechenden umgeklappten Achsen parallel. Die Einschneiderich-

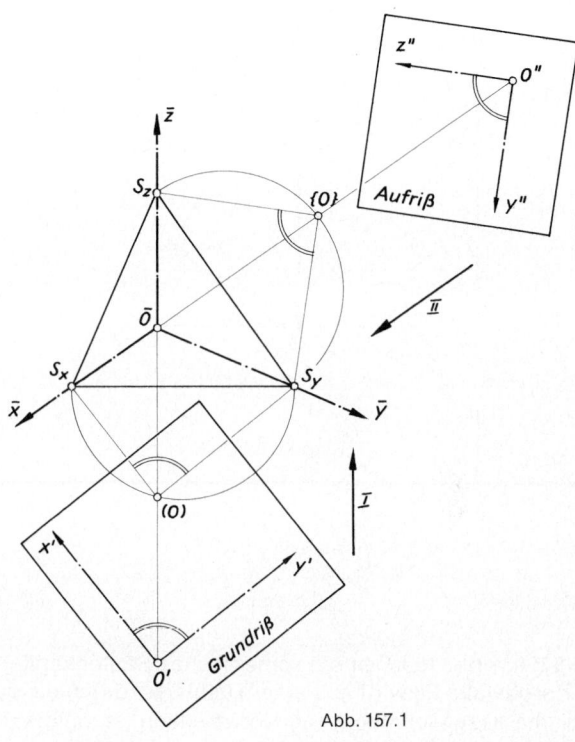

Abb. 157.1

157

tung *I* für den Grundriß ist zur $\bar{z}$-Achse, die Einschneiderichtung *II* zur $\bar{x}$-Achse parallel (Abb. 157.1). Die Konstruktion von $\bar{P}$ in Abb. 150.1 läßt sich als Einschneideverfahren auffassen.

Beispiele

Beispiel 51: Abb. 158.1 zeigt in senkrechter Axonometrie die in Abb. 132.2 gezeichnete quadratische Hängekuppel. Die Ellipsen werden nach der Papierstreifenkonstruktion aus einem Ellipsenpunkt und der großen Achse gefunden. Die große Achse steht senkrecht auf dem Bild der Kreisachse. Ihre Länge ist die halbe Quadratseite. – Die Ellipsen lassen sich natürlich auch aus einem Paar konjugierter Durchmesser konstruieren. Kontrolle: die große Achse muß senkrecht auf dem Bild der Kreisachse stehen.

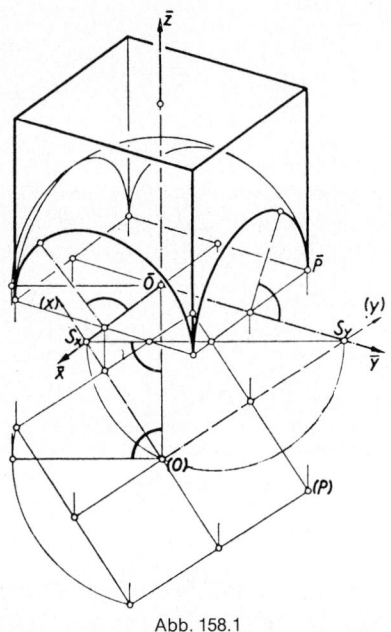

Abb. 158.1

Beispiel 52: In Abb. 159.1 ist ein romanisches Säulenkapitell in Untersucht dargestellt. Es wird aus einer Halbkugel durch ein quadratisches Prisma ausgeschnitten. Die Konstruktion ist mittels des Nor-

158

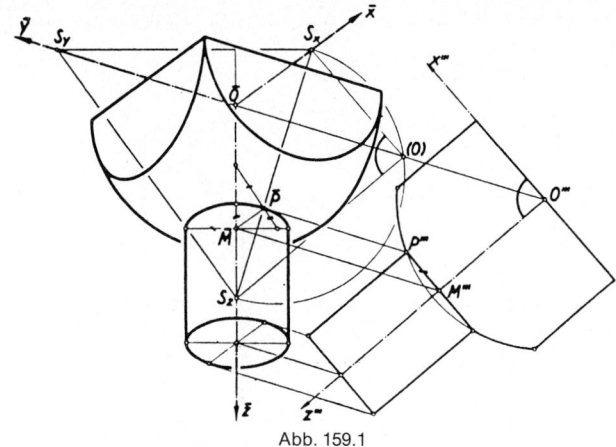

Abb. 159.1

malrisses auf die xz-Ebene durchgeführt. Das Bild des Schnittkreises der Halbkugel mit der zylinderförmigen Säule ist mit Hilfe der Papierstreifenkonstruktion gefunden.

Beispiel 53: In Ingenieuraxonometrie ($\bar{u} = \frac{1}{2}$, $\bar{v} = \bar{w} = 1$) ist ein Würfel (Kantenlänge 3,5 cm) mit den in seinen Ebenen gelegenen Kreisen gezeichnet (Abb. 160.1). Das Achsenkreuz ist nach Abb. 154.1 konstruiert. In $\bar{y}$- und $\bar{z}$-Richtung werden die Strecken unverkürzt, in $\bar{x}$-Richtung um die Hälfte verkürzt abgetragen. Die Ellipsen werden nach der Papierstreifenkonstruktion gefunden: Die Ellipsenmittelpunkte sind die Schnittpunkte der Diagonalen der Seitenquadrate. Die großen Achsen stehen senkrecht auf den Bildern der Kreisachsen. Um die Länge der großen Achsen zu bestimmen, berechnen wir zunächst nach (5) den Ähnlichkeitsfaktor λ:

$$\lambda = \sqrt{\frac{\frac{1}{4} + 1 + 1}{2}} = \frac{3}{2\sqrt{2}} \ .$$

In Wirklichkeit stimmt die große Achse mit dem Kreisradius überein; in unserem Bild hat sie also die Länge $\lambda \cdot 3,5 \approx 3,7$ cm. Die Würfelkanten berühren die Ellipsen in den Mittelpunkten dieser Kanten.

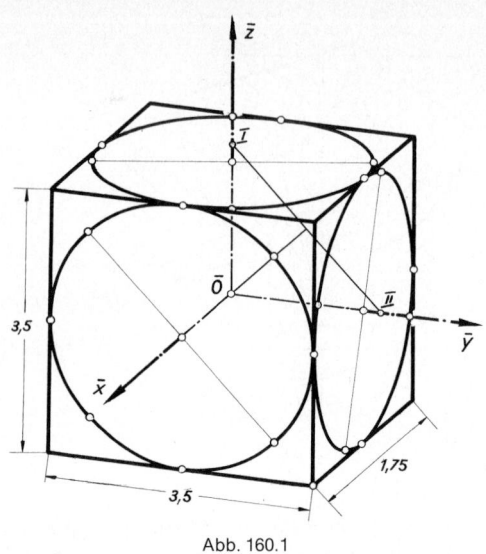

Abb. 160.1

Beispiel 54: Der in Grund- und Aufriß (Abb. 161.1) dargestellte Stempel ist in Abb. 161.2 in Isometrie dargestellt. Die Kantenlängen in Richtung der Achsen werden in wahrer Größe angetragen. Der Kugeldurchmesser ist in Wirklichkeit $d = 1,5$ cm. Da der Vergrößerungsfaktor $\lambda = \sqrt{\dfrac{1+1+1}{2}} = \sqrt{\dfrac{3}{2}}$ ist, hat nach S. 153 der Umrißkreis der Kugel im axonometrischen Bild den Durchmesser $d = \lambda d = \sqrt{\dfrac{3}{2}} \cdot 1,5 \approx 1,8$ cm.

Beispiel 55: Mit Hilfe des Einschneideverfahrens ist in Abb. 162.1 ein *senkrechtes Rohrknie* in normaler Axonometrie dargestellt. Die Achse des horizontalen Zylinders ist parallel zur x-Achse. Die vordere Ellipse ist aus Mittelpunkt $\bar{M}$, großer Achse (senkrecht zur Zylinderachse, Länge $2 \cdot M'B'$) und dem Ellipsenpunkt $\bar{B}$ konstruiert. Die den beiden Rohren gemeinsame Ellipse (Mittelpunkt $\bar{N}$) ist durch das Paar $\bar{N}\bar{B}_1$, $\bar{N}\bar{A}$ konjugierter Halbmesser bestimmt. Im Raum sind NB_1 und NA die kleine und große Halbachse dieser Ellipse. Wie sind ihre Berührpunkte $\bar{C}$ und $\bar{D}$ mit den Umrißmantellinien der Zylinder konstruiert?

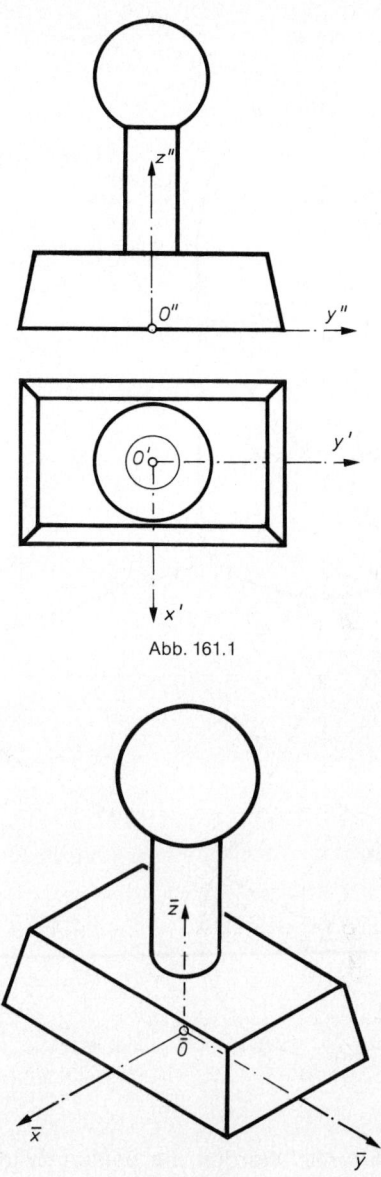

z''

O'' y''

O' y'

x'

Abb. 161.1

$\bar{z}$

$\bar{O}$

$\bar{x}$ $\bar{y}$

Abb. 161.2

161

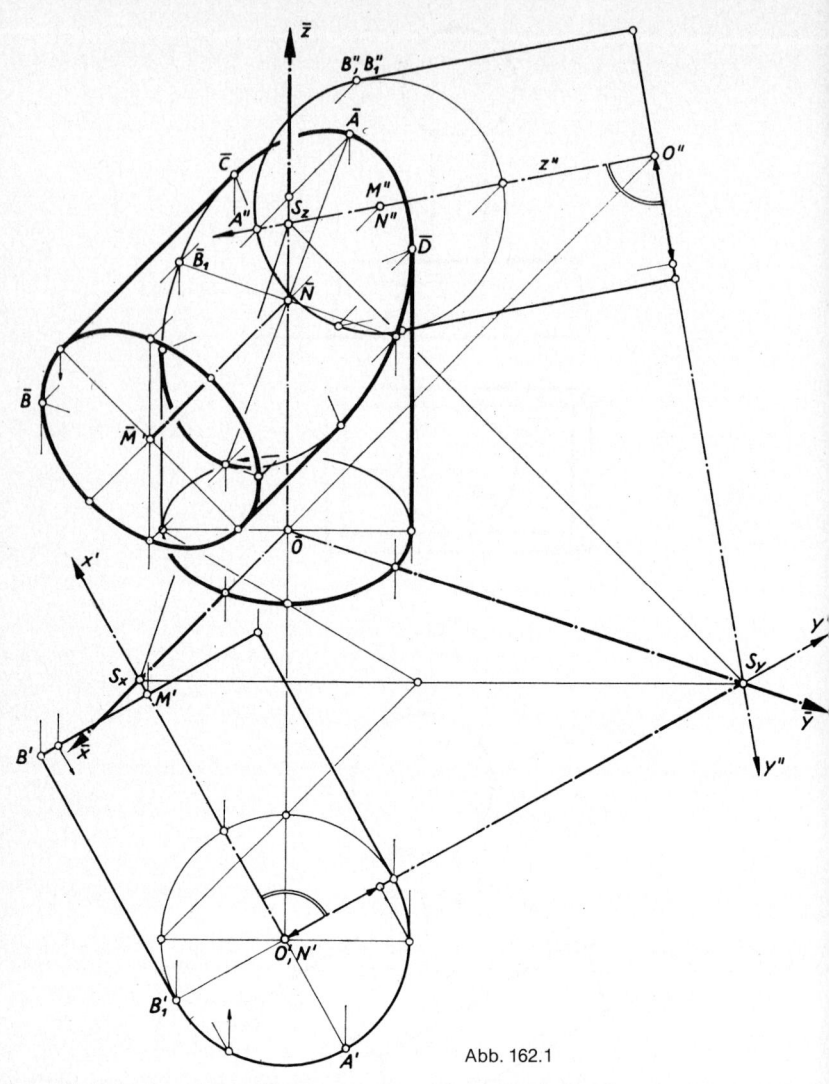

Abb. 162.1

Beispiel 56: *Rohrkreuz.* Werden die beiden Zylinder eines Rohr-knies über den Kniewinkel hinaus weitergeführt, so ergibt sich noch

162

eine zweite Ellipse, so daß die gesamte Durchdringungsfigur der beiden Zylinder aus einem Ellipsenpaar besteht (vgl. S. 247). Abb. 163.1 zeigt ein solches Rohrkreuz mit den auftretenden Schnittellipsen.

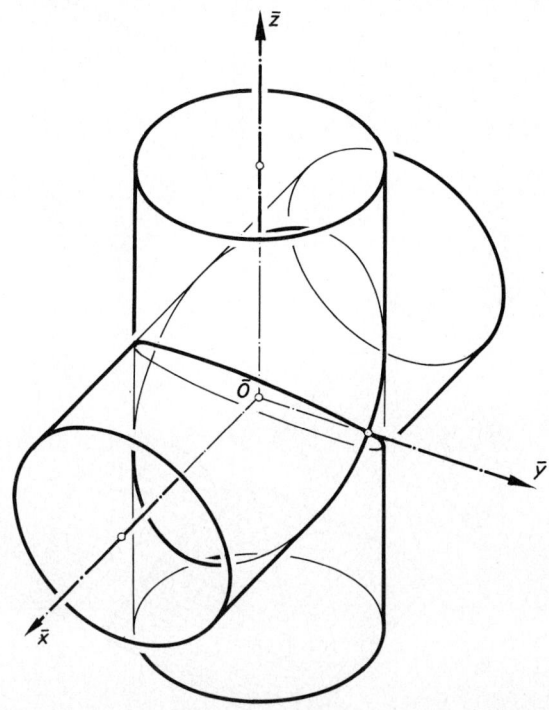

Abb. 163.1

Beispiel 57: *Kreuz- und Klostergewölbe.* Quadratische Kreuz- und Klostergewölbe werden durch die Durchdringung zweier horizontal liegender Halbzylinder gebildet, deren Achsen aufeinander senkrecht stehen. Beim Kreuzgewölbe (Abb. 164.1) kommen diejenigen Teile in Frage, die in dem einen oder dem anderen Zylinderinnern liegen, beim Klostergewölbe (Abb. 164.2) nur diejenigen Teile, die beide Zylinder gleichzeitig im Innern enthalten. Die Schnittellipsen beider Zylinder sind beim Kreuzgewölbe *Kehlen*, beim Klostergewölbe *Grate*. Das Kreuzgewölbe stützt sich auf die vier Eckpunkte, das Klostergewölbe auf die vier Kanten des Grundquadrats.

Abb. 164.3 zeigt den Zusammenhang zwischen Kreuz- und Kloster-gewölbe. Die Konstruktionen sind in senkrechter Axonometrie wie in Abb. 162.1 und Abb. 163.1 durchgeführt.

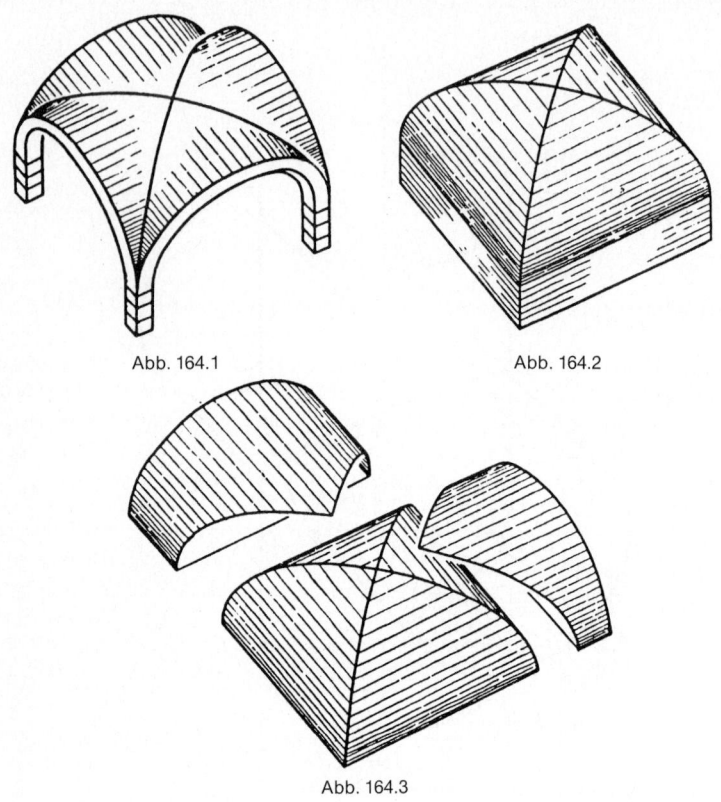

Abb. 164.1   Abb. 164.2

Abb. 164.3

Beispiel 58: Abb. 165.1 zeigt anschauliche Bilder eines geraden Kreiszylinders in Militärprojektion, in Kavalierprojektion und in orthogonaler Axonometrie. An diesen drei Bildern läßt sich der Grad an Anschaulichkeit erkennen. Man beachte, daß die räumlichen Abmessungen des dargestellten Zylinders jedesmal die gleichen sind, obgleich die Bilder „verschieden groß" erscheinen.

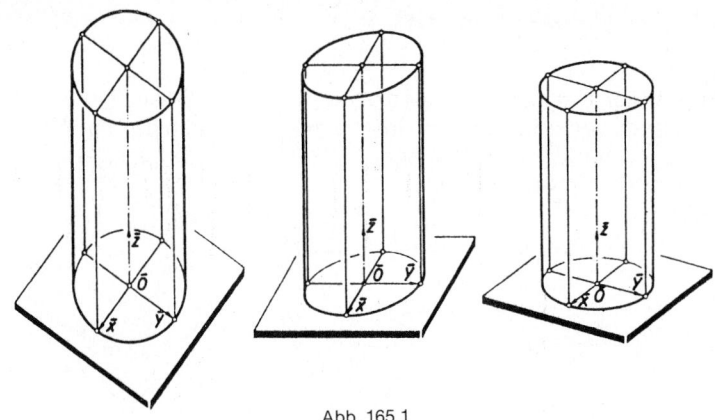

Abb. 165.1

Beispiel 59: Abb. 165.2 zeigt ein Reklamemotiv in Kavalierprojektion, normaler Axonometrie und Militärprojektion. Welches Bild ist am anschaulichsten? Man achte bei Reklameplakaten darauf, wie eine auffallende Groteskwirkung unter Zurücksetzung der Anschaulichkeit durch geschickt gewählte Achsenkreuze erzielt wird!

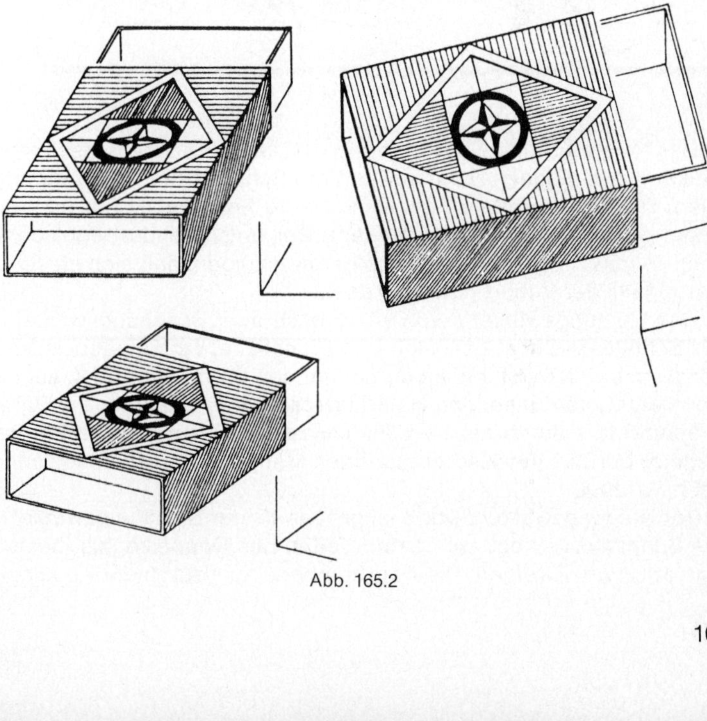

Abb. 165.2

Kegelschnitte

Ein gerader Kreiskegel (Doppelkegel) wird von einer Ebene ε, die nicht durch seine Spitze geht, in einem Kegelschnitt geschnitten. Je nach der Lage der Schnittebene ε unterscheiden wir drei Arten von Kegelschnitten (Abb. 166.1).

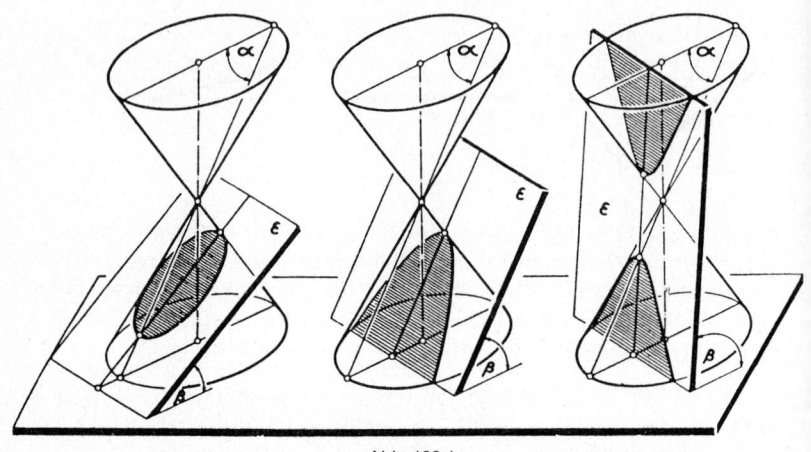

Abb. 166.1

a) Der Neigungswinkel β der Ebene ε ist kleiner als der Böschungswinkel α des Kegels. Dann verläuft die Schnittkurve ganz im Endlichen. Die zu ε parallele Ebene durch die Kegelspitze hat mit dem Kegel nur diese Spitze gemeinsam. Der entstehende Kegelschnitt heißt *Ellipse*. – Wir werden im folgenden zeigen, daß sich diese Erklärung mit der früheren (S. 102) deckt.

b) Der Neigungswinkel β von ε ist gleich dem Böschungswinkel α. Die Schnittkurve erstreckt sich ins Unendliche, verläuft aber entweder ganz auf der sich nach oben öffnenden Hälfte oder ganz auf der sich nach unten öffnenden Hälfte unseres Doppelkegels. Die Parallelebene zu ε durch die Kegelspitze ist eine Tangentialebene des Kegels, berührt ihn also längs einer Mantellinie. Der Kegelschnitt heißt *Parabel*.

c) Der Neigungswinkel β von ε ist größer als der Böschungswinkel α. Die Schnittkurve liegt auf beiden Teilen des Doppelkegels, besteht also aus zwei Zweigen. Die Parallelebene zu ε durch die Kegelspit-

ze schneidet aus dem Kegel zwei Mantellinien aus. Der Kegelschnitt heißt *Hyperbel*.
Daraus folgt die einprägsame Klasseneinteilung:

Ein Kegelschnitt ist eine Ellipse, Parabel oder Hyperbel, je nachdem die zur Schnittebene parallele Ebene durch die Kegelspitze mit dem Kegel keine, nur eine oder zwei Mantellinien gemeinsam hat.

Diese Aussage demonstriert Abb. 167.1: Der Lichtschein eines Lichtkegels auf eine ebene Wand wird von einem Kegelschnitt begrenzt. Dieser ist ein Kreis, wenn die lichtauffangende Ebene senkrecht zur Kegelachse ist, bei Lage I eine Ellipse, bei II eine Parabel, bei III ein Hyperbelast.

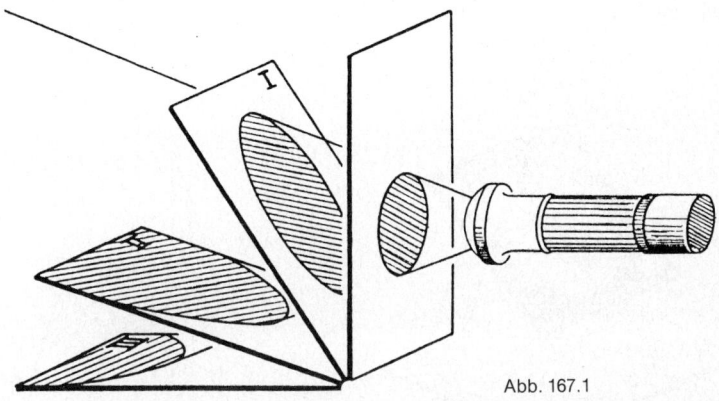

Abb. 167.1

Wir haben uns hier auf ebene Schnitte eines *geraden Kreiskegels* beschränkt, damit wir im folgenden die kennzeichnenden Eigenschaften der drei Kegelschnittypen leichter ableiten können. Man kann aber zeigen, daß auch die ebenen Schnitte eines allgemeinen Kegels zweiter Ordnung (vgl. S. 191) nur wieder auf Ellipse, Parabel und Hyperbel führen.
Bei Parallelprojektion wird ein Kegelschnitt eines bestimmten Typs in einen Kegelschnitt *desselben* Typs übergeführt. Z. B. wird aus einer Ellipse bei Parallelprojektion wieder eine Ellipse (Abb. 106.3). – Eine Unterscheidung von Kreis und Ellipse nach diesem Gesichtspunkt hätte keinen Sinn, da aus einem Kreis bei Parallelprojektion im allgemeinen kein Kreis, sondern eine Ellipse entsteht. Umge-

kehrt läßt sich auch eine Ellipse durch eine Parallelprojektion in einen Kreis überführen (vgl. Abb. 106.2 und 134.2).

Eigenschaften der Kegelschnitte

Ellipse

Wir hatten auf S. 114 gesehen, daß die Summe der Entfernungen irgendeines Ellipsenpunkts von zwei festen Punkten F_1, F_2 (Brennpunkte) die Konstante $2a$ ergibt. Man zeigt sofort, daß auch umgekehrt ein Punkt, für den die Abstandssumme von den festen Punkten F_1 und F_2 den Wert $2a$ hat, notwendig auf der eben betrachteten Ellipse liegt: Das Konstantsein dieser Abstandssumme charakterisiert also die Ellipsen.

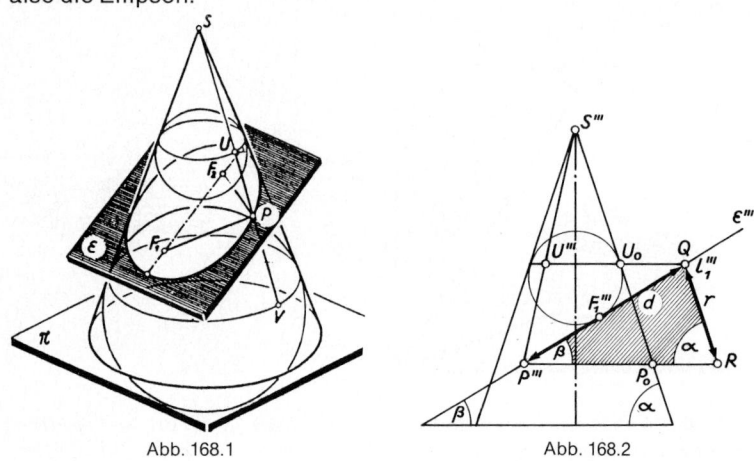

Abb. 168.1   Abb. 168.2

Wir zeigen, daß die Schnittkurve im Falle a) diese charakteristische Eigenschaft besitzt (Abb. 168.1): Ähnlich wie auf S. 113 beschreiben wir dem Kegel die zwei DANDELINschen Kugeln ein, die den Kegel längs Höhenkreisen, die Schnittebene ε in den Punkten F_1, F_2 berühren. Ist P irgendein Punkt des Kegelschnitts, so ist wegen der Gleichheit aller von P ausgehenden Tangentenabschnitte an eine Kugel:

$$F_1 P + F_2 P = PU + PV = UV.$$

Da UV für alle P konstant ist, durchläuft P eine Ellipse. F_1 und F_2 sind ihre Brennpunkte.

Um eine weitere charakteristische Eigenschaft der Ellipse abzuleiten, betrachten wir einen Seitenriß (Abb. 168.2), in dem die Schnittebene ε als Gerade ε''' erscheint. Die Schnittgerade l_1 von ε mit der Ebene durch den Berührkreis der DANDELINschen Kugel heißt *Leitlinie* (zu F_1 gehörig) der Ellipse. l_1 erscheint im Seitenriß als Punkt $Q = l_1'''$. Der Abstand d irgendeines Ellipsenpunkts P von der Leitlinie l_1 erscheint im Seitenriß als die Strecke QP''' in wahrer Größe. Der Abstand r des Punkts P vom Brennpunkt F_1 ist gleich der Strecke PU und erscheint nach Drehung um die Kegelachse als Strecke $P_0 U_0$ auf dem Kegelumriß in wahrer Größe. Verschieben wir die Strecke $P_0 U_0$ horizontal, bis U_0 nach Q fällt, so entsteht ein Dreieck RQP''', in dem gilt

$$QP''' = d, \quad RQ = r,$$

$\sphericalangle\, QP'''R = \beta =$ Neigungswinkel der Schnittebene ε
  gegen die Grundebene,
$\sphericalangle\, QRP''' = \alpha =$ Böschungswinkel des Kegels.

Nach dem Sinussatz folgt daher

(1) $$\frac{r}{d} = \frac{\sin \beta}{\sin \alpha}.$$

α und β sind allein durch den Kegel und die Schnittebene bestimmt. Da bei einem elliptischen Kegelschnitt $\beta < \alpha$ ist, gilt $\dfrac{\sin \beta}{\sin \alpha} < 1$.

Nach (1) hat also $\dfrac{r}{d}$ für alle Ellipsenpunkte einen festen Wert $\lambda < 1$.

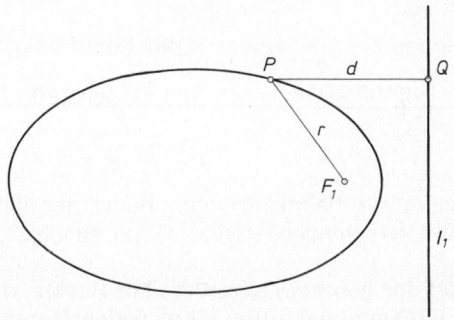

Abb. 169.1

Umgekehrt zeigt man sofort, daß ein Punkt, der nicht auf der Ellipse liegt, ein von λ verschiedenes Abstandsverhältnis hat, und zwar ist dieses Abstandsverhältnis für einen Innenpunkt kleiner als λ, für einen Außenpunkt größer als λ. Daraus folgt:

Die Ellipse ist der geometrische Ort aller Punkte, für die das Verhältnis ihrer Abstände von einem festen Punkt (Brennpunkt) und von einer festen Gerade (Leitlinie) eine Konstante $\lambda < 1$ ist (Abb. 169.1).

Parabel

Beim parabolischen Kegelschnitt können wir nur eine DANDELINsche Kugel einbauen (Abb. 171.1): Die Parabel hat nur *einen* Brennpunkt. Die horizontale Ebene durch den Berührkreis der DANDELINschen Kugel schneidet die Parallelebene ε in einer Gerade l, die man wieder Leitlinie nennt. Ist P ein beliebiger Punkt auf der Parabel, so liest man aus Abb. 171.1 ab:

$$PF = PT,$$

wobei PT die Strecke auf der Mantellinie durch P bis zum Berührkreis der Kugel ist. Fällen wir von P das Lot auf die Leitlinie l (Lotfußpunkt L), so haben die Punkte T und L gleiche Höhe und ferner die Geraden P, T und P, L die gleiche Neigung gegen die Grundebene, da die Gerade P, L einer Kegelmantellinie m parallel ist. Daraus folgt

$$PT = PL, \quad PF = PL.$$

Setzen wir wieder $\lambda = \dfrac{r}{d}$, wobei r die Entfernung des Parabelpunkts P vom Brennpunkt F und d den Abstand von P zur Leitlinie bedeuten, so gilt

$$\lambda = 1, \qquad \text{also } r = d.$$

Da dieses Abstandsverhältnis für jeden Punkt, der nicht auf der Parabel liegt, von 1 verschieden ist (Abb. 171.2), so folgt:

Die Parabel ist der geometrische Ort aller Punkte, die von einem festen Punkt F (Brennpunkt) und einer festen Gerade l (Leitlinie) dieselbe Entfernung haben.

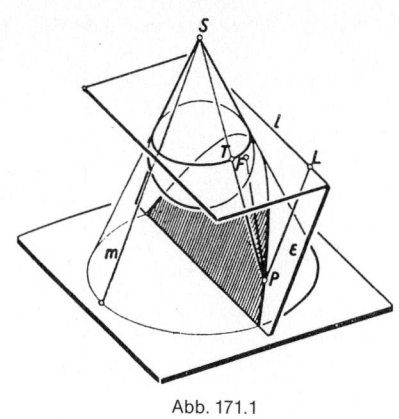

Abb. 171.1

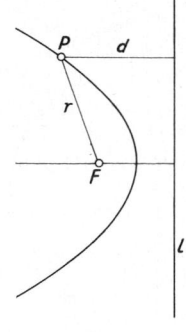

Abb. 171.2

Hyperbel

Beim hyperbolischen Kegelschnitt liegt die eine der DANDELINschen Kugeln in dem unteren Teil, die andere im oberen Teil des Doppelkegels (Abb. 172.1). Eine entsprechende Überlegung wie beim elliptischen Schnitt liefert

$$PF_2 - PF_1 = PU - PV = UV$$

Da UV für alle Hyperbelpunkte P eine konstante Strecke ist, folgt nach derselben Schlußweise wie oben:

Die Hyperbel ist der geometrische Ort aller Punkte, für die die Differenz ihrer Entfernungen von zwei festen Punkten F_1 und F_2 konstant ist.

Die Punkte F_1 und F_2 heißen Brennpunkte der Hyperbel. Die Verbindungslinie F_1, F_2 ist Symmetrielinie der Hyperbel und trifft die beiden Hyperbeläste in den Scheiteln S_1 und S_2 (Abb. 173.3). Die Strecken $F_1 F_2 = 2e$ und $S_1 S_2 = 2a$ haben den gemeinsamen Mittelpunkt M *(Mittelpunkt der Hyperbel)*. Die Gerade S_1, S_2 heißt *Hauptachse* und die in M auf S_1, S_2 senkrechte Gerade *Nebenachse* der Hyperbel.
Bei der Ableitung der Leitlinieneigenschaft der Hyperbel verfahren wir wie bei der Ellipse: Abb. 172.3. Ist P irgendein Hyperbelpunkt und $d = PF_1$ sowie r der Abstand von P zur Leitlinie l_1 (Schnitt von ε mit der Berührebene der zu F_1 gehörenden DANDELINschen Kugel),

171

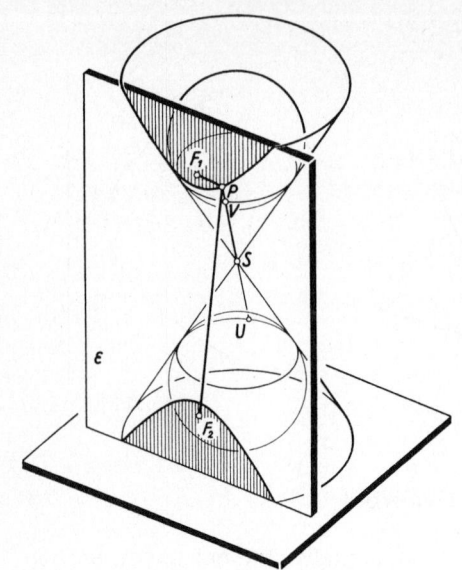

Abb. 172.1

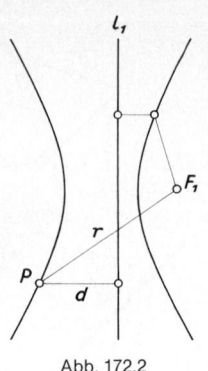

Abb. 172.2

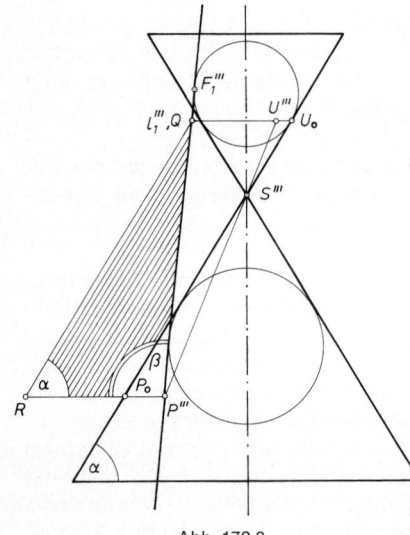

Abb. 172.3

so gilt in dem Dreieck RQP''' ($RQ \parallel P_0 U_0$)

$$\frac{r}{d} = \frac{\sin \beta}{\sin \alpha}.$$

Da α und β konstante Winkel sind, ist die Größe $\lambda = \dfrac{r}{d}$ konstant.

Nach S. 167 ist für einen Hyperbelschnitt der Neigungswinkel β von ε größer als der Böschungswinkel α. Daher gilt $\lambda > 1$ und es folgt:

Die Hyperbel ist der geometrische Ort aller Punkte, für die das Verhältnis der Abstände zu einem festen Punkt F_1 (Brennpunkt) und zu einer fe-

sten Gerade l_1 (zugehörige Leitlinie) eine Konstante $\lambda > 1$ ist (Abb. 172.2).

Fassen wir unsere bisherigen Ergebnisse zusammen:

Der geometrische Ort aller Punkte, für die das Verhältnis λ ihrer Abstände von einem festen Punkt F und einer festen Gerade l konstant ist, ist ein Kegelschnitt, und zwar eine Ellipse, Parabel, Hyperbel, je nachdem, ob $\lambda < 1$ oder $\lambda = 1$ oder $\lambda > 1$ gilt (Abb. 173.1).

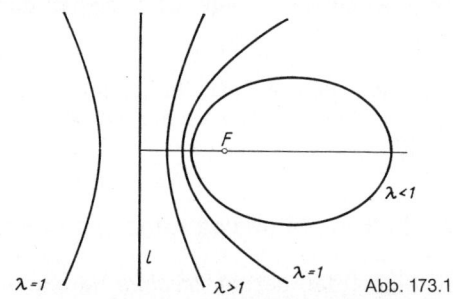

Abb. 173.1

Asymptoten der Hyperbel

Die Tangente an die Hyperbel in einem ihrer Punkte P ist die Schnittgerade der Hyperbelebene mit der Tangentialebene an den Kegel längs der Mantellinie durch P. Läßt man P auf seinem Hyperbelast bis ins Unendliche wandern, so ergeben sich in der Grenze als Tangenten in den beiden unendlich fernen Punkten die

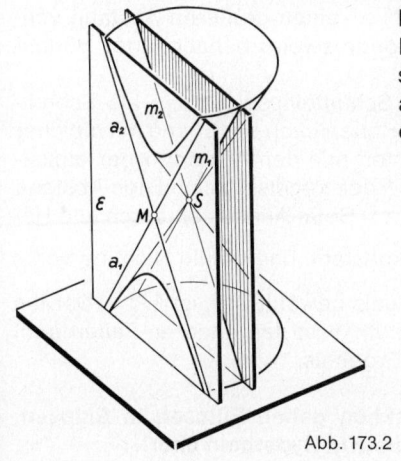

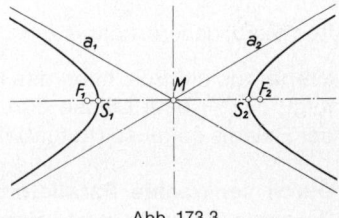

Abb. 173.2   Abb. 173.3

173

Asymptoten a_1, a_2. Die Tangentialebenen in den beiden unendlich fernen Hyperbelpunkten berühren den Kegel längs denjenigen Mantellinien m_1 und m_2, die zur Hyperbelebene ε parallel sind. Diese (Grenz-)Tangentialebenen schneiden die Hyperbelebene ε in den Asymptoten a_1 und a_2 (Abb. 173.2).
Also gilt:

Die Asymptoten a_1, a_2 einer Hyperbel sind parallel zu denjenigen Mantellinien m_1, m_2, die von der zur Hyperbelebene ε parallelen Ebene durch die Kegelspitze aus dem Kegel ausgeschnitten werden.

Die Schnittgerade der beiden Grenztangentialebenen geht durch den Mittelpunkt M der Hyperbel; die Asymptoten a_1 und a_2 schneiden sich in M (Abb. 173.2).

Parallelprojektion von Kegelschnitten

Wir wollen nun zeigen, daß bei *senkrechter* Parallelprojektion der Typ eines Kegelschnitts nicht verändert wird. Den Beweis führen wir explizit bei einer Ellipse aus.
Abb. 175.1 zeigt einen Kegel (Spitze F in der Grundebene) und eine Schnittebene ε (Höhenlinie *0, 1, 2, 3, . . .*), deren Neigungswinkel kleiner als der Böschungswinkel ist. Diese Bedingung drückt sich in der Eintafelprojektion (Abb. 175.2) dadurch aus, daß zwei benachbarte Höhenlinienprojektionen *0', 1', 2', . . .* einen größeren Abstand voneinander haben als die Projektionen zweier benachbarter Höhenkreise des Kegels.
Punkte P' des Grundrisses der Schnittellipse werden als Schnittpunkte der Höhenkreise und der Höhenlinien der Ebene mit gleicher Nummer gewonnen. Wir betrachten nun den Abstand r der einzelnen Punkte P' von dem Grundriß F der Kegelspitze und den Abstand d von der Spur I der Schnittebene ε. Beim Aufsteigen durch alle Höhen bleibt das Verhältnis $\lambda = \dfrac{r}{d}$ konstant, und da die Neigung von ε kleiner als die Böschung des Kegels gewählt war, ist $\lambda < 1$. Daraus folgt, daß P' eine Ellipse durchläuft. − In den anderen Fällen geht der Beweis genauso (Aufgabe!). Ergebnis:

Durch senkrechte Parallelprojektion gehen Ellipsen in Ellipsen, Parabeln in Parabeln und Hyperbeln in Hyperbeln über.

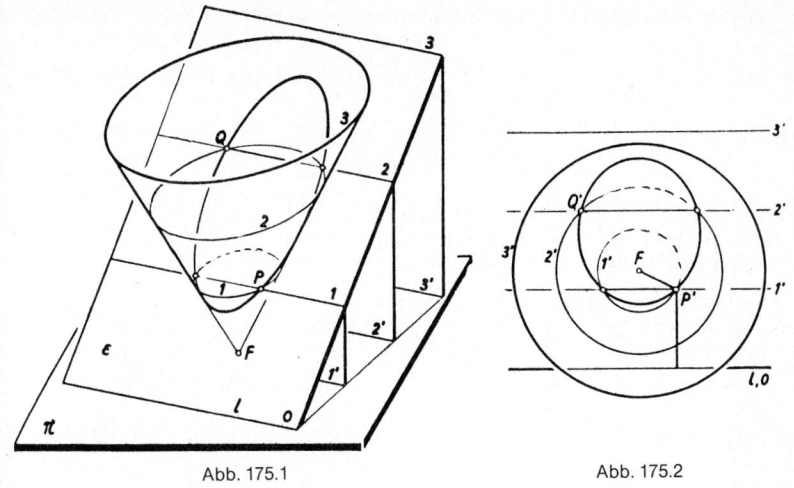

| Abb. 175.1 | Abb. 175.2 |

Dieses Ergebnis ist auch bei schiefer Parallelprojektion richtig; dagegen nicht mehr bei Zentralprojektion (vgl. S. 275).
Da F der Brennpunkt des im Grundriß entstehenden Kegelschnitts ist, folgt weiter:

Bei senkrechter Parallelprojektion eines auf der Bildebene stehenden geraden Kreiskegels ist das Bild der Kegelspitze stets ein Brennpunkt der Bildkurve eines ebenen Schnitts (Abb. 175.2).

Zeichnen der Kegelschnitte

a) Elliptischer Schnitt (Abb. 176.1)

Bei zweckmäßiger Wahl der Schnittebene (Spuren s_1, s_2) erscheint die Ellipse im Aufriß als Strecke $A''B''$. Die Länge $M'C' = M''\bar{C}$ der halben Nebenachse wird durch Umlegen des Höhenkreises durch den Ellipsenmittelpunkt M gewonnen. Die Schnittellipse kann punktweise mit den zugehörigen Tangenten durch Umprojizieren (vgl. S. 77) in wahrer Größe gefunden werden. Zweckmäßiger ist es, beim Zeichnen der Ellipse die Hauptachsen und die Scheitelkrümmungskreise zu verwenden (vgl. S. 117).

175

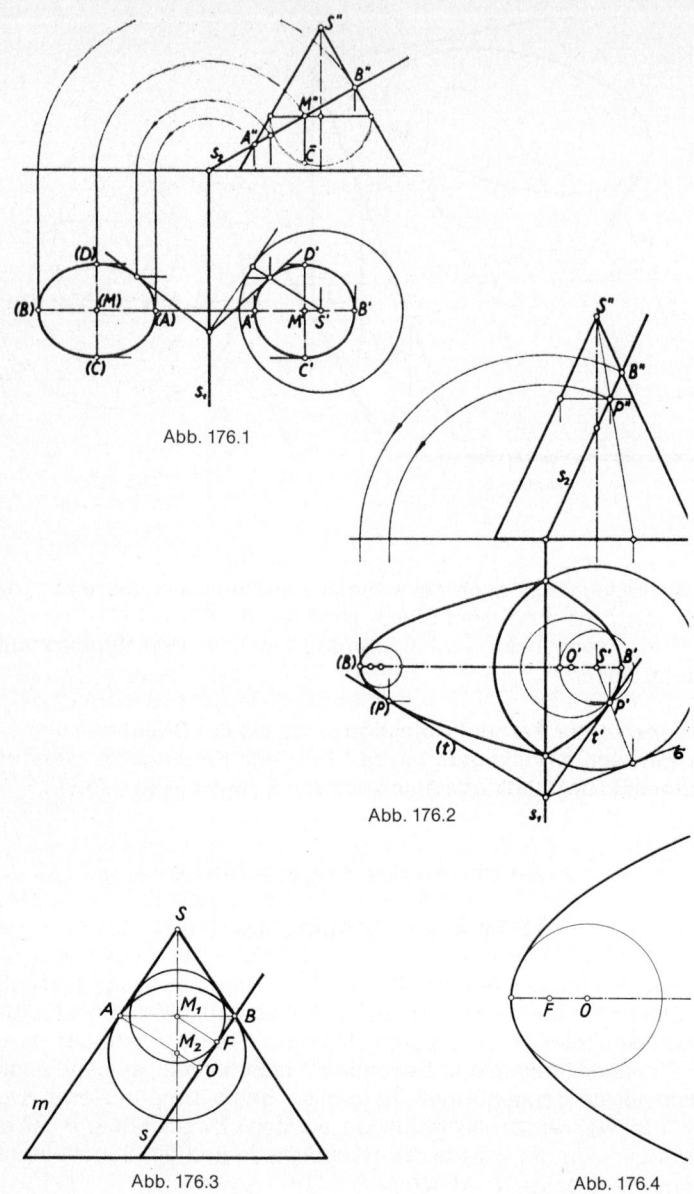

Abb. 176.1

Abb. 176.2

Abb. 176.3

Abb. 176.4

Der Grundriß S' der Kegelspitze ist ein Brennpunkt der Grundriß-
ellipse (Zeichenkontrolle!).

b) Parabolischer Schnitt (Abb. 176.2)

Irgendein Punkt P' der Grundrißparabel wird mit Hilfe des durch P
gehenden Höhenkreises auf dem Kegel gefunden. Die Tangente t in
P ist die Schnittgerade der Parabelebene (Grundrißspur s_1) und der
Tangentialebene in P (Grundrißspur σ). Zur schnellen und genauen
Zeichnung benutzt man neben einigen Punkten und Tangenten der
Parabel ihren *Krümmungskreis im Scheitel*.
Abb. 176.3 zeigt noch einmal im Achsenschnitt die Parabelebene ε
(Spur s) und zwei der in den Kegel eingepaßten Berührungskugeln:
die DANDELINsche Kugel, die ε im Brennpunkt F berührt, und die den
Kegel längs des Höhenkreises AB berührende Kugel, die aus der
Parabelebene den Krümmungskreis ausschneidet (vgl. die entspre-
chenden Überlegungen für die Ellipse auf S. 116). Der Mittelpunkt M_1
der ersten Kugel liegt auf AB, der Mittelpunkt M_2 der zweiten auf
dem Lot von A auf s (elementargeometrische Begründung!). Aus der
Ähnlichkeit der beiden rechtwinkligen Dreiecke $M_1 FB$ und AOB
folgt dann

$$OB : FB = AB : M_1B = 2 : 1.$$

OB ist der Krümmungskreisradius, FB die Brennpunktsentfernung
vom Scheitel B der Parabel. Es gilt daher:

**Der Mittelpunkt des Scheitelkrümmungskreises einer Parabel ist
vom Scheitel doppelt so weit entfernt wie der Brennpunkt** (Abb.
176.4).

Da in Abb. 176.2 der Brennpunkt der Grundrißparabel das Spitzen-
bild S' ist (vgl. S. 175), kann man auf Grund dieses Satzes den Scheitelkrümmungskreis zeichnen (Mittelpunkt O'; es ist $O'B' = 2\,S'B'$).
Der Brennpunkt der Parabel in der Umlegung (und damit auch der
Scheitelkrümmungskreis) läßt sich aus dem Aufriß mit Hilfe der DAN-
DELINschen Kugel gewinnen (Abb. 176.2 und 176.3).
Die Parabel besitzt die optische Eigenschaft, daß die vom Brennpunkt ausgehenden Strahlen an ihr achsenparallel reflektiert werden (vgl. die entsprechende Ellipseneigenschaft S. 115). Aus diesem Grunde sind die Scheinwerfer Drehflächen mit einer Parabel
als Umrißkurve (Drehparaboloide). Ein *kugelförmiger* Hohlspiegel

besitzt die genannte optische Eigenschaft nur näherungsweise, und zwar um so genauer, je mehr der Spiegel „abgeblendet" ist (Abb. 176.4).

c) Hyperbolischer Schnitt (Abb. 179.1)

Wir wählen die Hyperbelebene parallel zur Achse des Kegels. Diese Wahl bedeutet keine Einschränkung bei der Ableitung von Hyperbeleigenschaften, da, wie hier nur mitgeteilt werden soll, jede Hyperbel sich als Schnitt eines geraden Kreiskegels mit einer Parallelebene zur Achse darstellen läßt.

Die Hyperbelebene ε ist parallel zur Aufrißtafel; die Hyperbel erscheint also im Grundriß als Gerade, im Aufriß in wahrer Größe. Der Scheitel T ist tiefster Punkt des oberen Astes; er wird mit Hilfe des durch ihn laufenden Kegelhöhenkreises gewonnen. Die Asymptoten der Aufrißhyperbel sind die beiden Umrißmantellinien m_1, m_2 des Kegels. (Vgl. die Überlegungen auf S. 174).

Beliebig viele Punkte und Tangenten der Hyperbel ließen sich ebenso wie beim parabolischen Schnitt durch Höhenschnitte finden, doch ist ein anderes Verfahren hier zeichentechnisch bequemer: man benutzt *einbeschriebene Kugeln*. In Abb. 179.2 ist der Sachverhalt anschaulich skizziert. Die Ebene ε schneidet den Kegel in der Hyperbel, die einbeschriebene Kugel in einem Kreis, der die Hyperbel in zwei Punkten A und B berührt. In diesen beiden Punkten haben also Hyperbel und Kreis dieselben Tangenten.

In Abb. 179.1 ist diese Konstruktion durchgeführt. Die längs eines Höhenkreises $C''D''$ berührende Kugel (Mittelpunkt M, Radius $D''M''$, $D''M'' \perp m_2$) schneidet die Hyperbelebene in dem im Grundriß als Strecke $U'V'$ erscheinenden Kreis, der sich im Aufriß in wahrer Größe abbildet (Mittelpunkt M'', Radius $r = T'V'$). Die Schnittpunkte A'' und B'' dieses Kreises mit $C''D''$ sind Hyperbelpunkte, die Kreistangenten in ihnen sind zugleich Hyperbeltangenten.

Schieben wir unsere Berührungskugel höher, so wandern A'' und B'' zum Hyperbelscheitel und fallen schließlich in ihm zusammen. In diesem Grenzfall (Abb. 179.3) schneidet die Hyperbelebene aus der Kugel den *Krümmungskreis im Scheitel* aus (vgl. die entsprechenden Überlegungen für die Ellipse auf S. 116). Die Konstruktion ist in Abb. 179.1 im oberen Teil des Doppelkegels durchgeführt. Der Mittelpunkt O'' des Krümmungskreises ist somit der Schnittpunkt der Senkrechten in X'' auf der Grenzmantellinie m_2 mit der Hauptachse der Hyperbel.

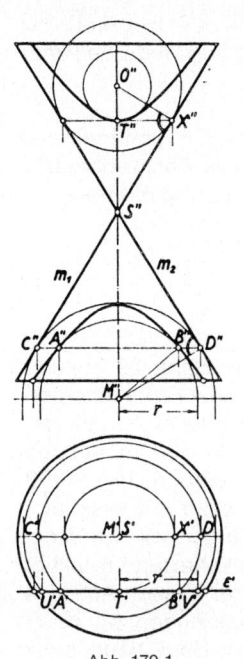

Abb. 179.1

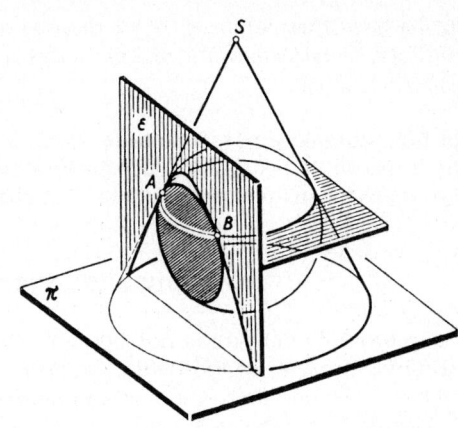

Abb. 179.2

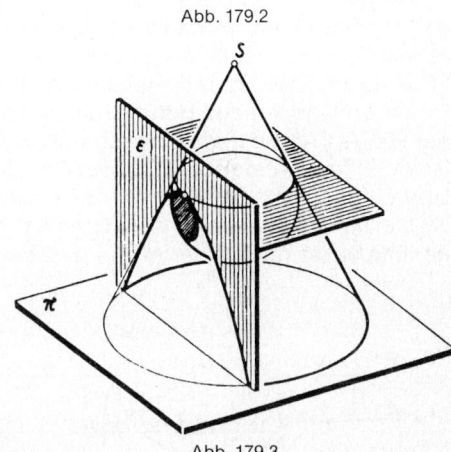

Abb. 179.3

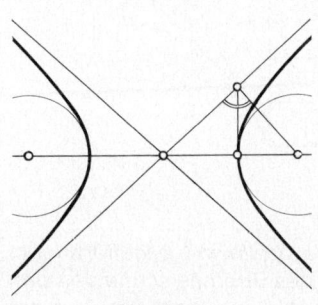

Abb. 179.4

Da die Grenzmantellinien m_1, m_2 die Asymptoten der Hyperbel sind, folgt die *Konstruktion der Krümmungskreise in den Hyperbelscheiteln* (Abb. 179.4):

Im Schnittpunkt einer Scheiteltangente mit einer Asymptote wird die Senkrechte auf der Asymptote errichtet; diese Senkrechte trifft die Hauptachse im Mittelpunkt des Scheitelkrümmungskreises.

Anwendungen

Beispiel 60: In dem eben abfallenden Gelände (Abb. 180.1) ist die *halbkreisförmige waagerechte Plattform* in der Höhe 25 abzuböschen. − Die von dem Kreisumfang abgeschütteten Erdmassen bilden einen geraden Kreiskegel mit dem Böschungswinkel α, für den der Plattformkreis Höhenkreis ist. Dieser Kegel, der im Achsenschnitt herausgezeichnet ist, wird von der Geländeebene in einer Ellipse geschnitten, die im Achsenschnitt als Strecke AC erscheint. Durch Umklappen des Höhenkreises durch M finden wir die Länge der kleinen Achse der Ellipse: $b = M(B)$. In der kotierten Projektion ist die Ellipse wieder eine Ellipse. Die Länge ihrer kleinen Achse ist $b(M'B' = M(B))$; die Länge ihrer großen Achse finden wir durch Wiederaufrichten des Achsenschnittes: $a = M'A'$. Da S' Brennpunkt der Ellipse ist, muß ferner $M'A' = S'B'$ sein (Kontrolle!).

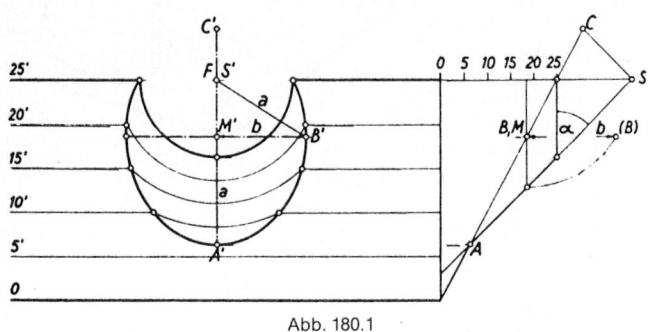

Abb. 180.1

Beispiel 61: *Sechskantige prismatische Säule mit kegelförmigem Kapitell* (Abb. 181.1). Die Seitenebenen des Prismas schneiden den Kegel in Hyperbelbögen, die mit Hilfe der Krümmungskreise wie auf

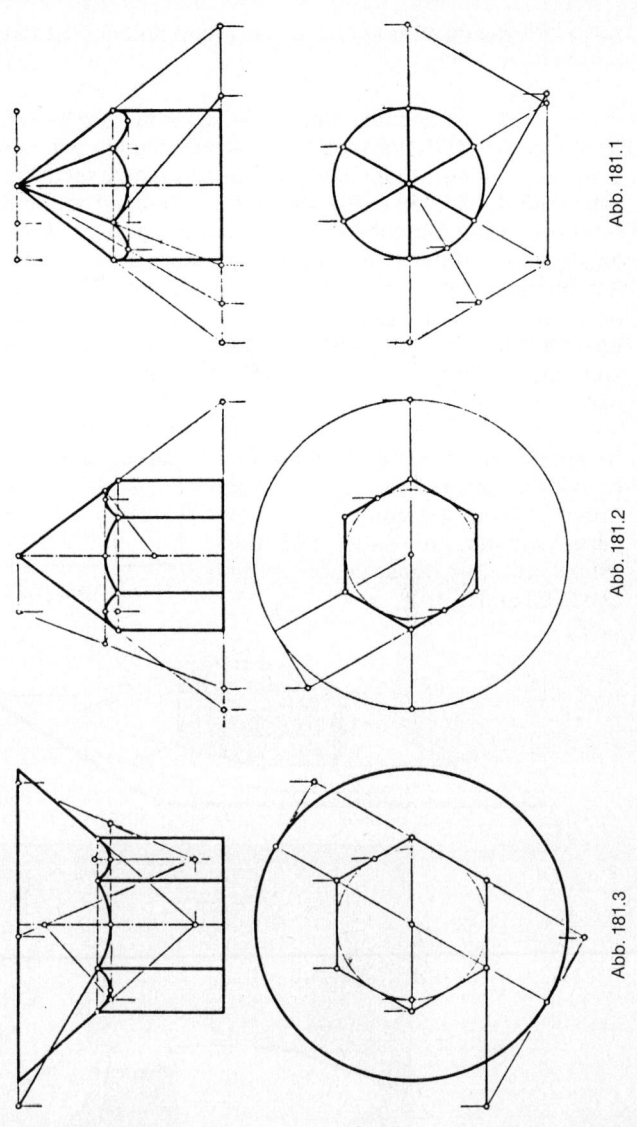

Abb. 181.1

Abb. 181.2

Abb. 181.3

Seite 179 gezeichnet sind. Zu der Asymptotenkonstruktion der Hyperbeln vgl. S. 174.

In Abb. 181.2 ist der fast gleiche Sachverhalt als kegelförmige *Abdrehung eines Sechskantprismas* dargestellt, wie sie etwa bei Schraubenmuttern oder beim Anspitzen eines sechskantigen Bleistifts auftritt. Die kleinen Hyperbelbögen sind mit sehr guter Annäherung durch die Scheitelkrümmmungskreise ersetzt. Abb. 181.3 zeigt dagegen einen mit dem Messer angespitzten runden Bleistift: die Schnittkurven sind Ellipsen (ebene Schnitte eines Zylinders, vgl. die Konstruktion auf S. 116).
Welche Durchdringungskurve entsteht beim Anspitzen eines sechskantigen Bleistifts mit dem Messer (Durchdringung Prisma−Pyramide)?

Beispiel 62: Abb. 182.1 zeigt eine *Schraubenmutter* im Aufriß und Abb. 182.2 die Entstehung ihrer Hyperbelschnitte am Kegel (Kavalierprojektion). Zur Konstruktion vergleiche S. 93 und S. 174.

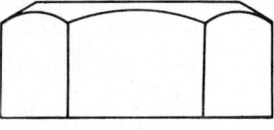

Abb. 182.1

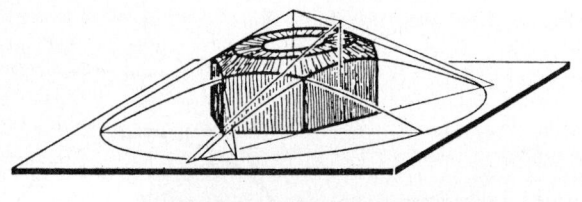

Abb. 182.2

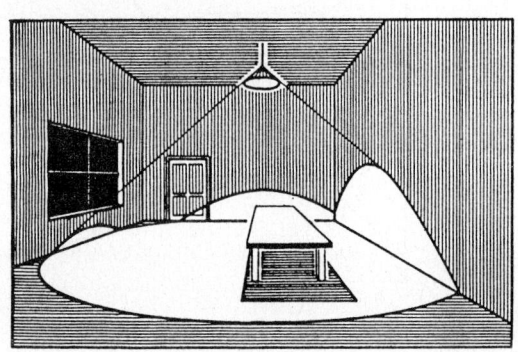

Abb. 182.3

182

Beispiel 63: Im Zimmer wirft eine Lampe mit kegelförmigem Schirm an die Wände hyperbolisch begrenzte beleuchtete Flächen (Abb. 182.3).

Aufgabe: Der Parallelschatten einer Kugel ist eine Ellipse (Abb. 127). Welche Gestalt hat der Zentralschatten einer auf der Ebene liegenden Kugel, der bei künstlicher Beleuchtung entsteht (Abb. 290.1)? – Der Zentralschatten ist stets ein Kegelschnitt, und zwar eine Ellipse, Parabel, Hyperbel, je nachdem ob die Lichtquelle weiter, gleich weit, weniger weit von der Ebene entfernt ist als der Durchmesser der Kugel beträgt (Skizze!). Der Berührungspunkt der Kugel ist ein Brennpunkt des Schattenkegelschnitts (S. 168, 170 und 171).

Besondere Kurven und Flächen

In diesem Abschnitt werden solche Kurven und Flächen behandelt, die sich durch einfache Bewegungsvorgänge erzeugen lassen. Neben den Verschiebungen längs einer Gerade (Translationen) sind dies die Drehungen und die Schraubungen. Die Schraubungen lassen sich aus Translation und Drehung zusammensetzen (Korkenzieher!). Da sich solche Bewegungen technisch einfach realisieren lassen (Fräsmaschine, Drehbank), sind die so erzeugten Flächen und Kurven leicht herzustellen. – An Hand dieser speziellen Kurven und Flächen werden wir auch allgemein interessierende geometrische Fragen besprechen.

Schraublinie

Rotiert ein Punkt um eine feste Achse und wird er zugleich in Richtung dieser Achse um eine Strecke verschoben, die zu dem Drehwinkel proportional ist, so beschreibt er eine Schraublinie.

Nach diesem Erzeugungsgesetz konstruieren wir uns den Grund- und Aufriß einer Schraublinie (Abb. 184.1). Die Drehachse a möge auf der Grundrißebene senkrecht stehen; die Entfernung des Punkts P von a sei r. Die Punkte der Schraublinie liegen somit auf einem geraden Kreiszylinder, dessen Achse a und dessen Grundkreisra-

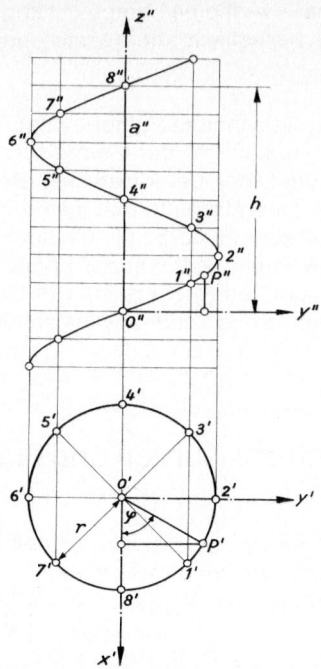

Abb. 184.1

dius r ist. Folglich ist der Grundriß der Schraublinie der Kreis um a' mit dem Radius r. Bevor wir den Aufriß zeichnen, berechnen wir, wie die Koordinaten eines Schraublinienpunkts vom Drehwinkel abhängen.

Wir legen den Ausgangspunkt der Schraublinie auf die x-Achse und messen den Drehwinkel φ (im Bogenmaß) von der x-Achse aus im positiven Sinn. Dann gilt für den zum Drehwinkel φ gehörigen Punkt $P(x, y, z)$ der Schraublinie

(1) $\qquad x = r \cdot \cos \varphi, \quad y = r \cdot \sin \varphi.$

Die bei dem Drehwinkel φ erreichte Höhe z des Punkts P ist nach dem Erzeugungsgesetz der Schraublinie zu φ proportional, d. h. es gilt

(2) $\qquad z = p \cdot \varphi.$

184

Der konstante Proportionalitätsfaktor p heißt *Schraubparameter*. In unserem Koordinatensystem ist nach (1) und (2) ein Schraublinienpunkt $P(x, y, z)$ also durch

(3) $$P(r \cdot \cos\varphi, \; r \cdot \sin\varphi, \; p \cdot \varphi)$$

gegeben. Man nennt (3) eine *Parameterdarstellung* (Parameter φ) der Schraublinie. Zu gegebenem Drehwinkel φ gehört genau ein Punkt P der Schraublinie.
Nach einem vollen Umlauf ($\varphi = 2\pi$) hat der zugehörige Schraublinienpunkt die Höhe

(4) $$h = p \cdot 2\pi$$

erreicht. h heißt *Ganghöhe* der Schraublinie.
Um nun den Aufriß der Schraublinie zu zeichnen, teilen wir den Grundkreis in k gleiche Teile (meistens $k = 8$ oder 12) ein. Die Teilungspunkte $1'$, $2'$, ..., k' fassen wir als Grundrisse von Schraublinienpunkten 1, 2, ..., k auf. Die Höhendifferenz Δz zweier aufeinanderfolgender Punkte ist nach (3) und (4)

(5) $$\Delta z = p \cdot \frac{2\pi}{k} = \frac{h}{k}.$$

Teilen wir also die Ganghöhe h in k gleiche Höhenniveaus ein und loten die Grundrisse auf die entsprechenden Niveaus hinauf, so erhalten wir Punkte der Aufrißkurve und können den Aufriß näherungsweise zeichnen (Abb. 184.1).
Um den Aufriß Q'' von Q mit beliebig vorgegebenem Drehwinkel φ zu bestimmen, hat man nach (3) die Höhe $z = p \cdot \varphi$ zu berechnen; Q'' liegt dann in dieser Höhe über der xy-Ebene und hat von der z''-Achse den Abstand $y = r \cdot \sin\varphi$.
Zu jedem Drehwinkel φ ergibt sich so ein Punkt der Aufrißkurve mit den Koordinaten

$$y = r \cdot \sin\varphi, \quad z = p \cdot \varphi.$$

Eliminieren wir aus dieser Parameterdarstellung den Parameter φ, so erhalten wir die Gleichung unserer Aufrißkurve in der Form

(6) $$y = r \cdot \sin \frac{z}{p}.$$

Der Aufriß einer Schraublinie ist eine Sinuslinie. Die Periode der Sinuslinie ist die Ganghöhe.

Abwicklung der Schraublinie

Wir wickeln den Mantel des Zylinders, auf dem die Schraublinie liegt, in die Ebene ab. In dieser Ebene sei ein $\xi\eta$-Koordinatensystem folgendermaßen festgelegt (Abb. 186.1): Die ξ-Koordinate bedeute die zum Drehwinkel φ gehörige Bogenlänge des Grundkreises; η sei die Höhe über der Grundkreisebene. Ist $P_0(\xi, \eta)$ irgendein Punkt dieser Kurve, so gilt demnach

$$\xi = r \cdot \varphi, \qquad \eta = z = p \cdot \varphi.$$

Daraus folgt

$$\eta = \frac{p}{r} \cdot \xi$$

Die Abwicklung der Schraublinie ist eine Gerade mit der Neigung
$$\tan \alpha = \frac{p}{r}.$$

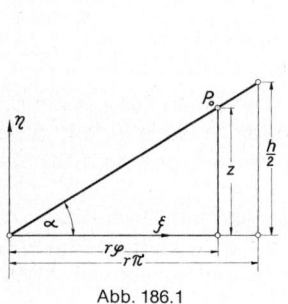

Abb. 186.1

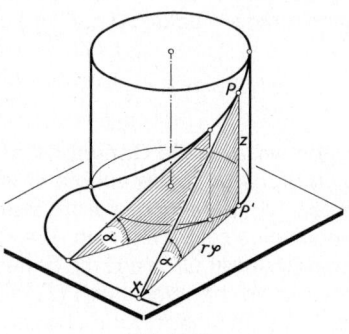

Abb. 186.2

Tangenten an eine Schraublinie

Die Neigung $\tan \alpha$ besitzen auch alle Tangenten der Schraublinie selbst, denn beim Wiederaufwickeln der Abwicklung (Abb. 186.1) auf den Zylinder ergeben sich für jeden Punkt P rechtwinklige Dreiecke $PP'X$ (Abb. 186.2), in denen P, X die Tangente in P und $PP' = z$ und $P'X = r \cdot \varphi$ ist[1]. Also gilt:

---

[1] Die von X beschriebene Kurve ist eine Kreisevolvente.

Sämtliche Tangenten einer Schraublinie haben gegen die Grundebene den gleichen Neigungswinkel α mit $\tan \alpha = \dfrac{p}{r}$. Eine Schraublinie ist also eine Böschungslinie.

Werden alle diese Tangenten parallel zu sich selbst so verschoben, daß sie durch einen festen Punkt S gehen, so bilden sie demnach die Mantellinien eines geraden Kreiskegels mit der Spitze S und dem Böschungswinkel α gegen die Grundebene. Die Spitze S wählen wir auf der Zylinderachse so, daß der Grundkreis des Kegels mit dem Grundkreis des Zylinders zusammenfällt (Abb. 187.1). Die Höhe SS' dieses Kegels ist

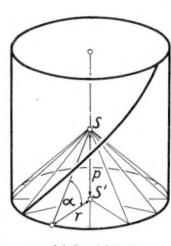

Abb. 187.1

$$SS' = r \cdot \tan \alpha = p.$$

$\left(\text{Wegen (4) ist } p = \dfrac{h}{2\pi} \approx \dfrac{h}{6}, \text{ also } SS' \approx \dfrac{h}{6}.\right)$ Der so in den Zylinder eingebaute Kegel heißt *Richtkegel* der Schraublinie.

Die Spitze S des Richtkegels hat von der Grundebene den Abstand p (Schraubparameter); seine Mantellinien sind zu den Tangenten der Schraublinie parallel.

Mit Hilfe des Richtkegels können wir jetzt leicht die Tangente an die Schraublinie in einem Punkt P bestimmen (Abb. 188.1). Der Grundriß t' der Tangente t ist Tangente an den Grundkreis, steht also senkrecht auf dem Kreisradius $S'P'$. Die parallel verschobene Tangente $\tilde{t}$ durch S erscheint im Grundriß als die zu t' parallele Gerade S', $\tilde{P}'$, wobei $\tilde{P}'$ aus P' durch eine 90°-Drehung zum S' im Uhrzeigersinn entsteht. Da $\tilde{t}$ eine Mantellinie des Richtkegels ist, liegt $\tilde{P}$ auf dem Grundkreis des Richtkegels. Damit ist $\tilde{P}''$ bekannt und $\tilde{t}''$ die Verbindungsgerade von S'' mit $\tilde{P}''$. t'' ist die Parallele zu $\tilde{t}''$ durch P'' (Abb. 188.2).

Ein anschauliches Bild einer Schraublinie wird bei einem Entwurf in senkrechter Axonometrie erzielt (Abb. 188.3). Grundkreis und Deckkreis der Zylinder erscheinen jeweils als kongruente Ellipsen, die je nach der Neigung der Zylinderachse gegen die Bildebene schmaler oder voller sind. Eine regelmäßige Teilung des Grundkreises erhält man auf diesen Ellipsen durch Umklappen des Grundkreises in die

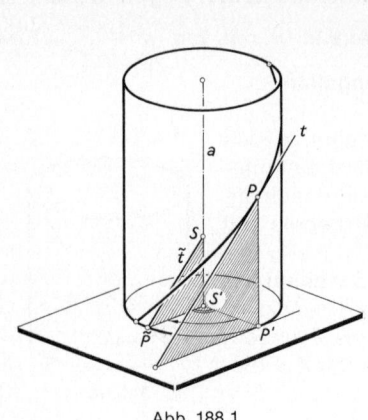

Abb. 188.1

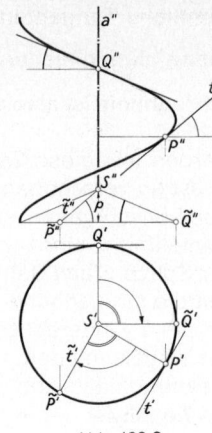

Abb. 188.2

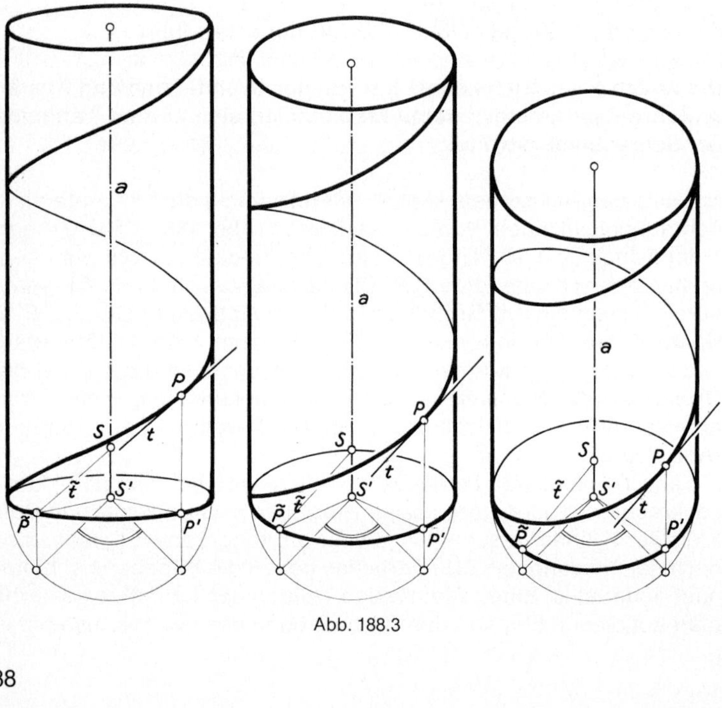

Abb. 188.3

Bildebene (vgl. S. 110). In die gleiche Anzahl von Teilen wird auch die (scheinbare) Ganghöhe $w\,h$ (w = Verkürzungsverhältnis auf der senkrechten Achse) geteilt. Punkte der Schraublinie erhält man dann, indem man auf den Zylindermantellinien durch die Teilungspunkte die entsprechenden Höhen abträgt. − Die Tangenten an das Schraublinienbild sind wieder parallel zu den entsprechenden Mantellinien des Richtkegelbildes. Seine Spitze S hat von S' den Abstand $w \cdot p$.

Liegt S außerhalb des elliptischen Grundkreisbildes, so gibt es zwei Tangenten flachster Neigung: Das Schraublinienbild hat *Wellenform* (Abb. 188.3 links). Liegt S innerhalb des Grundkreisbildes, so gibt es Tangenten aller Neigungen: Das Schraublinienbild hat *Schleifenform* (Abb. 188.3 rechts). Liegt schließlich S auf der Grundellipse, so entsteht als Zwischenlage die *Spitzenform* (Abb. 188.3 Mitte).

Die Schraubbewegung entsteht durch Zusammensetzung der beiden Grundbewegungen: Verschiebung und Drehung (Translation und Rotation). Die Schraublinie hat wie die beiden zu diesen Teilbewegungen gehörigen Kurven, nämlich Gerade und Kreis, die Eigenschaft, in sich verschiebbar zu sein. Gerade und Kreis sind Grenzfälle der Schraublinie: Die Gerade entsteht für $p = \infty$ (Mantellinie auf dem Zylinder), der Kreis für $p = 0$ (Breitenkreis auf dem Zylinder).

Es gibt zwei Arten von Schraublinien, die *rechts*- bzw. *linksgewundenen* (vgl. Rechts- und Linksgewinde bei Schrauben). Die Ranken des Weins sind immer rechtsgewunden, die des Hopfens linksgewunden. − Wir beschränken uns auf rechtsgewundene Schraublinien; die linksgewundenen lassen sich entsprechend behandeln.

Aufgabe: Was für Kurven bilden die Begrenzungen eines auf eine zylinderförmige Flasche schief aufgeklebten, rechteckigen Etiketts (Abb. 189.1)?

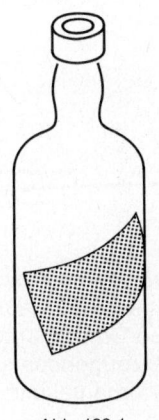

Weitere Beispiele von Raumkurven werden uns später als Durchdringungskurven von Flächen und als Eigenschattengrenzen begegnen.

Abb. 189.1

189

Kegel, Zylinder

Verbindet man die Punkte einer (beliebigen) Raumkurve *l* mit einem festen Punkt *S*, so entsteht ein (allgemeiner) Kegel.

l heißt *Leitkurve, S Spitze* des Kegels. Die Verbindungsgeraden nennt man *Erzeugende* (Mantellinien) des Kegels.

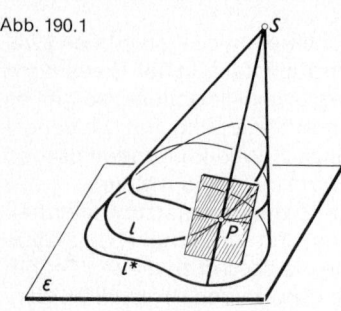

Abb. 190.1

Schneiden wir den Kegel mit einer nicht durch die Spitze gehenden Ebene ε, so entsteht eine ebene Kurve *l**, die man ebenfalls als Leitkurve verwenden kann (Abb. 190.1). Alle zu ε parallelen Ebenen schneiden zu *l** zentrisch ähnliche Kurven aus dem Kegel aus. Längs einer festen Erzeugenden sind also die Tangenten an diese zentrisch ähnlichen Schnittkurven zueinander parallel. Da die Tangentialebene an den Kegel in einem Punkt *P* von der Erzeugenden durch *P* und der Tangente an eine solche Schnittkurve aufgespannt wird, folgt: *Die Tangentialebene des Kegels längs einer Erzeugenden ist fest* (Abb. 190.2).

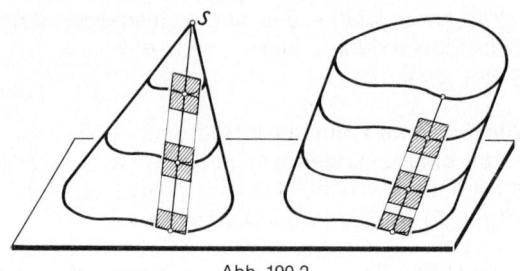

Abb. 190.2

Das axonometrische Bild eines Kegels wird durch seine Umrißmantellinien nach außen begrenzt. Als äußerste Erzeugende müssen diese Umrißmantellinien das Bild der Leitkurve berühren; die Umrißerzeugenden sind also Tangenten an die Leitkurve. Längs einer Umrißmantellinie ist die Tangentialebene an den Kegel projizierend.

Ein *gerader Kreiskegel* (Böschungskegel) entsteht, wenn wir als Leitkurve einen Kreis und die Kegelspitze auf der Kreisachse wählen. Beim *schiefen Kreiskegel* liegt die Kegelspitze nicht auf der Kreisachse. Ist die Leitkurve ein Kegelschnitt, so erhalten wir einen *Kegel zweiter Ordnung.* Allgemeine Kegel treten auf, wenn ein Körper von einer punktförmigen Lichtquelle *S* beleuchtet wird. Die von *S* ausgehenden Lichtstrahlen, die den Körper berühren, bilden einen Kegel *(Lichtkegel).* Die Berührung erfolgt längs der sogenannten *Eigenschattengrenze* des Körpers. Diese Eigenschattengrenze ist Leitkurve des Lichtkegels (Abb. 191.1); sie kann eine ebene oder gewundene Kurve sein.

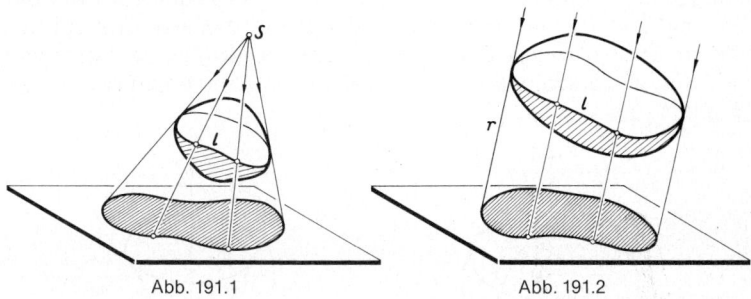

Abb. 191.1   Abb. 191.2

Lassen wir die Spitze eines Kegels in einer bestimmten Richtung *r* ins Unendliche wandern, so werden die Kegelerzeugenden zueinander parallel und wir erhalten einen *Zylinder.*

Legt man durch die Punkte einer beliebigen Raumkurve *l* parallele Geraden der Richtung *r*, so entsteht ein allgemeiner Zylinder.

Wie beim Kegel gilt: *Die Tangentialebene des Zylinders längs einer Erzeugenden ist fest* (Abb. 190.2).
Zylinder kommen bei Schattenaufgaben vor. Die zur Richtung *r* parallel einfallenden Lichtstrahlen berühren einen beleuchteten Körper längs der Eigenschattengrenze *l*, die als Leitkurve des entstehenden *Lichtzylinders* aufgefaßt werden kann (vgl. S. 100) (Abb. 191.2).

Drehflächen

Rotiert eine ebene oder gewundene Kurve um eine Achse, so überstreicht die Kurve eine Drehfläche (Rotationsfläche).

Einfache Beispiele von Drehflächen sind die Kugel und der gerade Kreiskegel (Drehkegel):
Lassen wir einen Kreis *m* um einen seiner Durchmesser *N, S* rotieren, so entsteht eine Kugel. Deuten wir sie als Erdkugel, so ist *N* der Nordpol, *S* der Südpol und die Drehachse *N, S* die Erdachse (Abb. 192.1). Die verschiedenen Lagen des Kreises *m* bei der Drehung heißen *Meridiane*, der Ausgangsmeridian ist der *Nullmeridian*. Jeder Punkt *P* eines Meridians bewegt sich bei der Drehung auf einem *Breitenkreis b*. Durch jeden Punkt der Kugel, der von Nord- und Südpol verschieden ist, geht genau ein Meridian und genau ein Breitenkreis.

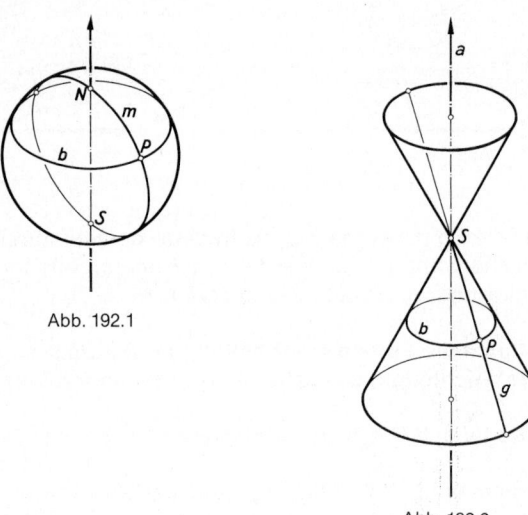

Abb. 192.1

Abb. 192.2

Eine Gerade *g*, die die Rotationsachse *a* in einem Punkt *S* schneidet, erzeugt bei der Drehung einen Drehkegel. *S* ist die Spitze des Kegels, die gedrehten Lagen von *g* seine Meridiane (Abb. 192.2). Jeder Punkt *P* von *g* erzeugt bei der Drehung einen Höhenkreis (Breitenkreis) des Kegels. Durch jeden Punkt *P* des Kegels (außer *S*) geht genau ein Meridian *g* und genau ein Breitenkreis *b*.

Eine allgemeine Drehfläche, die durch Drehung einer gewundenen Kurve *k* entsteht, läßt sich stets auch durch Drehung einer *ebenen* Kurve erzeugen. Man braucht nur die Drehfläche mit einer Ebene ε durch die Drehachse *a* zu schneiden und die (ebene) Schnittkurve um *a* rotieren zu lassen. In Abb. 193.1 ist diese Ebene ε speziell parallel zum Aufriß gewählt. Die entstehende Schnittkurve m_0 konstruieren wir punktweise, indem wir die einzelnen Punkte von *k* in die Ebene ε hineindrehen: *P* läuft bei der Drehung um *a* auf einem Breitenkreis, der im Grundriß als Kreis um *a'* mit dem Radius *a'P'* und im

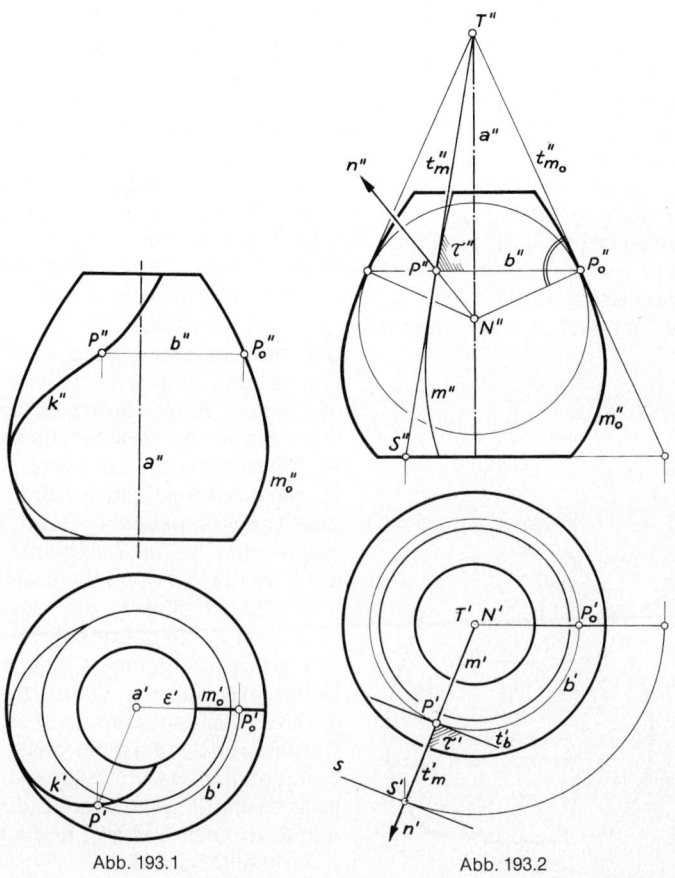

Abb. 193.1   Abb. 193.2

Aufriß als horizontale Strecke durch P'' erscheint. Dieser Breitenkreis trifft die Ebene ε in einem Punkt P_0 der gesuchten Kurve m_0, die im Aufriß in wahrer Gestalt erscheint und die Gestalt der Drehfläche erkennen läßt. m_0 heißt *Nullmeridian*, die bei der Drehung von m_0 entstehenden Kurven heißen *Meridiane*. Mit Hilfe eines Meridians kann man die Drehfläche etwa auf einer Drehbank herstellen.

Auf Grund dieser Konstruktion können wir von jetzt an eine Drehfläche stets durch ihre Achse a und ihren Nullmeridian m_0 in Grund- und Aufriß vorgeben (Abb. 193.2). Durch jeden Punkt P der Drehfläche geht ein Paar ausgezeichneter Kurven hindurch: der *Meridian* m und der *Breitenkreis* b. Sie schneiden einander unter rechtem Winkel. Die Tangenten in P an den Meridian m und an den Breitenkreis b spannen eine Ebene τ, die *Tangentialebene*, auf. τ heißt Tangentialebene, weil die Tangenten aller auf der Drehfläche verlaufenden Kurven durch P in τ liegen. Die Tangente t_b an b ist eine Höhenlinie von τ, die Tangente t_m an m eine Gerade, die von allen Geraden in τ stärkste Neigung gegen die Grundrißebene hat (t_m = Fallinie). Da m in einer Ebene durch die Rotationsachse a liegt, schneidet t_m diese Achse a in einem Punkt T. Wird P auf seinem Breitenkreis b gedreht, so beschreibt seine Meridiantangente t_m einen Drehkegel, dessen Spitze der Punkt T ist (Abb. 194.1); dieser Kegel berührt die Drehfläche längs b. Man nennt ihn den *Tangentenkegel*.

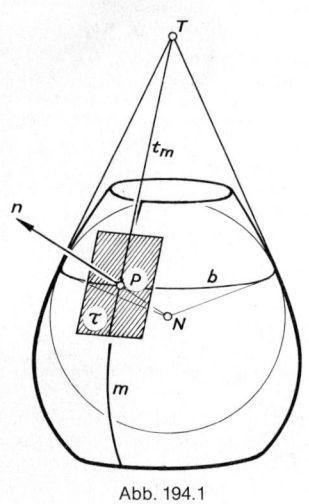

Abb. 194.1

Um die Tangentialebene in P im Grund- und Aufriß zu zeichnen, drehen wir P auf seinem Breitenkreis bis in die Nullmeridianlage P_0. Die Nullmeridiantangente t_{m_0} in P_0 trifft die Achse a in der Spitze T des Tangentenkegels. Beim Zurückdrehen bleibt T fest und t_{m_0} geht in die Meridiantangente t_m über. Es ist also t_m'' die Gerade T'', P'' und t_m' die Gerade T', P'. Die Breitenkreistangente t_b ist eine Höhenlinie in P: t_b'' horizontal durch P''; t_b' Tangente an b' in P'. Durch t_m und t_b wird die gesuchte Tangentialebene τ aufgespannt. Ihre Grundrißspur s geht durch den Spurpunkt S von t_m und ist zu t_b parallel (Abb. 193.2).

gewählt werden, damit der Umriß eines Drehzylinders ein Rechteck oder ein Kreis ist oder den anschaulichen Eindruck eines Zylinders erweckt?

Die (Flächen-)*Normale* n in einem Punkt P der Drehfläche ist die Normale auf der Tangentialebene τ. n trifft die Rotationsachse in einem Punkt N. Bei der Drehung von P auf seinem Breitenkreis beschreibt die Normale n wieder einen Drehkegel *(Normalenkegel)*, dessen Spitze der Punkt N ist (Abb. 194.1). Um also die Normale n in Grund- und Aufriß zu konstruieren, drehen wir P in die Nullmeridianlage P_0. In der Nullmeridianebene erscheint der rechte Winkel der Normale n_0 gegen die Nullmeridiantangente t_{m_0} in wahrer Größe ($\sphericalangle\, N''P_0''T'' = 90°$). Dann ist n'' die Gerade N'', P'' und n' die Gerade N', P' (Abb. 193.2).

Die Spitze N des Normalenkegels ist Mittelpunkt einer Kugel, die die Drehfläche längs des Breitenkreises b berührt (Abb. 194.1). Der Radius dieser *Berührkugel* ist $NP = N''P_0''$.

Darstellung der Drehfläche bei schiefer Achsenlage – Umrißlinie

Liegt die Rotationsachse einer Drehfläche parallel zur Bildebene, so ist die Umrißlinie des Drehflächenbildes ein Meridian (Aufriß in Abb. 193.2). Ist dagegen die Rotationsachse gegen die Bildebene geneigt, so ist der Umriß kein Meridian mehr. Um Punkte (und Tangenten) einer solchen Umrißlinie zu finden, überlegen wir uns zunächst, durch welche geometrische Eigenschaft ein Punkt des Umrisses charakterisiert ist. Am Beispiel der Kugel, des Kegels und des Zylinders haben wir schon früher beobachtet, daß die Tangentialebene in einem Umrißpunkt projizierend ist, d. h. parallel verläuft zu den projizierenden Strahlen p. Demgemäß erklären wir:

Flächenpunkte, in denen die Tangentialebene parallel zur Projektionsrichtung ist, heißen Umrißpunkte (bezüglich der Projektionsrichtung). Die Umrißpunkte bilden die Umrißlinie (kurz Umriß) der Fläche[1].

Der Umriß einer Fläche ist also davon abhängig, in welcher Richtung p die Fläche projiziert wird. Wie muß die Projektionsrichtung

---

[1] Ist die Fläche aus mehreren Stücken zusammengesetzt, die längs Kanten aneinanderstoßen, so müssen wir diese Kanten gesondert betrachten (Beispiel: Würfel!). Durchsetzt der Projektionsstrahl durch einen Kantenpunkt (in einer genügend kleinen Umgebung) die Fläche nicht, so rechnen wir diesen Punkt mit zum Umriß.

gewählt werden, damit der Umriß eines Drehzylinders ein Rechteck oder ein Kreis ist oder den anschaulichen Eindruck eines Zylinders erweckt?

Die Umrißlinie ist nach ihrer Definition eine *räumliche* Kurve *(wahrer Umriß)*; ihre Projektion ist aber *eben*. Der wahre Umriß ist von seiner Projektion zu unterscheiden!

Deuten wir die Projektionsstrahlen der Richtung *p* als parallele Lichtstrahlen, so ist der zur Richtung *p* gehörige Umriß die Eigenschattengrenze der Fläche (Abb. 191.2). Der Lichtzylinder berührt dort die Fläche; in jedem Punkt der Eigenschattengrenze ist die Tangentialebene an die Fläche zur Lichtrichtung parallel. (Die Schattengrenze ist natürlich davon abhängig, in welcher Richtung das Licht einfällt: Schatten an einem Kirchturm am Mittag und Abend.) Es kann vorkommen, daß gewisse Teile der Fläche ganz auf dem Lichtzylinder liegen. Alle Punkte dieser Flächenstücke zählen dann mit zur Eigenschattengrenze.

Wir zeigen jetzt, wie man die Umrißlinie einer Drehfläche bei geneigter Achse *a* im Zweitafelverfahren konstruiert. Der Einfachheit halber legen wir *a* in die Aufrißebene und wählen die Projektionsrichtung *p* senkrecht zur Grundrißebene. Die Drehfläche ist durch den Aufriß des Meridians m_0'' gegeben (Abb. 196.1). Zu einer Reihe von Breitenkreisen *b* zeichnen wir die *Berührkugeln*. Ihre Mittelpunkte *N* sind die Spitzen der jeweiligen Normalenkegel (Abb.

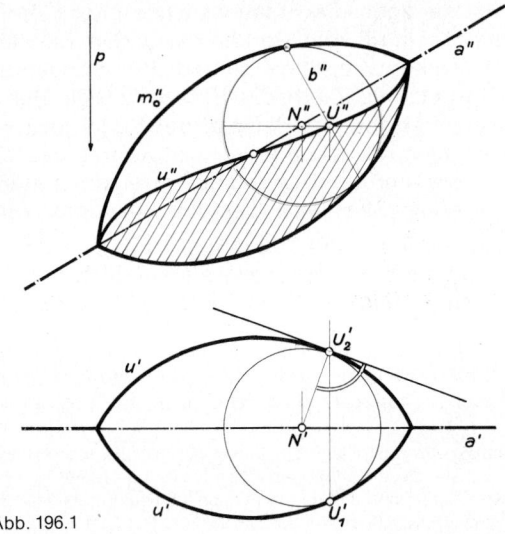

Abb. 196.1

196

194.1). Um auf einem Breitenkreis *b* einen Umrißpunkt *U* bezüglich der vertikalen Projektionsrichtung *p* zu bestimmen, haben wir einen solchen Punkt auf *b* zu suchen, in dem die Tangentialebene an die Drehfläche parallel zu *p*, also vertikal ist. Da längs *b* die Tangentialebenen an die Drehfläche und an die berührende Kugel übereinstimmen, muß der gesuchte Punkt *U* auch auf dem Umriß dieser berührenden Kugel bezüglich der vertikalen Projektionsrichtung *p* liegen. Dieser Kugelumriß ist aber der Äquatorkreis, der sich im Aufriß als horizontaler Durchmesser abbildet. Die gemeinsamen Punkte dieses Äquatorkreises und des Berührkreises *b* sind die gesuchten Umrißpunkte auf *b*, da in ihnen die Tangentialebenen vertikal sind. Die so festgelegten Umrißpunkte U_1 und U_2 projizieren sich im Aufriß in den Punkt U'' (Schnitt von b'' mit der Horizontalen durch N''); U_1' und U_2' liegen symmetrisch zur Achse a' auf dem Grundrißbild des Kugeläquators (Kugelumriß im Grundriß). Indem man die Konstruktion für mehrere Breitenkreise durchführt, erhält man die Umrißlinie *u* in Grund- und Aufriß.

Um anzudeuten, daß *u* auch als Eigenschattengrenze des Spindelkörpers bei vertikaler Parallelbeleuchtung aufgefaßt werden kann, wurde der unterhalb u'' liegende Teil schraffiert. u' ist die Begrenzung des Schlagschattens des Körpers in der Grundrißebene.

Die Grundrißspuren der vertikalen Tangentialebene in U_1 und U_2 sind die Tangenten an die Grundrißprojektion des Umrisses. Sie sind die Tangenten in U_1' und U_2' an die Grundrißprojektion des Kugelumrisses. Im Grundriß berühren also die Umrißkreise der einbeschriebenen Kugeln den Umriß der Drehfläche. Daraus ergibt sich folgende weitere Konstruktion der Projektion des Umrisses: Wir zeichnen im Grundriß die Umrißkreise genügend vieler Berührkugeln der Drehfläche. Die *Einhüllende* dieser Kreisschar ist der Grundriß der Umrißlinie. Diese Konstruktion liefert zwar den Umriß nicht punktweise; dafür ist sie aber schnell ausgeführt und für die Praxis meist ausreichend genau (Abb. 196.1 und auch Abb. 202.3).

In Abb. 198.1 wurde die Umrißlinie bezüglich vertikaler Projektionsrichtung auf die eben beschriebene Weise konstruiert. Es zeigt sich, daß der Aufriß der Umrißlinie an bestimmten Stellen Knicke besitzt. Für die zeichnerische Ausführung ist es wichtig, von vornherein zu wissen, an welchen Stellen dies auftritt. Es gilt für die räumliche Umrißlinie (für den wahren Umriß):

Grenzen zwei Teilbögen der Meridiankurve in einem Punkt *A* aneinander und haben sie dort verschiedene Krümmung, so besitzt die Umrißlinie auf dem zu *A* gehörigen Breitenkreis einen Knick.

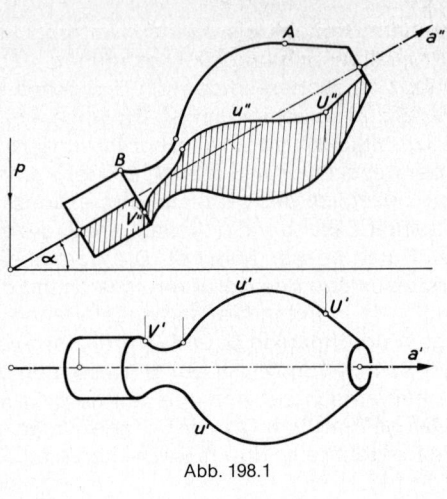

Abb. 198.1

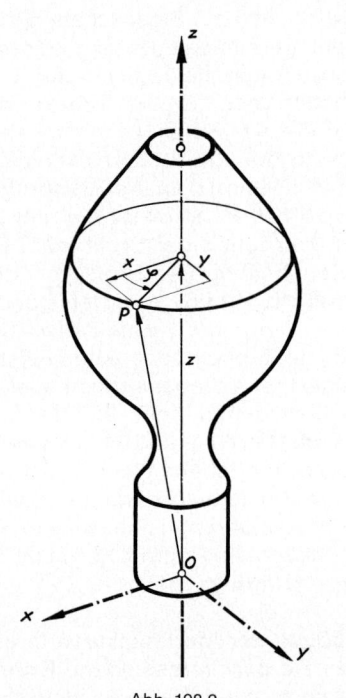

Abb. 198.2

198

Dieser Fall tritt z. B. dann auf, wenn die Meridiankurve aus zwei Kreisbögen mit verschiedenen Radien oder aus einem Kreisbogen mit anschließender Tangente zusammengesetzt ist (Abb. 198.1).

Hat die Meridiankurve im Punkt B einen Knick, so verläuft die Umrißkurve ein Stück auf dem Breitenkreis durch B. In den Endpunkten dieses Kreisbogens bilden die sich anschließenden Teile der Umrißlinie Knicke (Abb. 198.1).

Die angegebenen Eigenschaften einer Umrißlinie und ihrer Projektion lassen sich differentialgeometrisch leicht beweisen: Die Parameterdarstellung der Drehfläche sei

(1)
$$\mathbf{x}(z, \varphi) = \begin{pmatrix} f(z) \cos \varphi \\ f(z) \sin \varphi \\ z \end{pmatrix},$$

wobei $x = f(z)$ die Gleichung des Nullmeridians und φ der Drehwinkel ist (Abb. 198.2). In einem Umrißpunkt ist die Projektionsrichtung $\mathbf{p}$ parallel zur Tangentialebene, d. h. senkrecht zum Normalenvektor $\mathbf{n}$. Also muß die Beziehung

(2)
$$\langle \mathbf{n}, \mathbf{p} \rangle = 0$$

für alle Umrißpunkte erfüllt sein. Für den Normalenvektor findet man

(3)
$$\mathbf{n}(z, \varphi) = \dot{f}(z) \begin{pmatrix} \cos \varphi \\ \sin \varphi \\ -\dot{f}(z) \end{pmatrix}.$$

Dabei bezeichnet $\dot{f}$ die Ableitung von f. Wir wählen speziell $\mathbf{p}$ in der yz-Ebene:

(4)
$$\mathbf{p} = \begin{pmatrix} 0 \\ \cos \alpha \\ \sin \alpha \end{pmatrix}.$$

Dabei ist α der Winkel zwischen der Projektionsrichtung und der xy-Ebene. Die Parameterwerte z und φ, die zu Umrißpunkten führen, müssen nach (2), (3), (4) die Gleichung

(5)
$$f(z) \cdot (\cos \alpha \sin \varphi - \sin \alpha \, \dot{f}(z) = 0$$

befriedigen. Wenn die Meridiankurve die Achse nicht schneidet, so folgt aus (5)

(6)
$$\sin \varphi = \dot{f}(z) \tan \alpha.$$

Indem wir den hieraus zu errechnenden Wert von φ in (1) eintragen, erhalten wir als Parameterdarstellung des wahren Umrisses

$$(7) \qquad \mathbf{u}(z) = \begin{pmatrix} f(z) \sqrt{1 - (\dot{f}(z)\tan\alpha)^2} \\ f(z)\,\dot{f}(z)\tan\alpha \\ z \end{pmatrix}.$$

Der Tangentenvektor an den wahren Umriß ist $\dot{\mathbf{u}}(z)$. In seinen Koordinaten kommt nach (7) die zweite Ableitung $\ddot{f}$ vor. Besitzt $\ddot{f}$ für einen bestimmten z-Wert eine Sprungstelle, d. h. ist dort die Krümmung sprunghaft unstetig, so ändert sich auch der Tangentenvektor des wahren Umrisses auf dem zugehörigen Breitenkreis sprunghaft: Der wahre Umriß hat einen Knick.

Die Projektion des wahren Umrisses auf die yz-Ebene ergibt sich aus (7), indem man für die erste Koordinate den Wert 0 setzt. Im yz-Koordinatensystem erhalten wir also die Darstellung

$$(8) \qquad y(z) = f(z)\,\dot{f}(z)\tan\alpha.$$

Bildet man $\dot{y}$, so sieht man, daß die Projektion des wahren Umrisses an entsprechenden Stellen wieder Knicke hat.

Die Projektion der wahren Umrißkurve (7) auf die zu $\mathbf{p}$ senkrechte Ebene durch O ist die Kurve

$$\mathbf{y}(z) = \mathbf{u}(z) - \langle \mathbf{u}(z), \mathbf{p} \rangle\, \mathbf{p}.$$

Als Tangentenvektor an diese ebene Kurve erhält man:

$$\dot{\mathbf{y}} = (\lambda + f\ddot{f}\sin^2\alpha)\,\mathbf{a}$$

$$\text{mit } \mathbf{a}(z) = \begin{pmatrix} -\dfrac{\dot{f}(z)}{\cos^2\alpha \sqrt{1 - (\dot{f}(z)\tan\alpha)^2}} \\ \tan\alpha \\ -1 \end{pmatrix}$$

und $\lambda(z) = -\cos^2\alpha\,(1 - (\dot{f}(z)\tan\alpha)^2)$.

Die Richtung des Tangentenvektors stimmt mit der des Vektors $\mathbf{a}$ überein; $\mathbf{a}$ hängt nur von der ersten Ableitung $\dot{f}$ ab. Also gilt: Die projizierte Umrißlinie hat keinen Knick. Ist $\ddot{f}$ an einer Stelle z_0 sprunghaft unstetig, so gilt das gleiche für den Faktor $(\lambda + f\ddot{f}\sin^2\alpha)$. Ändert sich dabei sein Vorzeichen, so hat die Projektion der Umrißlinie in z_0 eine Spitze; tritt keine Vorzeichenänderung ein, so verläuft die Kurve in z_0 glatt.

Darstellung einer Drehfläche in normaler Axonometrie

Wir wollen in der durch das Spurendreieck $S_x S_y S_z$ gegebenen normalen Axonometrie eine Drehfläche, etwa das Dach eines Turms, darstellen (Abb. 201.1). Um die oben in einem Zweitafelverfahren erläuterte Konstruktion des Umrisses anwenden zu können, verschaffen wir uns zunächst einen Seitenriß zu unserem axonometrischen Bild (vgl. S. 154).

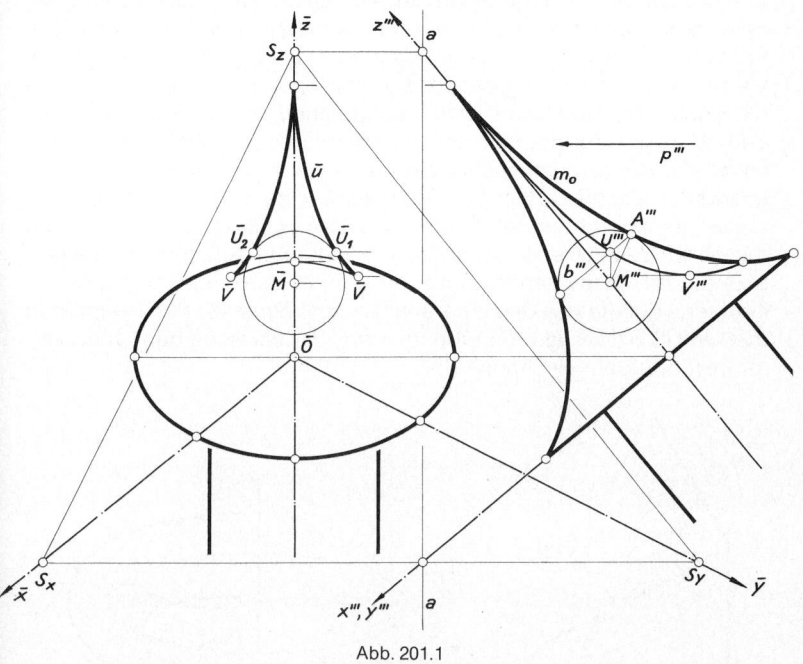

Abb. 201.1

Die Seitenrißebene π_3 ist parallel zur z-Achse und steht senkrecht auf der Bildebene π. Die Projektionsrichtung p ist also parallel zu π_3. Im Seitenriß ist p''' horizontal, d. h. senkrecht auf der Bildachse $a \ldots a$, die auch als Seitenriß unserer Bildebene aufgefaßt werden kann. Da wir die Rotationsachse in die z-Achse legen, ist der Umriß der Drehfläche im Seitenriß der Nullmeridian m_0.

Um jetzt die Umrißkontur im axonometrischen Bild, den axonometrischen Umriß $\bar{u}$, punktweise zu zeichnen, verwenden wir die auf S. 196 ff. beschriebene Konstruktion: Wir wählen irgendeinen Breitenkreis b der Drehfläche und suchen auf b die Umrißpunkte, d. h. solche Punkte der Drehfläche, in denen die Tangentialebene zur Projektionsrichtung p parallel ist, also senkrecht auf π steht. Dazu beschreiben wir der Drehfläche eine Kugel ein, die sie längs b berührt. Den Mittelpunkt dieser Kugel finden wir zuerst im Seitenriß als Schnitt der z'''-Achse mit der Normale auf m_0 durch den Punkt A''' (Abb. 201.1). Das Bild $\bar{M}$ des Mittelpunkts im axonometrischen Bild liegt dann auf der $\bar{z}$-Achse und auf dem horizontalen Ordner durch M'''. Der Umriß der Kugel ist in beiden Rissen ein Kreis um M''' bzw. $\bar{M}$ mit dem Radius $M'''A'''$. Im Seitenriß erscheint der axonometrische Umriß dieser Kugel (Großkreis parallel π) als Durchmesser parallel zu $a \ldots a$. Dieser schneidet den Breitenkreis b in den gesuchten Umrißpunkten U_1 und U_2, die beide den gleichen Seitenriß U''' haben; U_1 und U_2 liegen auf dem Ordner durch U''' und auf dem axonometrischen Umriß der einbeschriebenen Kugel. Die Tangenten an den axonometrischen Umriß der Drehfläche in den Punkten $\bar{U}_1$ und $\bar{U}_2$ stehen senkrecht auf den Kreisradien $\bar{M}\bar{U}_1$ und $\bar{M}\bar{U}_2$. — Indem man mehrere Breitenkreise b auswählt, erhält man auf diese Weise den axonometrischen Drehflächenumriß $\bar{u}$ punktweise mit Tangenten.

Legt man auf die punktweise Konstruktion keinen Wert, so kann man den Umriß $\bar{u}$ auch als Einhüllende von Umrißkreisen genügend vieler Berührkugeln zeichnen.

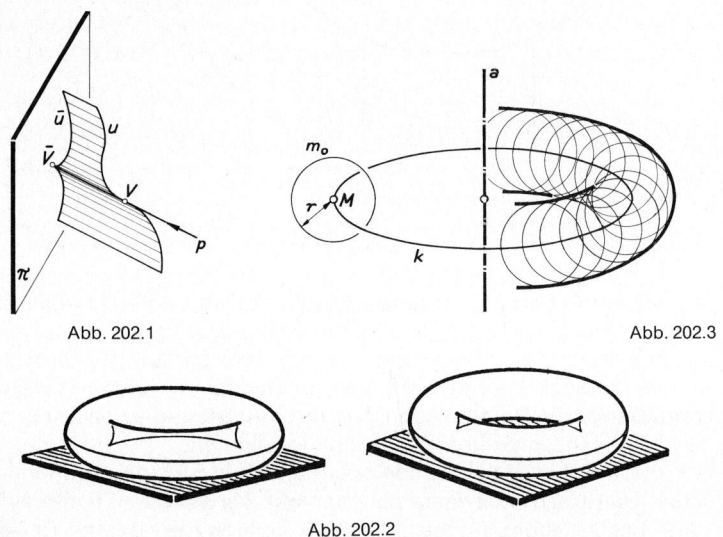

Abb. 202.1

Abb. 202.3

Abb. 202.2

An unserer Umrißkurve $\bar{u}$ ist bemerkenswert, daß sie in gewissen Punkten $\bar{V}$ Spitzen aufweist. Eine solche Spitze von $\bar{u}$ in einem Punkt $\bar{V}$ tritt im allgemeinen dann auf, wenn die Tangente an die räumliche Umrißkurve u im Punkte V zur Projektionsrichtung p parallel ist (Abb. 202.1). In dem Beispiel der Abb. 201.1 steht also die Tangente in V an u senkrecht auf der Bildebene; sie erscheint in der Projektion als Punkt V, während die anderen Tangenten an u wieder Tangenten an $\bar{u}$ ergeben. Man achte auf solche Spitzen bei Umrißkurven von Vasen, Weingläsern, Lampenschirmen usw. (Taschenlampe Abb. 167.1)!

In Abb. 202.2 ist der axonometrische Umriß eines *Torus* (*Kreisring-fläche*, Autoschlauch) dargestellt. Ein Torus ist eine Drehfläche, die als Meridian einen Kreis besitzt (Abb. 202.3). Der Umriß ist als Einhüllende von Umrißkreisen der Berührkugeln gezeichnet. Ihre Mittelpunkte liegen auf dem Kreis k, den der Mittelpunkt M des Meridiankreises m_0 bei der Drehung um a beschreibt. Ihre Radien sind alle gleich groß und gleich dem Radius von m_0 (Abb. 202.3).

In Abb. 202.2 links ist die Neigung der Rotationsachse des Torus gegen die Bildebene π kleiner als in Abb. 202.2 rechts.

Flächentangenten und Tangentialebenen

Wir stellen noch einige Eigenschaften zusammen, die uns bei den Drehflächen begegnet sind, aber für ganz beliebige Flächen gelten. (Zum Beweis vgl. man Bücher über Differentialgeometrie.)

Legt man durch einen Flächenpunkt P alle möglichen Flächenkurven hindurch, so liegen die Tangenten an die Kurven im Punkt P in einer Ebene, der Tangentialebene.

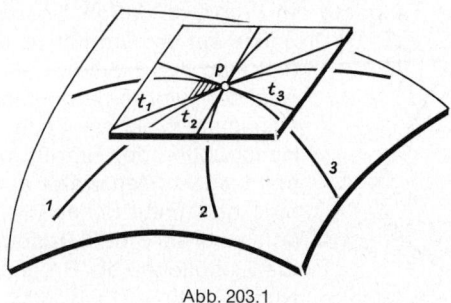

Abb. 203.1

Die Tangentialebene wird von zwei *beliebigen*, nicht zusammenfallenden Tangenten aufgespannt (Abb. 203.1).
Ausnahmen treten in Spitzen (Abb. 204.1, 204.2) und in Kantenpunkten (Abb. 204.3) auf. In einem Kantenpunkt gibt es zwei Halbtangentialebenen (Abb. 204.3).

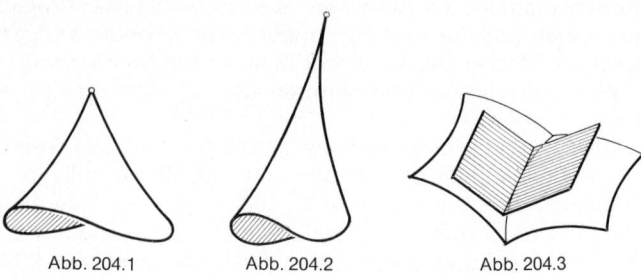

Abb. 204.1   Abb. 204.2   Abb. 204.3

Schneidet eine Flächenkurve k den wahren Umriß u der Fläche (bezüglich der Projektionsrichtung p) in einem Punkt U, so liegen die Tangenten in U an k und u in der Tangentialebene τ von U. Die Projektionen $\bar{u}$ und $\bar{k}$ (bezüglich p) müssen sich im Punkt $\bar{U}$ berühren, da ihre Tangenten von der projizierenden Ebene τ aus der Bildebene ausgeschnitten werden.

Wird eine Fläche in Richtung p projiziert, so berührt die Projektion einer Flächenkurve, die den wahren Umriß (bezüglich p) schneidet, die Projektion der Umrißlinie.

Ein Ausnahmefall tritt dann ein, wenn die Tangente der Flächenkurve im Schnittpunkt mit der Umrißlinie selbst zu p parallel ist. Dann ist das Bild dieser Tangente ein Punkt, so daß in diesem Fall $\bar{k}$ eine

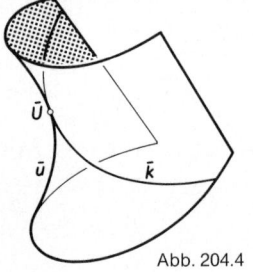

Abb. 204.4

Spitze auf der Umrißlinie $\bar{u}$ haben kann (vgl. Abb. 188.3 Mitte).
Aus dem vorhergehenden Satz ergibt sich eine in jedem Falle anwendbare Konstruktion der Umrißprojektion $\bar{u}$ einer Fläche. Man wählt auf der Fläche eine geeignete Schar von Kurven, die den wahren Umriß treffen. Dann ist $\bar{u}$ die Einhüllende der Projektionen dieser Kurven (vgl. S. 215, S. 225).

Beispiel 64: *Schnitt eines Torus mit einer Tangentialebene* (Abb. 205.1). Die Schnittkurve ist punktweise konstruiert, indem die Breitenkreispaare des Torus mit den entsprechenden Höhenlinien der Ebene (Spuren s_1, s_2) zum Schnitt gebracht sind. Die Tangenten sind die Schnittgeraden der jeweiligen Tangentialebenen an den Torus mit der Schnittebene. Die Spur σ der Tangentialebene in P ist durch Herumdrehen der Tangentialebene in eine zur Aufrißebene senkrechte Lage gefunden. − Im Berührpunkt B schneidet sich die Kurve selbst; ein solcher Eigenschnitt heißt *Doppelpunkt*.

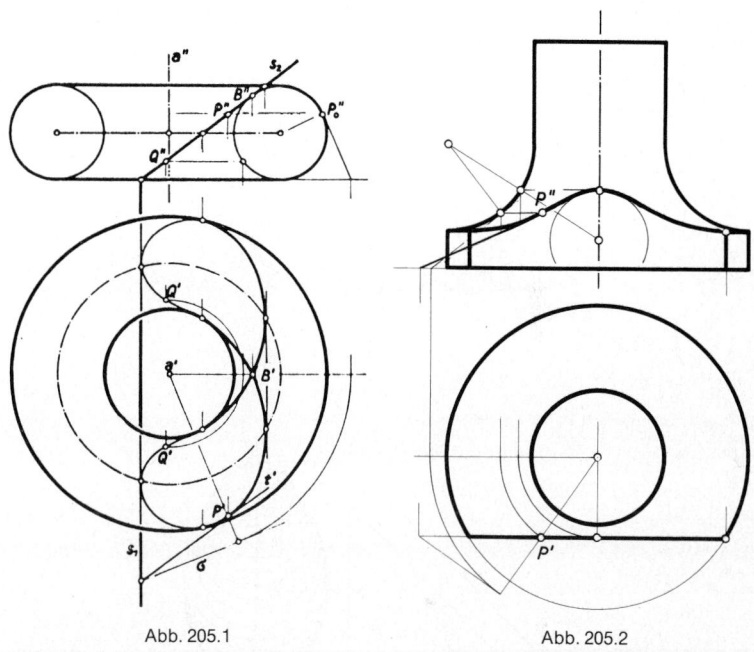

Abb. 205.1   Abb. 205.2

Beispiel 65: In Abb. 205.2 ist der *ebene Schnitt eines Säulenfußes* dargestellt. An den Säulenzylinder schließt sich eine viertelkreisförmige Rundkehle (Teil eines Torus) und daran der Fußzylinder an. Die Schnittkurve auf der Kehle ist als ebener Schnitt eines Torus wie in Abb. 205.1 konstruiert; die Kurve erscheint im Aufriß in wahrer Größe. Punkte, Tangenten und Scheitelkrümmungskreis lassen sich mit Hilfe einbeschriebener Kugeln in gleicher Weise wie beim Hyperbelschnitt (S. 178) finden.

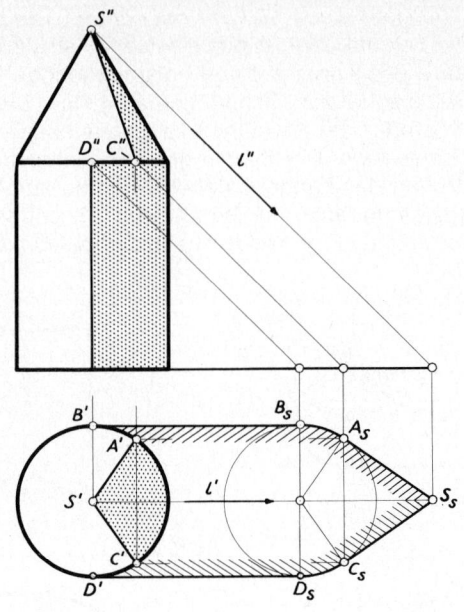

Abb. 206.1

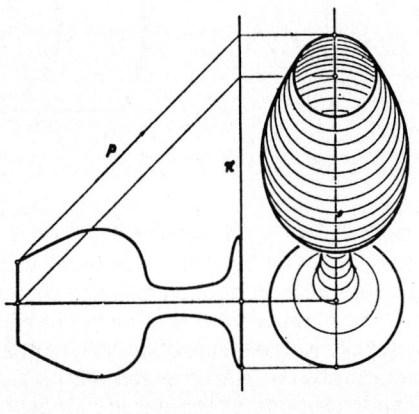

Abb. 206.2

Beispiel 66: In Abb. 206.1 ist ein zylindrischer Turm mit Kegeldach und sein Eigen- bzw. Schlagschatten bezüglich der Lichtrichtung *l* dargestellt. Da die Meridiankurve einen Knick besitzt, hat nach S. 197 auch die Eigenschattengrenze in den Punkten *A, B* bzw. *C, D* Knicke. Die Teilbögen *AB* und *CD* auf dem Grundkreis des Kegels gehören zur Eigenschattengrenze. Die zu *A* und *C* gehörigen Schattenpunkte A_s und C_s in der Grundebene sind die Berührpunkte der von S_s an den Schattenkreis gelegten Tangenten. Die Schlagschattengrenze ist also in A_s und C_s sowie in B_s und D_s glatt.

Beispiel 67: Anschauliche Bilder von Drehflächen lassen sich leicht in Militärprojektion zeichnen, da bei ihr die Breitenkreise in wahrer Größe erscheinen. Nach S. 204 ist die Umrißlinie die Einhüllende der Breitenkreisbilder. Abb. 206.2 zeigt ein Weinglas, dessen scheinbarer Umriß bezüglich der Projektionsrichtung *p* nach diesem Verfahren konstruiert ist.

Beispiel 68: *Rotationsflächen zweiter Ordnung* in Militärprojektion. Eine Rotationsfläche zweiter Ordnung entsteht, wenn ein Kegelschnitt um eine seiner Achsen rotiert. Es gibt demnach vier Typen solcher Drehflächen:
Rotationsellipsoid (Abb. 208.1): Ellipse rotiert um ihre große oder kleine Achse (Spezialfall: Kugel).
Rotationsparaboloid (Abb. 208.2): Parabel rotiert um ihre Achse.
Zweischaliges Hyperboloid (Abb. 208.3): Hyperbel rotiert um ihre große Achse.
Einschaliges Hyperboloid (Abb. 208.4): Hyperbel rotiert um ihre kleine Achse.
Die Umrißlinie, die wie in Beispiel 67 gezeichnet wurde, ist ein Kegelschnitt vom gleichen Typ wie die Meridiankurve der betreffenden Drehfläche (vgl. S. 212).

Ebene Schnitte von Drehflächen
Umrisse der Drehflächen zweiter Ordnung

In Abb. 209.1 ist eine Drehfläche durch den Nullmeridian m_0 und die Rotationsachse *z* gegeben. Der Schnitt mit der Ebene ε (Spur *s*) ist in wahrer Größe herausgezeichnet: Die Umlegung des Breitenkreises durch einen Punkt *P* der ebenen Schnittkurve liefert die Halbsehne *h,* die in der Schnittfigur die Entfernung des Kurvenpunktes von der Symmetriegerade ergibt.

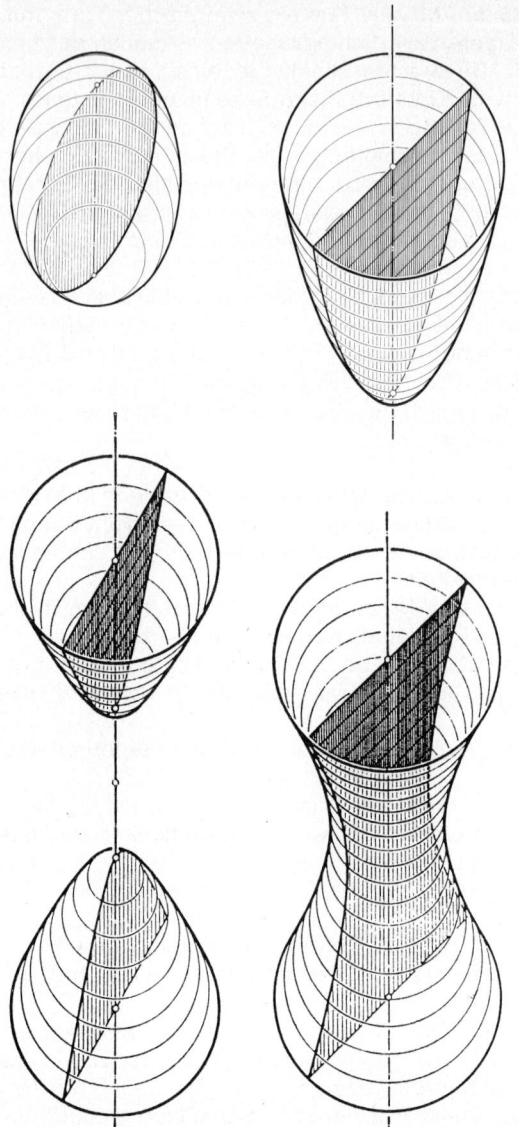

Abb. 208.1

Abb. 208.2

Abb. 208.3

Abb. 208.4

Diese Konstruktion der Schnittkurve in wahrer Gestalt gestattet eine einfache formelmäßige Übersetzung, mit deren Hilfe man aus der Gleichung des Meridians sofort die Gleichung jedes ebenen Schnittes der Drehfläche berechnen kann.

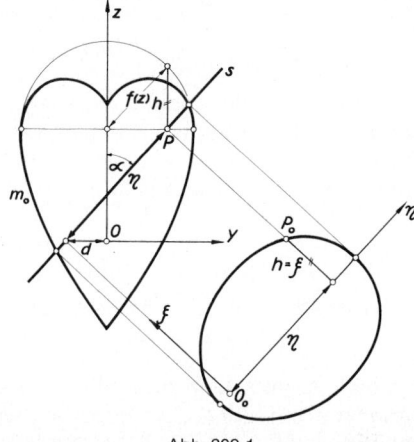

Abb. 209.1

Bezogen auf das in Abb. 209.1 gezeichnete cartesische yz-Koordinatensystem habe die Nullmeridiankurve m_0 die Gleichung

(9) $$y = f(z)$$

und die Spur s der Schnittebene ε die Gleichung

(10) $$y = \tan \alpha \cdot z - d.$$

In der Schnittebene ε führen wir ein cartesisches $\xi\eta$-Koordinatensystem ein, dessen Ursprung der Schnittpunkt von ε mit der y-Achse ist. Da der Radius des Breitenkreises durch P in der Höhe z den Radius $f(z)$ hat, bestehen nach obiger Konstruktion für die Koordinaten der Schnittkurvenpunkte $P_0(\xi, \eta)$ folgende Beziehungen:

(11) $$z = \eta \cdot \cos \alpha;\ y = \eta \cdot \sin \alpha - d;\ \xi^2 + y^2 - (f(z))^2 = 0.$$

Daraus folgt als Gleichung der Schnittkurve

(12) $$\xi^2 + (\eta \cdot \sin \alpha - d)^2 - (f(\eta \cdot \cos \alpha))^2 = 0.$$

Anwendungen

1) *Ebener Kreiszylinderschnitt.* Für einen Kreiszylinder mit dem Halbmesser r ist $f(z) = r$. Legen wir die Schnittebene durch O, so ist $d = 0$ und die Gleichung der Schnittkurve lautet nach (12)

$$\frac{\xi^2}{r^2} + \frac{\eta^2}{(r/\sin\alpha)^2} = 1.$$

Daraus folgt: Ist $\alpha \neq 0$, so sind die ebenen Zylinderschnitte Ellipsen, die alle die kleine Halbachse r haben. Die große Halbachse ist jeweils $r/\sin\alpha$. Für $\alpha = 0$ geht die Schnittebene durch die Zylinderachse und es werden die beiden Mantellinien $\xi = \pm r$ ausgeschnitten.

2) *Kegelschnitte.* Für einen Kreiskegel mit der Spitze in O ist $f(z) = m \cdot z$. (12) liefert für die Gleichung der auftretenden Kegelschnitte

$$\xi^2 + \eta^2 \cos^2\alpha\,(\tan^2\alpha - m^2) - 2\,d \cdot \sin\alpha \cdot \eta + d^2 = 0.$$

Ist $d \neq 0$, so ist dieser Kegelschnitt eine Ellipse, wenn $m < \tan\alpha$; eine Parabel, wenn $m = \tan\alpha$ und eine Hyperbel, wenn $m > \tan\alpha$ ist. Man vergleiche dieses Ergebnis mit der auf S. 166 gegebenen Klassifizierung der Kegelschnitte!

3) *Kreisschnitte eines Torus.* Der Mittelpunkt des Meridiankreises (Radius r) habe von der Drehachse den Abstand R (Abb. 211.1). Die Schnittebene ε sei Doppeltangentialebene des Torus. Die Spur s von ε berührt dann den Nullmeridiankreis und seine um 180° verdrehte Lage. Die Konstruktion der Schnittfigur ergibt zwei Kreise, die beide den Radius R haben und deren Mittelpunkte von O_0 den Abstand r besitzen.
Dieses Ergebnis bestätigt man auch sofort rechnerisch: Die Gleichung der Meridiankurve ist der Kreis

$$f(z) = R \pm \sqrt{r^2 - z^2}.$$

Da ε Doppeltangentialebene ist, gilt für ihren Neigungswinkel α:

$$\cos\alpha = \frac{r}{R},$$

so daß nach (11)

$$z = \frac{r}{R}\eta$$

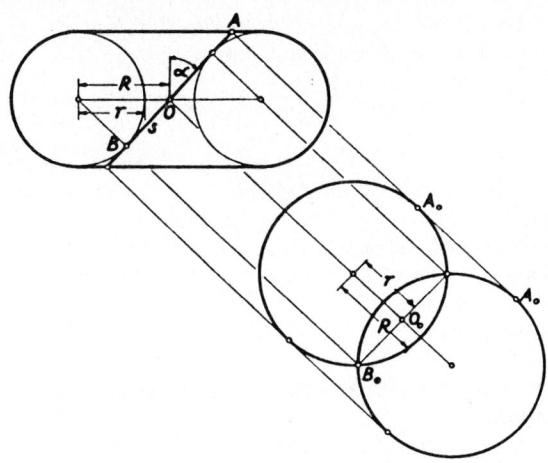

Abb. 211.1

folgt. (12) liefert als Gleichung der Schnittkurve:

$$[(\xi - r)^2 + \eta^2 - R^2][(\xi + r)^2 + \eta^2 - R^2] = 0.$$

Dies sind zwei Kreise mit den oben angegebenen Eigenschaften. Auf dem Torus liegen somit außer den Meridianen und den Breitenkreisen noch zwei weitere Kreisscharen (VILLARCEAU 1848).

4) *Ebene Schnitte eines Rotationsparaboloids (Autoscheinwerfer).* Die Meridiankurve ist die Parabel $f(z) = \sqrt{2pz}$, und (12) liefert als Gleichung der Schnittkurve:

$$\xi^2 + \eta^2 \sin^2\alpha - 2\eta\,(d \cdot \sin\alpha + p \cdot \cos\alpha) + d^2 = 0.$$

Für $\alpha \neq 0$ ist die Schnittkurve eine Ellipse. Für $\alpha = 0$ (ε parallel zur Drehachse) entstehen zur Meridianparabel kongruente Parabeln $\xi^2 - 2\eta p + d^2 = 0$.

5) *Ebene Schnitte eines Rotationsellipsoids bzw. Rotationshyperboloids.* Sind *a* und *b* die halben Achsenlängen der Meridianellipse (bzw. -hyperbel), so ist die Gleichung dieser Kurven

(13) $$f(z) = \frac{a}{b}\sqrt{b^2 - \lambda z^2}.$$

211

(13) stellt eine Ellipse für $\lambda = 1$, eine Hyperbel für $\lambda = -1$ dar. Die Gleichung der Schnittkurve ist der Kegelschnitt:

$$\xi^2 + \cos^2\alpha\left(\tan^2\alpha + \lambda\,\frac{a^2}{b^2}\right)\eta^2 - 2\,d\cdot\sin\alpha\cdot\eta - d^2 - a^2 = 0.$$

Für das Rotationsellipsoid ($\lambda = 1$) ist dies immer eine Ellipse (bzw. Kreis). Für das Rotationshyperboloid ($\lambda = -1$) ist die Schnittkurve eine Ellipse, wenn $\tan\alpha > a/b$; eine Parabel, wenn $\tan\alpha = a/b$; eine Hyperbel, wenn $\tan\alpha < a/b$ ist. − Die Schnittkurve einer zur Drehachse parallelen Ebene ($\alpha = 0$) ist ein zum Meridiankegelschnitt ähnlicher Kegelschnitt.
Wir fassen zusammen:

Die ebenen Schnitte von Rotationsflächen zweiter Ordnung sind Kegelschnitte.

6) *Umrißlinien von Rotationsflächen zweiter Ordnung.*
a) Bei einem Rotationsparaboloid mit der Meridiankurve $f(z) = \sqrt{2\,p}\cdot\sqrt{z}$ ist die Projektion der Umrißlinie bezüglich der Richtung q, die mit der Drehachse den Winkel β einschließt, nach (8) durch

(14) $y(z) = f(z)\cdot\dot{f}(z)\cdot\tan\beta = p\cdot\tan\beta$

gegeben. Dies ist aber eine zur zAchse parallele Gerade im Abstand $p\cdot\tan\beta$, d. h. die wahre Umrißkurve liegt ganz in einer Ebene ε mit der Spur (14). Diese Spur ist zur Projektionsrichtung q konjugiert. Die Ebene ε steht senkrecht auf der von q und der Drehachse aufgespannten Ebene. Der wahre Umriß ist also eine zum Meridian kongruente Parabel.
Um die Ebene ε leicht bezeichnen zu können, übertragen wir den Begriff der konjugierten Richtungen bei Kegelschnitten auf Rotationsflächen zweiter Ordnung: Wir legen einen zu q parallelen Meridianschnitt und bestimmen den zu q konjugierten Durchmesser s in dem ausgeschnittenen Kegelschnitt. Durch s legen wir die auf der Meridianebene senkrechte Ebene ε. Dann heißt ε zu q *konjugiert.*
Damit folgt:

Der wahre Umriß eines Rotationsparaboloids bezüglich der Projektionsrichtung q ist eine zur Meridianparabel kongruente Parabel, die in einer zur Drehachse parallelen Ebene ε liegt. ε ist zu q konjugiert.

b) Bei einem Rotationsellipsoid (bzw. -hyperboloid) lautet die Meridiankurve nach (13):

$$f(z) = \frac{a}{b}\sqrt{b^2 - \lambda z^2}$$

und nach (8) die Projektion des Umrisses bezüglich der Richtung q:

$$y(z) = -\lambda \cdot \tan\beta \cdot \frac{a^2}{b^2} \cdot z.$$

Diese Gerade ist die Spur s der Ebene ε, in der der wahre Umriß liegt. s ist zu q konjugiert und geht durch O. Daher folgt:

Der wahre Umriß (bezüglich der Richtung q) eines Rotationsellipsoids ist die Schnittellipse, deren Ebene zu q konjugiert ist.
Der wahre Umriß (bezüglich der Richtung q) eines Rotationshyperboloids ist ein Kegelschnitt, der von der zu q konjugierten Ebene aus dem Hyperboloid ausgeschnitten wird.

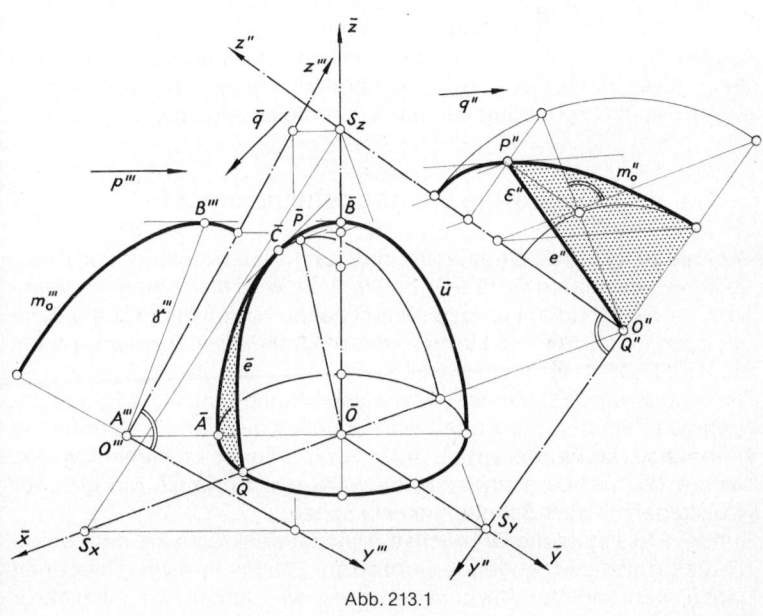

Abb. 213.1

Diese Ergebnisse gestatten, die Umrißlinie und damit die Eigenschattengrenze einer Rotationsfläche zweiter Ordnung schneller und genauer zu zeichnen, als dies nach dem auf S. 197, S. 201 beschriebenen Verfahren möglich ist.

Als Beispiel zeichnen wir in senkrechter Axonometrie die Eigenschattengrenze eines Halbellipsoids bezüglich der Lichtrichtung q.

Der axonometrische Umriß $\bar{u}$ des Halbellipsoids ist eine Halbellipse, deren Ebene γ zur Projektionsrichtung p ($p \perp \pi$) konjugiert ist. Diese Ebene γ erscheint im Seitenriß als Gerade γ''', die durch O''' und den Berührpunkt B''' der zu p''' parallelen Tangente an die Meridianellipse m_0''' geht (Abb. 213.1). $\overline{OB}$ und $\overline{OA}$ sind die Längen der Hauptachsen unserer Umrißellipse $\bar{u}$.

Die Eigenschattengrenze e ist ebenfalls eine Ellipse, deren Ebene ε zur Lichtrichtung q konjugiert ist. Wegen der Rotationssymmetrie können wir das xyz-Koordinatensystem von vornherein so eingerichtet denken, daß q zur yz-Ebene parallel ist. Indem wir dann die yz-Ebene (Aufrißebene) in wahrer Gestalt herauszeichnen (vgl. S. 150), können wir den zu q'' konjugierten Durchmesser der Meridianellipse m_0'' sofort zeichnen (Abb. 213.1). Dieser Durchmesser $O''P''$ liegt auf der Spur ε'' der zu q konjugierten Ebene ε, die aus dem Ellipsoid die Eigenschattengrenze e ausschneidet. Im axonometrischen Bild sind $\overline{OP}$ und $\overline{OQ}$ konjugierte Halbmesser von $\bar{e}$ (warum?). $\bar{P}$ ist durch Übertragen seiner y- und z-Koordinate gefunden. − Die Umrißellipse $\bar{u}$ und die Schattenellipse $\bar{e}$ berühren sich in einem Punkt $\bar{C}$. Ihre gemeinsame Tangente ist dort zu $\bar{q}$ parallel.

Einschalige Rotationshyperboloide

Wir betrachten eine Drehfläche, die durch Rotation einer zur Drehachse windschiefen Gerade g entsteht. Es wird sich zeigen − nachdem wir die Meridiankurve bestimmt haben −, daß diese Drehfläche mit dem auf S. 207 erklärten einschaligen Rotationshyperboloid identisch ist.

Die so erzeugte Fläche ist im gewissen Sinne eine Verallgemeinerung von Zylinder und Kegel: wäre nämlich die Gerade parallel zur Drehachse, so würde ein gerader Kreiszylinder entstehen, würde sie die Drehachse schneiden, so wäre das Ergebnis ein gerader Kreiskegel mit dem Schnittpunkt als Spitze.

In Abb. 215.1 steht die Drehachse a wieder senkrecht auf der Grundrißtafel; g ist die erzeugende Gerade der Fläche. Ihre verschiedenen Lagen während der Drehung erhalten wir, indem wir zwei ihrer

Punkte A und B verfolgen. Beide Punkte beschreiben Breitenkreise der Drehfläche. Durch regelmäßige Einteilung dieser Breitenkreise erhalten wir eine Reihe von Erzeugenden (in Abb. 215.1 sind 12 gezeichnet), die uns eine anschauliche Vorstellung von der Gestalt der Drehfläche geben.

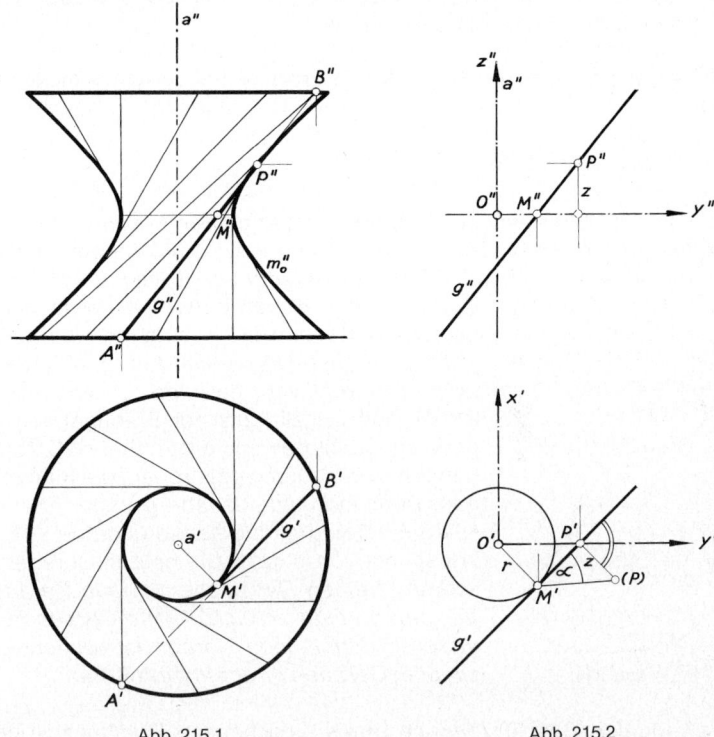

Abb. 215.1   Abb. 215.2

Derjenige Punkt M auf der Erzeugenden g, der der Drehachse a am nächsten liegt, beschreibt bei der Drehung den kleinsten aller Breitenkreise. Dieser Kreis heißt *Kehlkreis*. Die Drehfläche liegt symmetrisch zur Ebene des Kehlkreises.

Die Nullmeridiankurve m_0 (Aufriß in Abb. 215.1) ist die Einhüllende aller Erzeugenden. Um sie punktweise zu erhalten, müssen wir die Durchstoßpunkte der Erzeugenden g in ihren verschiedenen Lagen mit der Nullmeridianebene bestimmen. In Abb. 215.2 ist die Konstruktion des Durchstoßpunkts P der Erzeugenden g herausgezeichnet. Der Kehlkreispunkt von g ist M, der Kehlkreishalbmesser r und der Neigungswinkel der Erzeugenden α. Sind y und z die Koordinaten des Durchstoßpunkts P, so liest man aus Abb. 215.2 ab: $(M'P')^2 = y^2 - r^2$.

Wird weiterhin der Punkt P in die Kehlkreisebene umgelegt, so erscheint in dem Umlegungsdreieck $M'P'(P)$ der Neigungswinkel α in wahrer Größe, und es gilt $M'P' = z \cdot \cot\alpha$.

Die in der yz-Ebene gelegene Meridiankurve hat demnach die Gleichung

$$z^2 \cdot \cot^2 \alpha = y^2 - r^2 \quad \text{oder} \quad y^2 - \frac{z^2}{\tan^2 \alpha} = r^2,$$

ist also eine *Hyperbel*. Ihre Asymptoten haben den Anstieg $\tan\alpha$; es sind die durch den Anfangspunkt O'' laufenden Erzeugendenbilder.

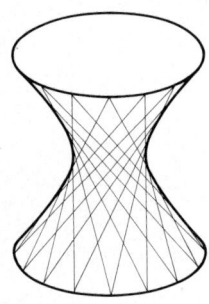

Abb. 216.1

Die Drehfläche kann somit auch durch Umdrehung einer Hyperbel um ihre Nebenachse erzeugt werden; sie ist also ein *einschaliges Rotationshyperboloid.* Auf ihm liegen zwei Scharen von geraden Linien (Abb. 216.1), nämlich die aus der Erzeugenden g hervorgegangenen und die zu diesen Erzeugenden symmetrisch gelegenen, die man erhält, wenn man jede Gerade g an der Ebene spiegelt, die durch die Achse und den Kehlkreispunkt von g geht. Die beiden Geradenscharen heißen *Regelscharen; jede Gerade der einen Schar schneidet jede Gerade der anderen Schar, jede Gerade ist windschief zu allen Geraden ihrer eigenen Schar.*

Die modellmäßige Erzeugung eines einschaligen Rotationshyperboloids veranschaulicht Abb. 217.1. Zwei Kreise sind durch Gummifäden verbunden, die die Mantellinien eines Zylinders bilden (Abb. 217.1 links). Werden die beiden Kreise gegeneinander gedreht, so bildet sich eine Einschnürung, und die vorher parallelen Fäden sind nun untereinander windschief. Der Meridian der Einschnürungsfläche ist eine Hyperbel (Abb. 217.1 Mitte). Werden schließlich die beiden Kreise um 180° gegeneinander gedreht, so verengt sich die Einschnürung bis zu einem Punkt und das Hyperboloid wandelt sich zum Kegel, dessen Mantellinien die Fäden sind (Abb. 217.1 rechts). In der vorstehenden Gleichung der Meridiankur-

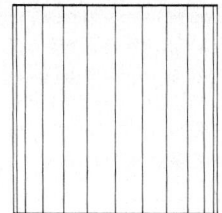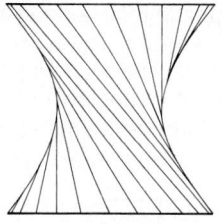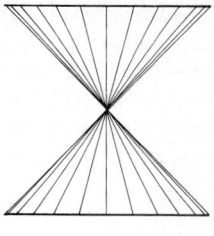

Abb. 217.1

ve des Hyperboloids erhält man die beiden Grenzformen für $\alpha = 90°$ (Zylinder) und $r = 0$ (Kegel).
Diejenigen Flächen, die Scharen von geraden Linien enthalten, heißen *Regelflächen*. Das einschalige Rotationshyperboloid zählt zu den einfachsten dieser Regelflächen; seine Eigenschaften sind grundlegend für das Verständnis allgemeiner Flächen dieser Art.

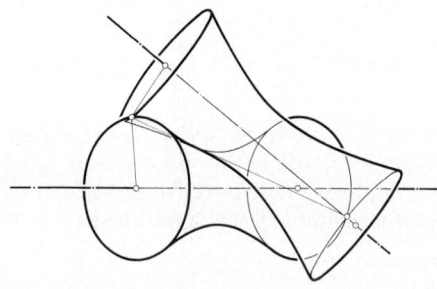

Abb. 217.2

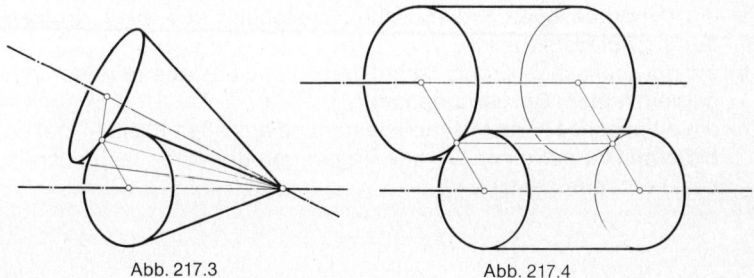

Abb. 217.3

Abb. 217.4

217

Einschalige Rotationshyperboloide können in der Form von *Hyperboloidrädern* dazu benutzt werden, eine Drehung um eine Achse auf eine zweite, zur ersten windschiefe Achse zu übertragen (Abb. 217.2). Bei der Übertragung einer Drehung auf eine parallele Achse werden *zylindrische Zahnräder* (Abb. 217.3), bei der Übertragung zwischen zwei sich schneidenden Achsen *Kegelräder* verwandt (Abb. 217.4).

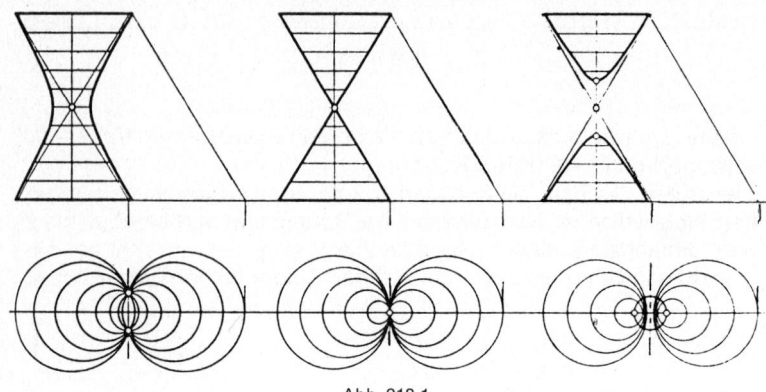

Abb. 218.1

Abb. 218.1 zeigt den Kegel als Zwischenform zwischen einschaligen und zweischaligen Rotationshyperboloiden. Bemerkenswert sind die Schattenbilder (Militärprojektionen) auf die Grundrißtafel bei Parallelbeleuchtung in Asymptotenrichtung. Die Höhenkreise

a) eines einschaligen Dreh-Hyperboloids,
b) eines Kegels,
c) eines zweischaligen Dreh-Hyperboloids

liefern

a) ein hyperbolisches Kreisbüschel, bestehend aus allen Kreisen durch zwei feste Punkte,
b) ein parabolisches Kreisbüschel, bestehend aus allen Kreisen mit gemeinsamem Berührungspunkt,
c) ein elliptisches Kreisbüschel, bestehend aus allen Kreisen, deren Mittelpunkte auf einer Gerade liegen und die einen festen Kreis senkrecht durchsetzen.

Schraubflächen

Wird eine Kurve *k* verschraubt, so überstreicht sie eine Schraubfläche.

Bei der Verschraubung um einen bestimmten Winkel φ (mit vorgegebenem Schraubparameter *p*) entsteht aus der Kurve *k* eine neue Kurve auf der Schraubfläche, die zu *k* kongruent ist. Die Kurve *k* und die aus ihr entstehenden kongruenten Kurven heißen *Erzeugende* der Schraubfläche.

Jeder Punkt *P* von *k* beschreibt bei der Schraubung als *Bahnkurve* eine Schraublinie mit demselben Schraubparameter *p*. Man kann sich daher eine Schraubfläche auch durch die Schar der Bahnkurven erzeugt denken. Durch jeden Punkt der Schraubfläche geht eine Erzeugende und eine Bahnkurve hindurch. Wie die Schraublinien sind auch die Schraubflächen in sich verschiebbar (Gewinde).

Ist die Ausgangserzeugende eine Gerade *g*, so heißt die entstehende Fläche Regelschraubfläche[1]. Je nach der Lage von *g* zur Schraubachse *a* unterscheidet man verschiedene Arten solcher Flächen: Eine Regelschraubfläche heißt *geschlossen* oder *offen*, je nachdem *g* die Achse *a* schneidet oder nicht. Bilden *g* und *a* einen rechten Winkel, so spricht man von einer *Wendelfläche* oder *flachgängigen (geraden) Regelschraubfläche*. Ist der Winkel zwischen *g* und *a* kein rechter, so entsteht eine *scharfgängige (schiefe) Regelschraubfläche*. Abb. 219.1 zeigt einen Teil einer geschlossenen, scharfgängigen Regelschraubfläche. Ihre Begrenzungslinien sind die Bahnschraublinien durch A_0 und B_0 bzw. die Ausgangserzeugende g_0 und die verschraubte Lage *g*.

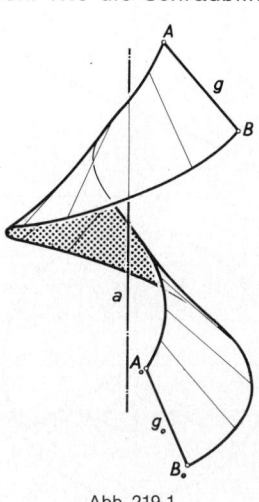

Abb. 219.1

---

[1] Man spricht von einer Regelschraubfläche, weil sie eine Schar von Geraden trägt (vgl. S. 217).

Geschlossene Wendelflächen

Wir wählen die Schraubachse vertikal und legen sie samt der Ausgangserzeugenden g_0 in die Aufrißebene (Abb. 220.1). Wie auf S. 184 konstruieren wir die Bahnschraublinie des Punktes 1. Dann sind die Erzeugenden horizontale, die Achse a schneidende Geraden durch die Punkte dieser Bahnschraublinie.

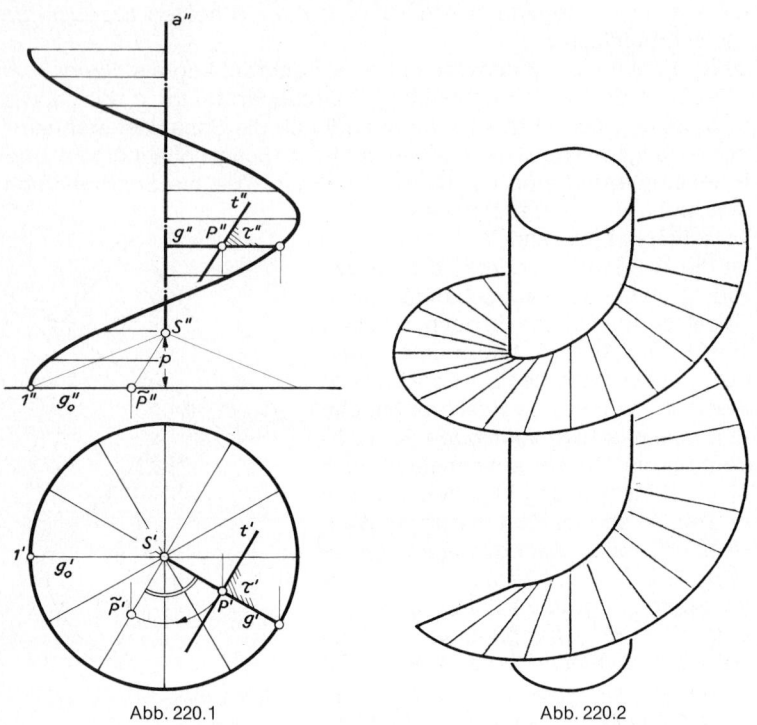

Abb. 220.1	Abb. 220.2

Die Tangentialebene τ in einem Punkt P der Wendelfläche wird aufgespannt von der Erzeugenden g durch P und der Tangente t an die Bahnschraublinie durch P. Nach S. 187 ist t' die Senkrechte auf g' in P', t'' parallel zu der Mantellinie $\tilde{P}''$, S'' des Richtkegels (Abb. 220.1). $\tilde{P}'$ ist der um 90° im Uhrzeigersinn um S' gedrehte Punkt P'.

Die Tangentialebene an die Wendelfläche in einem Punkt Q der Schraubachse a ist vertikal. Sie wird von a und der durch Q gehenden Erzeugenden *g* aufgespannt. Wandern wir auf *g* nach außen, so verläuft die Tangentialebene immer flacher, weil die Neigung der Schraublinientangenten kleiner wird.

Längs einer Bahnschraublinie gehen die Tangentialebenen durch Verschraubung auseinander hervor.

Beispiel 69: Die in Abb. 220.2 dargestellte *Förderschnecke* ist eine Wendelfläche, die längs zweier Bahnschraublinien abgeschnitten

Abb. 221.1   Abb. 221.2

ist. Längs der inneren Bahnschraublinie sitzt die Wendelfläche auf einer drehzylindrischen Spindel.

Beispiel 70: Abb. 221.1 zeigt eine Wendeltreppe in Grund- und Aufriß, Abb. 221.2 dieselbe Treppe in orthogonaler Axonometrie. Die Unterseite der Treppe ist eine Wendelfläche.

Beispiel 71: In Abb. 222.1 ist eine *flachgängige* Schraube dargestellt. Wie groß ist die Ganghöhe der Schraube?

Abb. 222.1

Geschlossene schiefe Regelschraubflächen

Wir verschrauben eine in der Aufrißebene liegende Gerade g_0, die die vertikale Achse a nicht rechtwinklig schneidet, indem wir die Bahnschraublinien von zwei Punkten A_0 und B_0 auf g_0 zeichnen. Diese Schraublinien haben denselben Schraubparameter p; sie liegen auf zwei Zylindern mit den Grundkreisradien $A_0'S'$ bzw. $B_0'S'$ (Abb. 223.1). Die verschraubten Lagen von g_0 erhalten wir als Verbindungsgeraden zusammengehörender Punkte der beiden Bahnschraublinien. Alle Erzeugenden treffen die Achse a.

Die Tangentialebene τ in einem Punkt P der Erzeugenden g wird von g und der Tangente t an die Bahnschraublinie durch P aufgespannt. t ist parallel zur Mantellinie $S, \tilde{P}$ des Richtkegels ($\sphericalangle P'S'\tilde{P}' = 90°$). In einem Punkt Q der Achse a ist τ vertikal. Wandern wir auf der Erzeugenden durch Q weiter nach außen, so dreht sich die Tangentialebene um diese Erzeugende; dabei strebt sie einer Grenzlage zu, die die gleiche Neigung wie die Erzeugende besitzt.

Die *Flächennormale* n in P läßt sich als Normale auf der Tangentialebene τ konstruieren (vgl. S. 74). Hat man einmal in einem Punkt P_0 die Flächennormale n_0 bestimmt, so sind alle Normalen längs der Bahnschraublinie durch P_0 festgelegt, da sie aus n_0 durch Verschraubung hervorgehen.

Im Hinblick auf spätere Anwendungen wollen wir eine Eigenschaft des Grundrisses n' der Flächennormale ableiten. Dazu verschieben wir die Tangentialebene τ parallel, bis sie durch die Spitze S des Richtkegels geht. Die verschobene Tangentialebene $\tilde{\tau}$ wird von $\tilde{g}$ ($\tilde{g}\|g$) und $\tilde{t}$($\tilde{t}\|t$) aufgespannt (Abb. 223.1). Die Spur s von $\tilde{\tau}$ bezüglich der Standebene des Richtkegels ist die Verbindungsgerade der Punkte $\tilde{P}$ und Q. ($\tilde{P}$ und Q sind die Spurpunkte von $\tilde{t}$ und $\tilde{g}$ in der

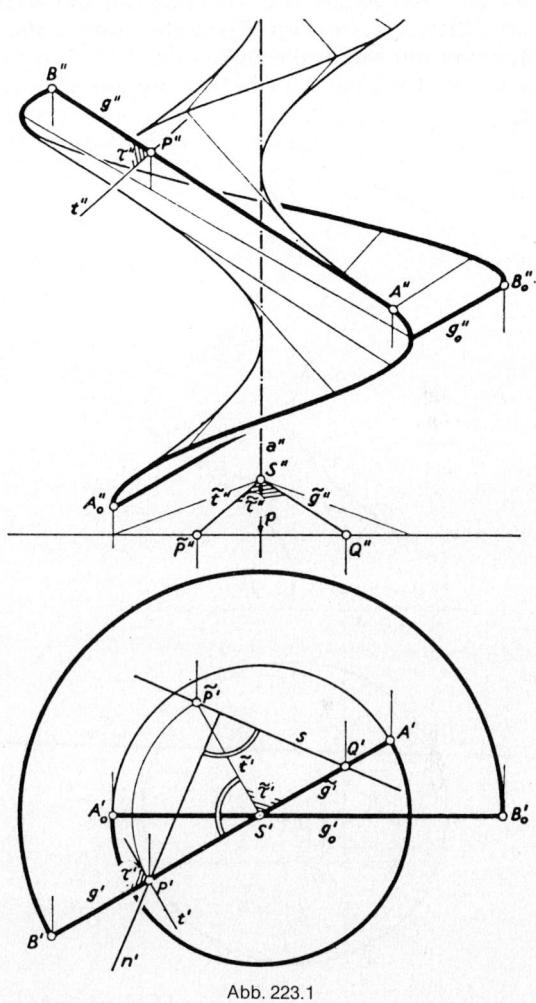

Abb. 223.1

223

Standebene.) In $\tilde{\tau}$ ist die Spur s eine Höhenlinie; da $\tilde{\tau}$ zu τ parallel verläuft, ist s auch zu den Höhenlinien in τ parallel. Folglich steht der Grundriß n' der Flächennormale nach S. 29 auf s senkrecht und geht durch P' (Abb. 223.1). Da der Punkt P' aus $\tilde{P}'$ durch eine 90°-Drehung um S' entgegen dem Urzeigersinn entsteht, folgt:

Der Grundriß der Flächennormale n in einem Punkt P ist die um 90° entgegen dem Uhrzeigersinn um S' gedrehte Spur s. Die Spur s ist die Schnittgerade der durch die Spitze des Richtkegels gelegten Parallelebene zur Tangentialebene in P mit der Standebene des Richtkegels.

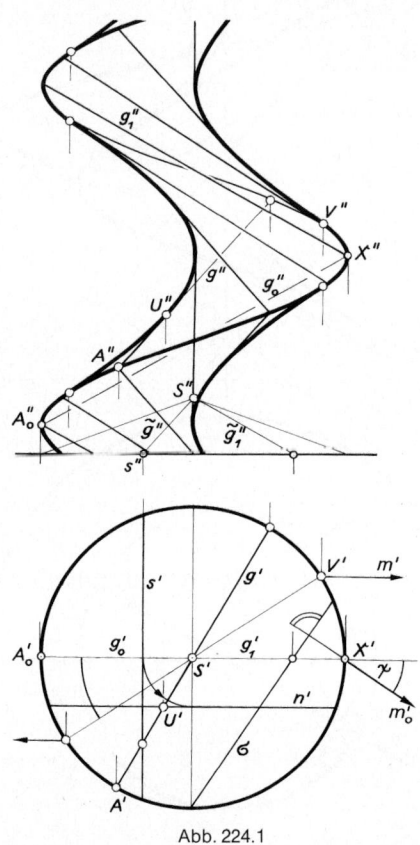

Abb. 224.1

224

Selbstdurchdringungskurve: Die Ausgangserzeugende g_0 durch den Punkt A_0 trifft ihre um 180° verschraubte Erzeugende g_1 in einem Punkt X, da g_0 und g_1 in einer Ebene liegen. Verschrauben wir g_0 und g_1 gleichzeitig, so überstreichen beide Geraden die gleiche Schraubfläche; diese durchdringt sich daher längs der Bahnschraublinie des Punktes X selbst. In Abb. 224.1 ist die Schraubfläche längs dieser Selbstdurchdringungskurve abgeschnitten.

Die Schraublinie durch X ist nicht die einzige Selbstdurchdringungskurve unserer Schraubfläche. Verschrauben wir nämlich die Ausgangserzeugende g_0 um 3π, 5π, ..., so treffen diese Geraden die Ausgangserzeugende g_0 in weiteren Punkten Y, Z, ..., deren Bahnschraublinien wieder Selbstdurchdringungskurven sind. Die Schraublinien durch X, Y, Z, ... sind um $h/2$ gegeneinander versetzt. Sie liegen auf Zylindern, die der Reihe nach die Radien r, $3\,r$, $5\,r$, ... haben. Die Schraublinie durch X ist die innerste Selbstdurchdringungskurve.

Umriß: In Abb. 224.1 ist unsere geschlossene Regelschraubfläche, die längs der innersten Selbstdurchdringungskurve abgeschnitten ist, dargestellt. Nach S. 204 ist die Einhüllende der Erzeugendenschar im Aufriß ein Teil der Umrißlinie. Es zeigt sich, daß auch die Selbstdurchdringungskurve dem Umriß teilweise angehört.

Um die Einhüllende genauer festzulegen, konstruieren wir auf einer Erzeugenden g den Umrißpunkt (bezüglich der zum Aufriß senkrechten Projektionsrichtung). Dieser Umrißpunkt ist gleichzeitig der Berührpunkt von g mit der Einhüllenden. Dazu haben wir auf g einen solchen Punkt zu suchen, in dem die Tangentialebene τ auf der Aufrißebene senkrecht steht, also der Flächennormale eine Frontlinie ist. τ projiziert sich demnach im Aufriß in die Gerade g'' (Abb. 224.1). Da wir die Tangentialebene τ somit kennen, läßt sich nach S. 224 der Grundriß der Flächennormale im gesuchten Umrißpunkt U auf g und damit U selbst konstruieren: Die durch die Spitze S des Richtkegels gelegte Parallelebene $\tilde{\tau}$ zu τ hat bezüglich der Grundebene des Richtkegels eine Spur s, die sich im Aufriß als Punkt s'' und im Grundriß als vertikale Gerade s' darstellt. Drehen wir s' um den Punkt S' entgegen dem Uhrzeigersinn um 90°, so entsteht nach S. 224 der Grundriß n' der gesuchten Flächennormale. Der Schnitt von g' und n' liefert den Grundriß U'. U'' finden wir auf g'' über U'.

Ein Teil der Selbstdurchdringungskurve liegt auf dem Umriß der Schraubfläche. In welchen Punkten löst sich die Selbstdurchdringungskurve von der Umrißlinie ab? Wir finden einen solchen Umrißpunkt V auf der Selbstdurchdringungskurve, indem wir ausnützen, daß in V die Flächennormale parallel zur Aufrißebene, der Grundriß dieser Normale also horizontal ist.

Da die Normalen m längs unserer Schraublinie durch Verschraubung auseinander hervorgehen, konstruieren wir uns etwa im Punkt X eine Flächennormale m_0 und verschrauben sie so lange, bis der Grundriß horizontal wird. m_0' steht senkrecht auf der Grundrißspur σ der in die Spitze S parallel verschobenen Tangentialebene von X (Abb. 224.1). Ist ψ der Winkel zwischen m_0' und g_1', so ist nach Verschraubung um den Winkel ψ der Grundriß von m horizontal. Der mitverschraubte Punkt X kommt dann in die Lage des gesuchten Punktes V. Daher ist V' die um ψ gedrehte Lage von X'; der Aufriß V'' liegt um $p\psi$ höher als X''. – Die anderen Übergangspunkte erhält man, indem man die Symmetrie der Figur ausnutzt.

Nach derselben Methode lassen sich auch die Berührpunkte der Umrißlinie mit irgendeiner Bahnschraublinie bestimmen.

Offene schiefe Regelschraubflächen

Die Ausgangserzeugende g_0 habe von der Schraubachse a den positiven Abstand d. Verschiedene Lagen der Erzeugenden finden wir wieder, indem wir zwei Punkte von g_0 der durch a und den Schraubparameter p festgelegten Schraubung unterwerfen und entsprechende Punkte, die um denselben Winkel φ verschraubt sind, verbinden. Die Erzeugenden berühren einen Zylinder, der a zur Achse und d als Grundkreisradius hat (Abb. 227.1).

Die Tangentialebene durch einen Flächenpunkt P wird aufgespannt von der Erzeugenden g durch P und der Tangente an die Bahnschraublinie durch P. Über den Grundriß n' der Flächennormale gilt daher dieselbe Aussage (vgl. S. 224) wie bei der geschlossenen Schraubfläche. Folglich verläuft auch die Konstruktion des Umrisses für den Aufriß entsprechend.

Auch die offene Schraubfläche hat Selbstdurchdringungen. Der Schnitt der Fläche mit einer Ebene durch die Achse besteht nämlich aus einem System von „gleichabständigen" Kurven, die miteinander unendlich viele Schnittpunkte besitzen. Die Bahnschraublinien durch diese Schnittpunkte sind Selbstdurchdringungskurven unserer Fläche.

Aufgabe: Als Parameterdarstellung einer offenen schiefen Regel-schraubfläche ($p > 0$, $d > 0$) kann man verwenden:

$$x = u \cdot \cos v - d \cdot \sin v$$
$$y = -u \cdot \sin v - d \cdot \cos v$$
$$z = m \cdot u + p \cdot v.$$

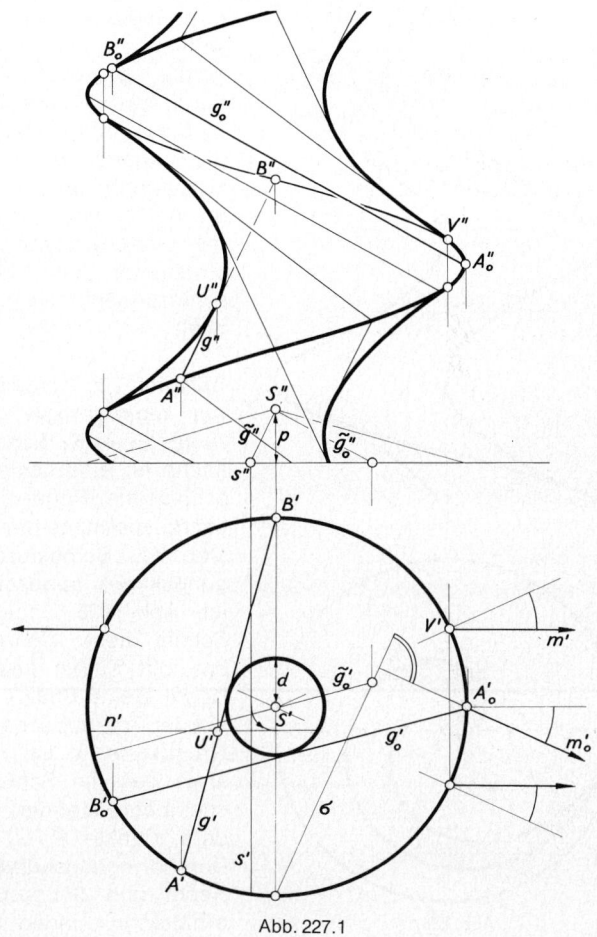

Abb. 227.1

Dabei ist $m > 0$ die Steigung der Erzeugenden gegen die Horizontalebene. Man zeige, daß der Schnitt dieser Fläche mit der Ebene $x = 0$ durch

$$y = -\frac{d}{\cos v}, \quad z = m \cdot d \cdot \tan v + p \cdot v$$

beschrieben wird und prüfe nach, daß es unendlich viele Doppelpunkte gibt.

In Abb. 227.1 gehen wir von der innersten Selbstdurchdringungskurve aus und wählen als Anfangserzeugende g_0 eine Gerade durch zwei Punkte A_0 und B_0 dieser Kurve. Man lese die angegebenen Konstruktionen für den Umriß im Aufriß und vergleiche die entsprechenden Konstruktionen bei der geschlossenen Schraubfläche!

Beispiel 72: *Korkenzieher mit kegelförmiger Abdrehung.* Eine Korkenzieherfläche ist eine schiefe geschlossene Regelschraubfläche, die längs der innersten Selbstdurchdringungskurve abgeschnitten ist. Abb. 228.1 zeigt den Schnitt dieser Schraubfläche mit einem koaxialen Kegel. Seine Spitze S liegt auf der Schraubachse, sein Grundkreis k ist Höhenkreis des die Schraubfläche begrenzenden Zylinders. Punkte P, Q, R der Durchdringungskurve von Kegel und Schraubfläche erhalten wir, indem wir je-

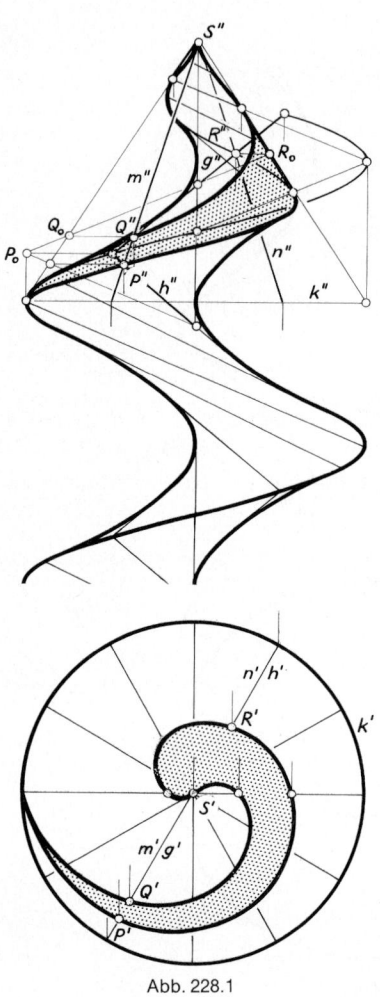

Abb. 228.1

weils die in einer Meridianebene gelegenen Kegelmantellinien *m, n* und die Erzeugenden *g, h* der Schraubfläche zum Schnitt bringen. Um schleifende Schnittpunkte zu vermeiden, wird diese Meridianebene zur Aufrißtafel parallel gedreht. Die mitherumgedrehten Erzeugenden schneiden im Aufriß die Umrißmantellinien des Kegels in den Punkten P_0, Q_0, R_0, aus denen sich durch Drehen in die ursprüngliche Lage die gesuchten Schnittpunkte ergeben.

Beispiel 73: *Holzbohrer in senkrechter Axonometrie* (Abb. 229.1). Die Stirnschneiden s_1 und s_2, die von der Achse den gleichen Abstand haben, erzeugen bei der Verschraubung die beiden Spanflächen Φ_1 und Φ_2 (offene Wendelflächen) des Bohrers. Durch die Stirnschneiden sind zwei Ebenen ε_1 und ε_2 gelegt, die man als „Freiflächen" bezeichnet. Symmetrisch zur Achse werden die beiden Mantelschneiden m_1 und m_2 angebracht.

Schnittkurvenpunkte von Freiflächen und Spanflächen erhält man als Durchstoßpunkte der Erzeugenden der Spanflächen mit den Freiflächen.

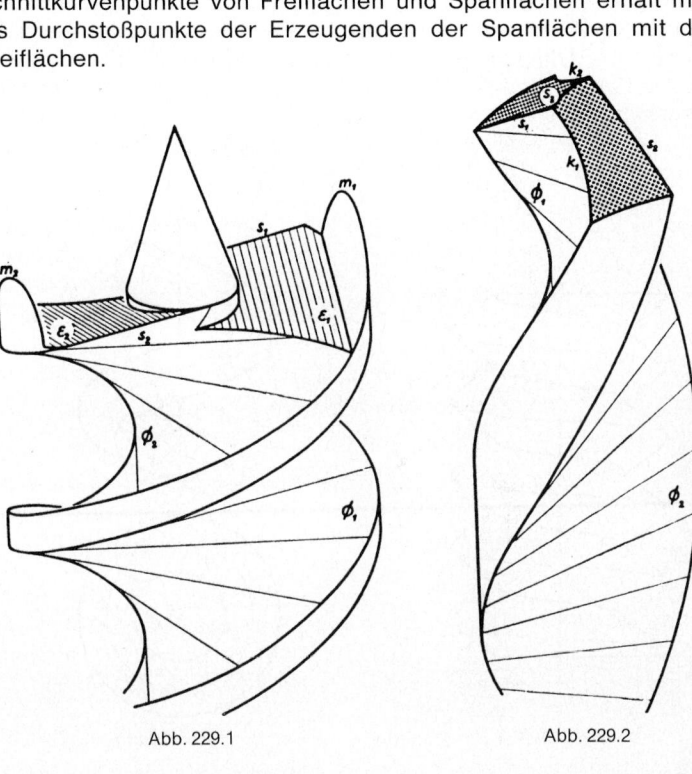

Abb. 229.1   Abb. 229.2

229

Beispiel 74: *Spiralbohrer* (Abb. 229.2). Die Spanflächen sind zwei schiefe, offene Regelschraubflächen Φ_1 und Φ_2. Die Schneiden s_1 und s_2 sowie die Kurven k_1 und k_2 entstehen als Schnitte der Spanflächen mit zwei Kreiskegeln, deren Achsen zur Schraubachse geneigt sind. (s_1 und s_2 sind keine Geraden!) Diese beiden Kegel treffen sich in der Nebenschneide s_3. In Abb. 229.2 sind die als Oberfläche des Bohrers auftretenden Stücke der Kegelmäntel punktiert.

Aufgabe: Abb. 230.1 zeigt eine scharfgängige Schraube. Man deute die Oberfläche der Schraube als scharfgängige Regelschraubfläche mit zwei Selbstdurchdringungskurven!

Bisher haben wir nur Schraubflächen betrachtet, auf denen eine Schar von Geraden liegt. Als Beispiel einer allgemeineren Schraubfläche ist in Abb. 230.2 die Einhüllende einer Kugelschar dargestellt, deren Mittelpunkte M auf einer Schraublinie s wandern. Die erzeugenden Kurven dieser Schraubfläche sind die Kreise, in denen die Kugeln ihre Hüllfläche berühren. Im Aufriß ist der Umriß dieser Fläche die Einhüllende der Kugelumrißkreise. Man achte auf den Windungssinn von s!

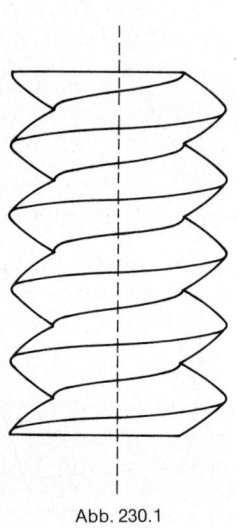

Abb. 230.1

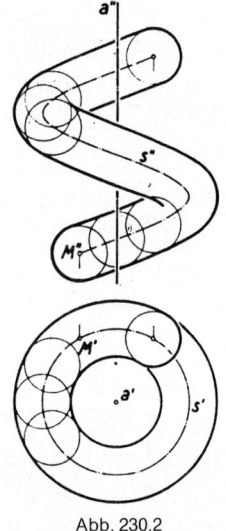

Abb. 230.2

Durchdringungen

Durchstoßpunkte einer Kurve mit einer Fläche

Diese Aufgabe wird stets auf Grund folgender allgemeiner Überlegung gelöst:

Um den Durchstoßpunkt P einer Kurve k mit einer Fläche F zu bestimmen, wird durch k eine Hilfsfläche F' gelegt, die F in einer Hilfskurve k' schneidet. Ein Schnittpunkt der beiden Kurven k und k' ist ein gesuchter Durchstoßpunkt P (Abb. 231.1).

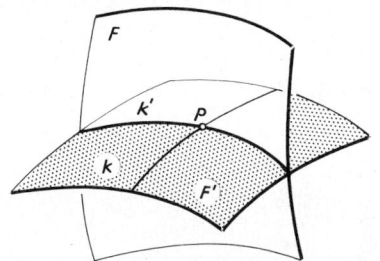

Abb. 231.1

Bei der Anwendung dieses allgemeinen Grundsatzes muß die Hilfsfläche F' nach Möglichkeit so geschickt gewählt werden, daß sich die Hilfskurve k' leicht und bequem ergibt.

Beispiel 75: *Durchstoßpunkte von Gerade und Kugel* (Abb. 232.1). Als Hilfsfläche wird die zur Grundrißtafel senkrechte Ebene durch die Gerade g gewählt. Sie schneidet die Kugel in einem Kreis, der in der Umlegung in wahrer Größe erscheint ($O'(O) = M'' M_0$; Durchmesser = Sehnenlänge im Grundriß). Die umgelegte Gerade (g) trifft diesen Kreis in den beiden Punkten (X) und (Y); durch Zurückgehen zum Grundriß und Aufriß werden die Bilder X', X'' und Y', Y'' der beiden Durchstoßpunkte gewonnen.

Beispiel 76: *Durchstoßpunkte von Gerade und Kegel* (Abb. 232.2). Als Hilfsfläche verwenden wir die von der Gerade g und der Kegelspitze S aufgespannte Ebene. Diese Ebene schneidet den Kegel in zwei Mantellinien, die von den Schnittpunkten ihrer Spur (Verbindungsgerade der Spurpunkte von g und von einer Hilfsgerade) mit dem Grundkreis des Kegels ausgehen. Die gesuchten Durchstoßpunkte sind die Schnittpunkte der Kegelmantellinien mit g.

231

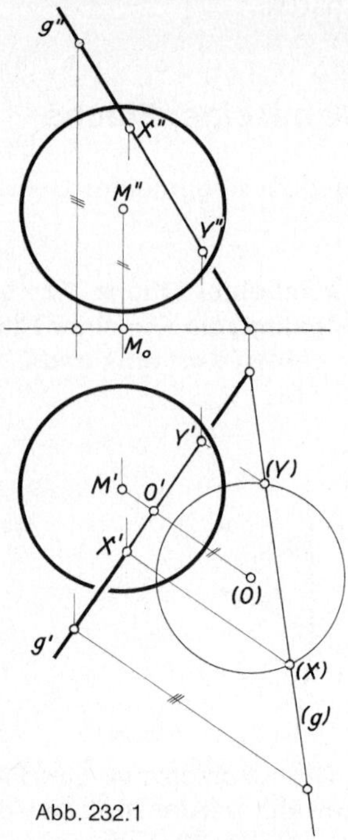

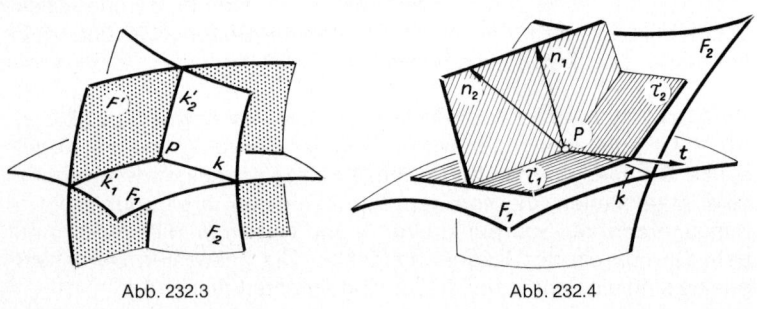

Abb. 232.1

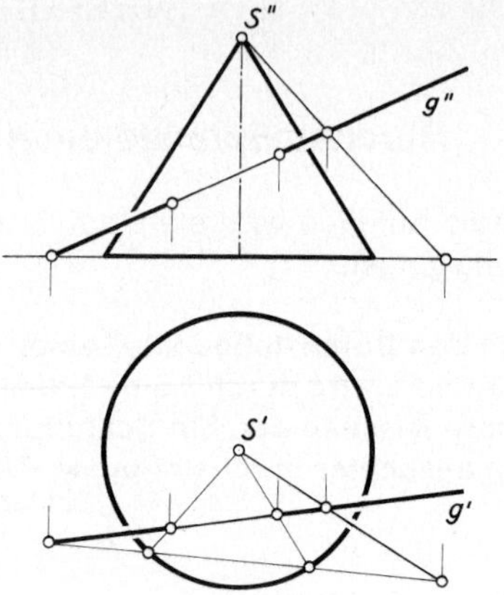

Abb. 232.2

Durchdringungskurve zweier Flächen

Die Durchdringungskurve zweier Flächen wird durch eine Anzahl ihrer Punkte und Tangenten bestimmt. Diese Punkte und Tangenten lassen sich stets auf Grund folgender allgemeiner Überlegungen finden:

Abb. 232.3

Abb. 232.4

1. Punktkonstruktion (Abb. 232.3):

Um Punkte *P* der Durchdringungskurve *k* zweier Flächen F_1 und F_2 zu finden, wird eine Schar von Hilfsflächen *F* benutzt. Jede solche Fläche *F* schneidet F_1 in einer Hilfskurve k_1 und F_2 in einer Hilfskurfe k_2. Ein k_1 und k_2 gemeinsamer Punkt *P* ist ein Punkt der gesuchten Durchdringungskurve *k*.

2. Tangentenkonstruktion (Abb. 232.4):

a) Tangentialebenenverfahren.

Die Tangente *t* an *k* in *P* ist die Schnittgerade der beiden Tangentialebenen τ_1 und τ_2 an die beiden Flächen F_1 und F_2.

b) Normalenverfahren.

Die Tangente *t* an *k* in *P* ist die Senkrechte auf der Ebene durch die beiden Flächennormalen $n_1 \perp \tau_1$ und $n_2 \perp \tau_2$ von F_1 und F_2 in *P*.

Bei der Anwendung dieses allgemeinen Verfahrens werden die Hilfsflächen *F* nach Möglichkeit so geschickt gewählt, daß die Kurven k_1 und k_2 leicht und bequem zu zeichnen sind. Die gesuchte Durchdringungskurve *k* wird durch eine nicht zu kleine Zahl gut verteilter Punkte und Tangenten bestimmt; besonders geeignet sind dafür ausgezeichnete Punkte (Umrißpunkte, höchste und tiefste Punkte usw.).

Für den Verlauf und die Eigenschaften einer Durchdringungskurve ist ihre Art oft aufschlußreich; im folgenden sind dafür einige Erklärungen und Sätze über *algebraische Kurven und Flächen* ohne Beweis zusammengestellt. Eine Fläche heißt algebraisch, wenn sie durch eine Gleichung der Form

$$\sum_{i,k,l} a_{ikl} x^i y^k z^l = 0$$

beschrieben werden kann. *x, y, z* sind die kartesischen Koordinaten der Flächenpunkte. – Eine algebraische Kurve ist der Schnitt zweier algebraischer Flächen. Dem Standpunkt der algebraischen Geometrie entsprechend sind dabei auch *komplexe* und *unendlich ferne* Kurven- und Flächenpunkte zugelassen, während in der darstellenden Geometrie nur die *reellen* Punkte betrachtet werden. Auch ist zu berücksichtigen, daß Schnittpunkte gemäß ihrer *algebraischen Vielfachheit* zu zählen sind.

Erklärungen:

1) **Ordnung einer ebenen algebraischen Kurve heißt die Anzahl der Schnittpunkte, die sie mit einer Geraden ihrer Ebene hat.**

(Zum Beispiel: die Gerade ist von 1. Ordnung; Kreis, Ellipse, Parabel, Hyperbel sind Kurven 2. Ordnung.)

2) Ordnung einer algebraischen Raumkurve heißt die Anzahl der Durchstoßpunkte, die sie mit einer Ebene hat.

3) Ordnung einer algebraischen Fläche heißt die Anzahl der Durchstoßpunkte, die sie mit einer Geraden hat.

(Zum Beispiel: die Ebene ist von 1. Ordnung; Kugel, Kreiskegel, Kreiszylinder sind von 2. Ordnung; die Kreisringfläche ist von 4. Ordnung. [vgl. S. 202]).

Sätze:

1) Zwei algebraische Kurven m. und n. Ordnung in derselben Ebene haben $m \cdot n$ Schnittpunkte.

(Zum Beispiel: zwei Ellipsen haben [höchstens] $2 \cdot 2 = 4$ [reelle] Schnittpunkte.)

2) Zwei algebraische Flächen m. und n. Ordnung haben eine algebraische Durchdringungskurve von der Ordnung $m \cdot n$.

(Zum Beispiel: zwei Kreiszylinder durchdringen einander in einer Raumkurve 4. Ordnung [$2 \cdot 2 = 4$]; der ebene Schnitt einer Kreisringfläche ist eine ebene Kurve 4. Ordnung [$1 \cdot 4 = 4$], vgl. Abb. 205.1 und Abb. 211.1.)

3) Die Projektion einer (ebenen oder gewundenen) algebraischen Kurve m. Ordnung ist im allgemeinen, d. h. bei geeignet gewählter Projektionsrichtung, eine ebene algebraische Kurve m. Ordnung.

(Zum Beispiel: die Projektion einer Geraden ist eine Gerade; die Projektion eines Kreises ist eine Ellipse [beide von 2. Ordnung].)

Bei der Anwendung dieser Sätze muß beachtet werden, daß nicht alle Schnitt- oder Durchstoßpunkte *reell* zu sein brauchen. So schneiden z. B. zwei Kugeln (Flächen 2. Ordnung) einander in einem Kreis, also einer Kurve 2. Ordnung, obgleich sich eine Kurve 4. Ordnung ($2 \cdot 2 = 4$) erge-

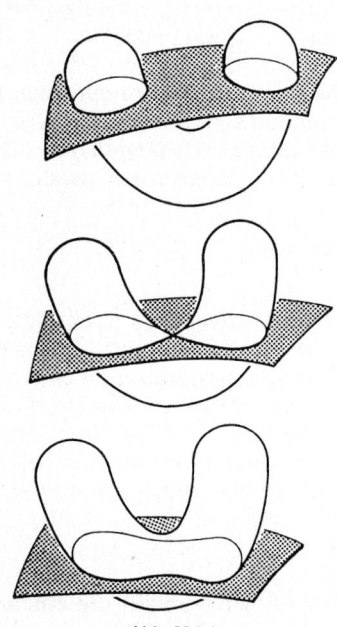

Abb. 234.1

ben müßte. Dieser Widerspruch löst sich dadurch, daß alle Kugeln noch durch einen zweiten, nicht reellen Kreis, den *absoluten Kugelkreis,* laufen, der zeichnerisch nicht erfaßbar ist.
Schließlich ist noch die Beachtung folgenden Satzes bei der zeichentechnischen Praxis von Wichtigkeit:

Besitzen zwei Flächen F_1 und F_2 eine gemeinsame Tangentialebene, so hat ihre Durchdringungskurve i. a. im Berührungspunkt einen singulären Punkt (Doppelpunkt oder Spitze oder isolierten Punkt).

Abb. 234.1 zeigt den allmählichen Übergang einer Durchdringungskurve von zwei geschlossenen Kurvenzweigen über die ∞-Form (Doppelpunkt!) zur Katzenzungenform.
Eine Fläche kann in einem Punkt *elliptisch,* Abb. 235.1 links, *parabolisch,* Abb. 235.1 Mitte, oder *hyperbolisch,* Abb. 235.1 rechts, *gekrümmt* sein. Nur die überall parabolisch gekrümmten Flächen können in die Ebene abgewickelt werden; sie sind deshalb wichtig, weil die aus ihnen zusammengesetzten technischen Formen sich aus ebenen Stücken durch Zusammenbiegen herstellen lassen. Die technisch wichtigsten parabolisch gekrümmten Flächen sind die (allgemeinen) *Kegel* und *Zylinder* (vgl. S. 190). Man stelle parabolisch gekrümmte Flächen durch Biegen eines Papierblattes (ohne Knautschen!) her!

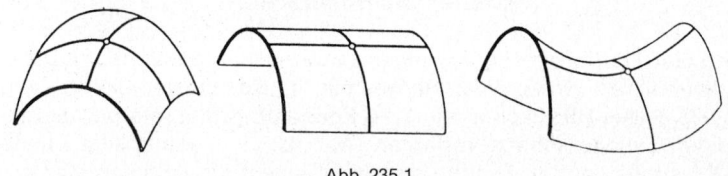

Abb. 235.1

Abb. 236.1 zeigt im Achsenschnitt, wie ein Viertelkrümmer (nichtabwickelbare Fläche) durch eine Reihe umschriebener Zylinder (abwickelbare Flächen) ersetzt wird (vgl. S. 122).
Der allgemeine Typ einer abwickelbaren Fläche heißt *Torse.* Diese Form entsteht, wenn man an eine Raumkurve alle Tangenten zieht und die Fläche betrachtet, die von diesen Tangenten erfüllt wird. Die Torsen gehören also zu den Regelflächen (S. 217). Abb. 236.2 zeigt eine Torse als Bespannungsfläche zwischen zwei Profilschnitten eines Flugzeugflügels. Gemeinsame Tangentialebenen der beiden

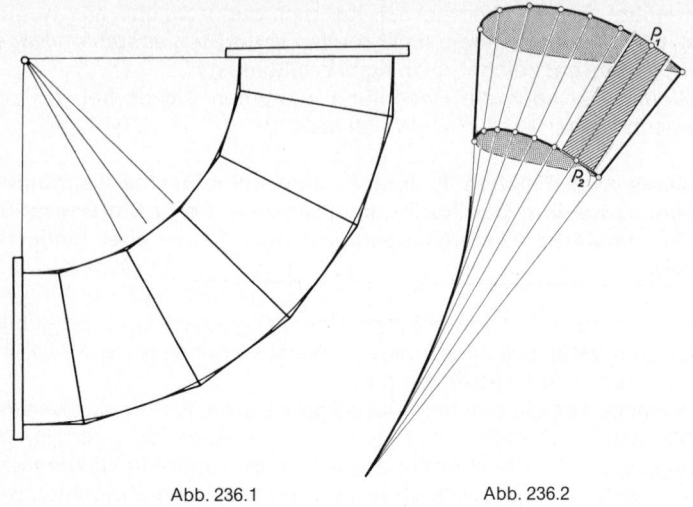

Abb. 236.1   Abb. 236.2

Profile berühren die Fläche längs einer Gerade P_1, P_2, die zu den Tangenten der erzeugenden Raumkurve gehört.

Beispiele

Ebenen als Hilfsflächen

Beispiel 77: *Durchdringung eines zylindrischen Stutzens mit einer zylindrischen Kreiskehle,* dargestellt in Kavalierprojektion (vgl. S. 93). – Als Hilfsflächen sind die Ebenen gewählt, die parallel zu beiden Zylinderachsen verlaufen (Abb. 237.1). Jede solche Ebene ABC schneidet den Zylinderstutzen in einem Mantellinienpaar m_1, m_2 und die Kehle in einer Mantellinie $\bar{m}$. Die Schnittpunkte P_1 von m_1 und $\bar{m}$ sowie P_2 von m_2 und $\bar{m}$ sind Punkte der gesuchten Durchdringungskurve. Die Tangente $t = T$, P_1 in P_1 ist nach dem Tangentialebenenverfahren als Schnittgerade der beiden Tangentialebenen (Spuren s und $\bar{s}$, Schnittpunkt T) gefunden. Beim parallelen Verschieben der Hilfsebene ergeben sich als ausgezeichnete Kurvenpunkte der Punkt Y auf der Grenzmantellinie und der tiefste Kurvenpunkt X, in dem die Tangente parallel zur Tiefenrichtung A, B ist. – Da die Zylinder Flächen 2. Ordnung sind, ist die Durchdringungskurve von 4. Ordnung ($2 \cdot 2 = 4$).

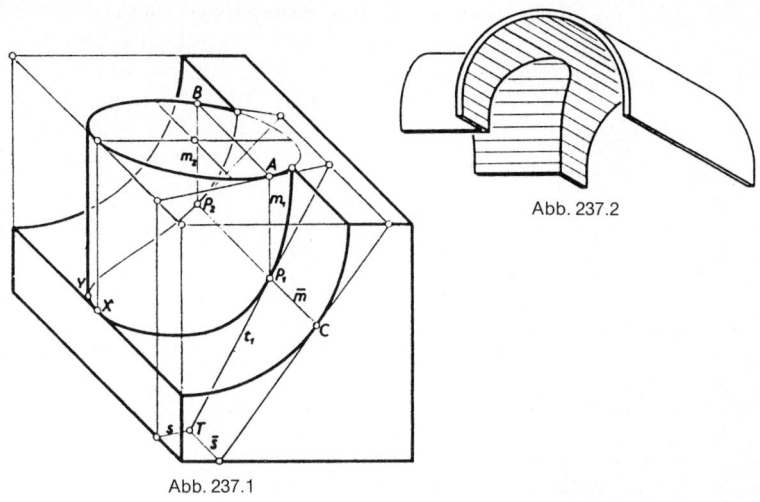

Abb. 237.2

Abb. 237.1

Beispiel 78: Denselben geometrischen Sachverhalt zeigt Abb. 237.2 in anderer Deutung: ein zylindrisches *Quergewölbe* dringt in das *Haupttonnengewölbe* längs einer Raumkurve 4. Ordnung ein. Solche Kurven findet man vielfach an den Decken großer Hallen und Lichthöfe.

Beispiel 79: *Durchdringung Kegel – Kugel* (Abb. 238.1, Grundriß-Aufriß-Darstellung). Vgl. auch Beispiel 85. – Als Hilfsflächen sind Höhenebenen benutzt; jede solche Höhenebene schneidet beide Flächen in Kreisen (Mittelpunkte M und $\bar{M}$), die im Grundriß in wahrer Größe erscheinen. Ihre Schnittpunkte P_1 und P_2 sind Punkte der gesuchten Durchdringungskurve. Die Tangente t ist nach dem Tangentialebenenverfahren gefunden (man ergänze die Konstruktion! Vgl. auch Beispiel 64). – Kugel und Kegel sind Flächen 2. Ordnung, die Durchdringungskurve ist also von 4. Ordnung ($2 \cdot 2 = 4$). Da aber wegen der symmetrischen Lage zu einer Parallelebene der Aufrißtafel jeder Aufrißpunkt doppelt zu zählen ist (P_1' und P_2' haben ihren gemeinsamen Aufriß in P''), wird die Aufrißprojektion der Durchdringungskurve 4. Ordnung eine (doppelt zählende) *Kurve 2. Ordnung,* und zwar eine *Parabel.* Bemerkenswert ist, daß als Projektionsbild nur ein Teil der Parabel erscheint; die Tangenten der Raumkurve in

237

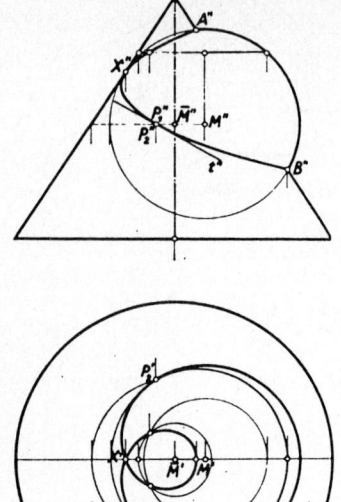

seinen Endpunkten A und B sind Projektionsstrahlen (vgl. S. 203). – Bei der in Abb. 238.1 gewählten Lage haben Kegel und Kugel in X eine gemeinsame Tangentialebene: die Grundrißkurve besitzt in X′ einen *Doppelpunkt.*

Abb. 238.1

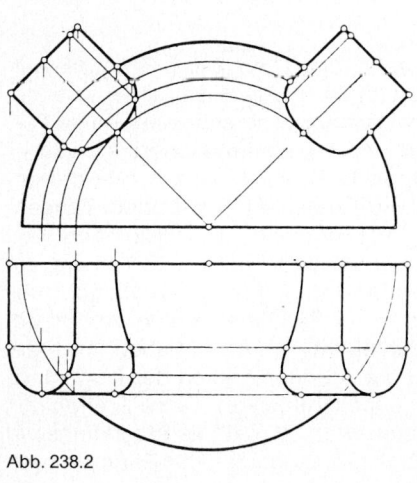

Abb. 238.2

Beispiel 80: Abb. 238.2 zeigt als architektonisches Motiv in Grund- und Aufriß einen *halbkugelförmigen Vorbau* mit zwei Eingängen, die aus parallelen Seitenebenen mit verbindendem Halbzylinder bestehen. Punkte der Durchdringungskurven sind wieder mit Hilfe von Höhenschnitten gewonnen, die Tangenten können nach dem Tangentialebenenverfahren konstruiert werden. Die Durchdringungskurve im Raum besteht aus Kreisbögen und einem Kurvenbogen 4. Ordnung. In ähnlicher Weise lassen sich die meisten *Stichkappen* konstruieren.

Beispiel 81: *Rohrkrümmer mit zylindrischer Zuleitung,* Grundriß-Aufriß-Darstellung, Abb. 239.1. – Als Hilfsflächen sind Frontebenen gewählt; jede solche Frontebene (Spur *f*) schneidet aus dem Zylinder einen Kreis, dessen Aufriß in den Grundkreis *k* fällt, aus dem Rohrkrümmer ein Kreisquadrantenpaar k_1, k_2, das im Aufriß in wahrer Größe um die als Punkt abgebildete Krümmungsachse *m* er-

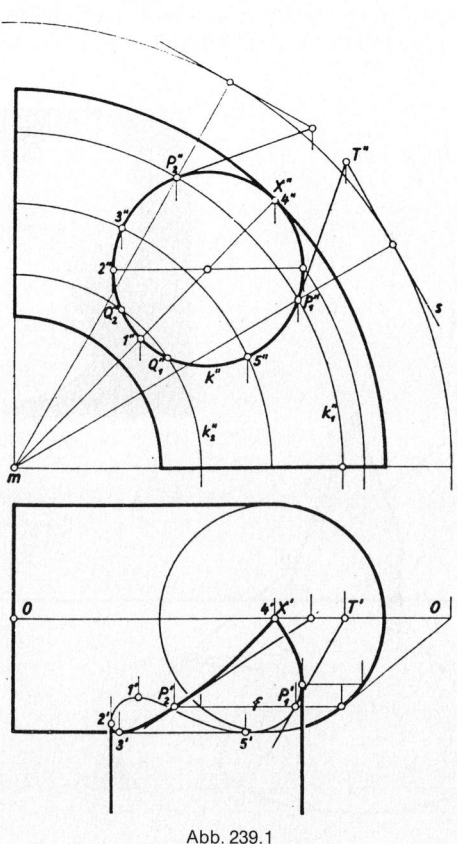

Abb. 239.1

scheint. Die Schnittpunkte P_1'' und P_2'' bzw. Q_1'' und Q_2'' von k'' und k_1'' bzw. k_2'' sind Punkte der Durchdringungskurve; auf ihren Ordnungslinien findet man auf f die zugehörigen Grundrisse P_1' und P_2'. Man achte beim Verschieben der Frontebene vor allem auf die ausgezeichneten Lagen 1, 2, 3, 4, 5! Die Tangenten sind nach dem Tangentialebenenverfahren konstruiert: die Spuren der beiden Tangentialebenen in der aufrißparallelen Ebene $O \ldots O$ schneiden sich im Punkt T''; der Grundriß T' liegt auf $O \ldots O$; T', P_1' ist die gesuchte Tangente in P_1'. (Vgl. zur Zeichnung der Tangentialebene des Krümmers das Verfahren auf S. 205). — Die Durchdringungskurve des Krümmers (Fläche 4. Ordnung) und des Zylinders (Fläche 2. Ordnung) ist von 8. Ordnung ($2 \cdot 4 = 8$); im Aufriß erscheint sie wegen der Sonderlage des Zylinders als Kreis. In X haben die beiden Flächen eine gemeinsame Tangentialebene: X ist Doppelpunkt der Kurve.

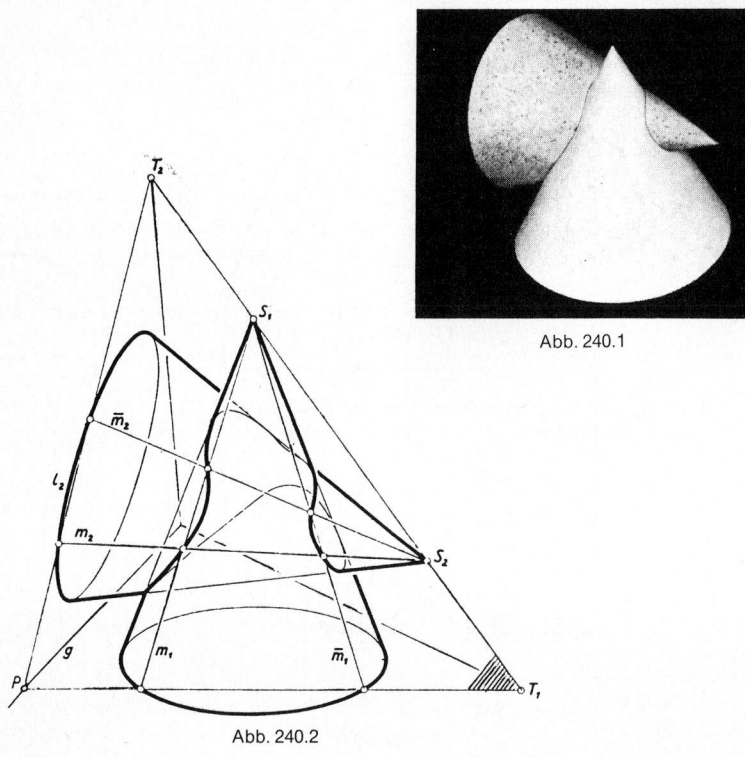

Abb. 240.1

Abb. 240.2

Beispiel 82: *Durchdringung zweier allgemeiner Kegel (Pendelebenenverfahren).* In Abb. 240.2 sind zwei Kegel (hier Kreiskegel) durch ihre Leitkurven l_1, l_2 und ihre Spitzen S_1, S_2 gegeben (vgl. S. 190). Die Ebenen von l_1 und l_2 schneiden sich in der Gerade *g*, und die Verbindungsgerade S_1, S_2 der Spitzen trifft die Ebene von l_1 bzw. l_2 in dem Punkt T_1 bzw. T_2. Um die Durchdringungskurve (hier 4. Ordnung) der beiden Flächen zu konstruieren, werden als Hilfsflächen diejenigen Ebenen gewählt, die durch die beiden Spitzen S_1 und S_2 gehen. Eine solche Ebene $T_1 P T_2$ schneidet beide Kegelflächen in Erzeugenden m_1, $\bar{m}_1$ bzw. m_2, $\bar{m}_2$, deren vier Schnittpunkte der gesuchten Durchdringungskurve angehören. Die ganze Schar der zu benutzenden Hilfsebenen erhält man, indem man eine von ihnen um die Gerade S_1, S_2 „pendeln" läßt (Pendelebenenverfahren!). Dieses Verfahren läßt sich sinngemäß auch bei der Verschneidung von Pyramiden, Prismen und Zylindern anwenden. – Die Tangente kann nach dem Tangentialebenenverfahren wie auf S. 236 konstruiert werden. – Warum hat das Bild der Durchdringungskurve (Abb. 240.2) eine Spitze?

Beispiel 83: *Propeller* (Abb. 241.1). Auf einer Halbkugel sitzen drei Flügel eines Propellers. Die Flügel sind Teile von geschlossenen Wendelflächen bezüglich der Schraubachse *a*. Um Punkte der Durchdringungskurve der Kugel mit einer Wendelfläche zu konstruieren, wählen wir aufrißparallele Hilfsebenen. Diese Hilfsebenen schneiden die Kugel in Kreisen *k* und die Wendelfläche in Erzeugenden *g*. Die Schnittpunkte von *g* und *k* sind Punkte *P* der Durchdringungskurve.

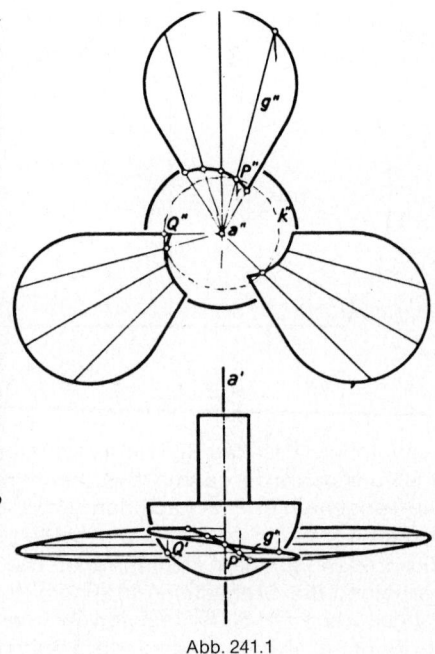

Abb. 241.1

241

Kugeln als Hilfsflächen

Beispiel 84: *Kegelförmiger Stutzen an einer Kanne* (Abb. 242.1). Die Kanne ist als Drehfläche durch ihren Meridian gegeben. Die Achse dieser Drehfläche und die Kegelachse schneiden einander. Die Ebene durch die beiden Achsen ist als Bildebene gewählt; wegen der Rotationssymmetrie beider Flächen braucht man hier nur *eine* Bildtafel. (Der Grundriß ist überflüssig!)

Als Hilfsflächen wählen wir die Schar konzentrischer Kugeln um den Achsenschnittpunkt. Jede solche Kugel schneidet die beiden Drehflächen in Breitenkreisen, von denen k_1 und k_2 eingezeichnet sind. Sie erscheinen in der Projektion als Strecken AB bzw. CD; ihr

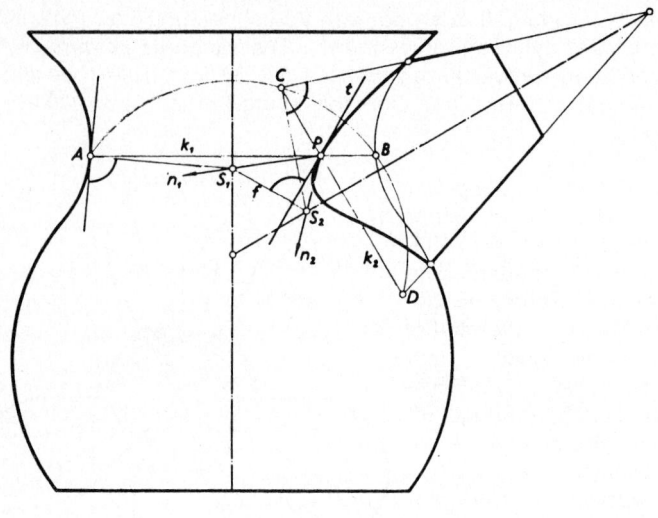

Abb. 242.1

Schnittpunkt P ist das Bild eines symmetrisch zur Bildebene liegenden Punktpaars der räumlichen Durchdringungskurve.

Die Tangente t in P ist nach dem *Normalenverfahren* gefunden. Die beiden Normalen n_1 und n_2 der beiden Drehflächen sind durch Zurückdrehen auf den Nullmeridian wie auf S. 194 bestimmt; sie schneiden die Drehachsen in einem Punkt S_1 bzw. S_2. Die Verbindungsgerade $f = S_1$, S_2 liegt sowohl in der Normalebene als auch in der Bildtafel. Die Projektion t der Senkrechten auf der Normalebene steht demnach senkrecht auf *f* (vgl. S. 74). Die Tangente *t* in *P* ist also das auf *P* auf *f* = S_1, S_2 gefällte Lot.

Das vorstehend geschilderte Kugelverfahren führt stets zum Ziel, wenn die Durchdringungskurve zweier Drehflächen mit einander schneidenden Achsen zu konstruieren ist. Es ist dann anwendbar, wenn als Bildebene die Ebene der beiden Achsen gewählt wird.

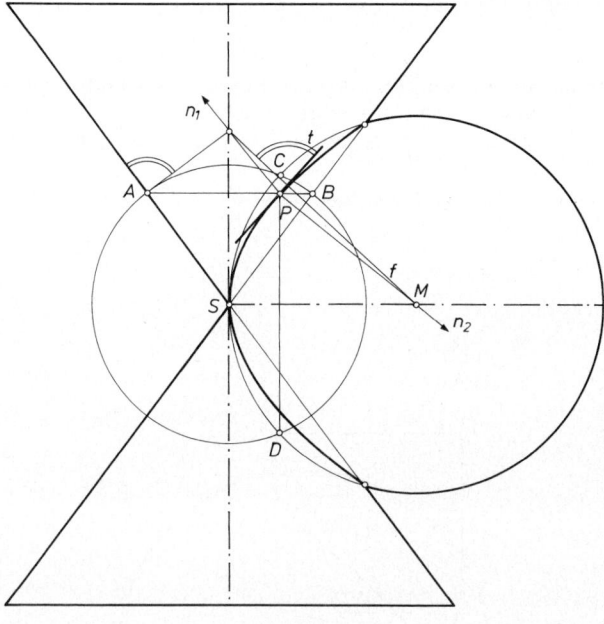

Abb. 243.1

Beispiel 85: *Viviani-Kurve* (Abb. 243.1). Es handelt sich um die Durchdringung von Doppelkegel und Kugel, wobei die Kugel durch die Kegelspitze geht und die Kegelachse berührt.
Die Konstruktion von Punkten der Schnittkurve mit zugehörigen Tangenten verläuft wie in Beispiel 84; dabei ist die von der Kegelachse und dem Kugelmittelpunkt aufgespannte Ebene als Aufrißtafel verwendet. Der Aufriß der Durchdringungskurve ist ein doppelt überdeckter Parabelbogen.

243

Im Grundriß (den wir bei der Konstruktion gar nicht benötigten) erscheint die Schnittkurve als doppelt überdeckter Kreis. Dies ergibt sich am einfachsten aus der analytischen Darstellung der beiden Flächen. Wir legen dazu den Ursprung in die Kegelspitze, den Kugelmittelpunkt auf die x-Achse und nehmen die Kegelachse als z-Achse. Der Doppelkegel wird dann beschrieben durch

$$a^2 (x^2 + y^2) - z^2 = 0,$$

und die Kugel durch

$$x^2 + y^2 + z^2 - 2bx = 0.$$

Dabei ist $a = \tan \alpha$ die Steigung der Kegelerzeugenden gegenüber der Grundrißebene und b der Kugelradius.
Durch Elimination von z^2 ergibt sich als Gleichung der Grundrißkurve:

$$(1 + a^2) (x^2 + y^2) - 2bx = 0$$

oder

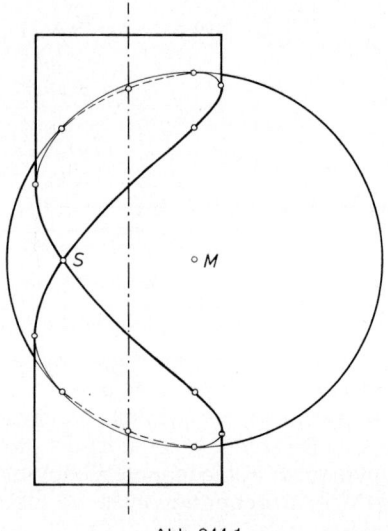

Abb. 244.1

244

$$\left(x - \frac{b}{1 + a^2}\right)^2 + y^2 = \frac{b^2}{(1 + a^2)^2}.$$

Der Radius des hierdurch dargestellten Kreises ist

$$r = \frac{b}{1 + a^2} = \frac{b}{1 + \tan^2\alpha} = b\cos^2\alpha.$$

Man erhält somit dieselbe Durchdringungskurve, wenn man die Kugel mit einem geeigneten (berührenden) geraden Kreiszylinder schneidet.

Der Schnitt ist eine algebraische Raumkurve 4. Ordnung. Für den Sonderfall $a = 1$, d. h. für $2\,r = b$ wird die Kurve nach Vincenzo VIVIANI benannt, der 1692 den Flächeninhalt des von dieser Kurve begrenzten Teils der Kugeloberfläche berechnete (vgl. Abb. 244.1).

Beispiel 86: *Rohrstutzen* (Abb. 245.1). Der Schnittpunkt der beiden Zylinderachsen ist O. Wie in Beispiel 84 werden als Hilfsflächen konzentrische Kugeln um O gewählt, die beide Zylinder in Kreisen schneiden. (An Stelle dieses Kugelverfahrens lassen sich auch Frontebenen als Hilfsflächen benutzen, die aus beiden Zylindern

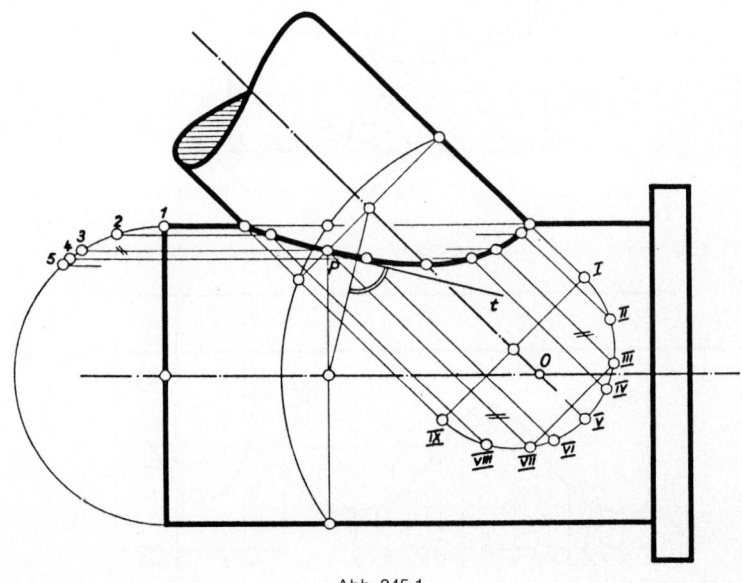

Abb. 245.1

245

Mantellinienpaare ausschneiden. Man lese Abb. 245.1.) Die Tangente *t* ist nach dem *Normalenverfahren* gewonnen.

Die räumliche Durchdringungskurve ist von 4. Ordnung; die Projektionskurve ist, da jeder ihrer Punkte *P* doppelt zählt, von 2. Ordnung, also ein Kegelschnitt (vgl. Beisp. 79 und 85). Dieser Kegelschnitt kann nur eine *Hyperbel* sein, denn denkt man sich den Stutzenzylinder verlängert, bis er auf der Unterseite des Rohrs wieder ausstößt, so entsteht dort als Durchdringung ein symmetrischer Kurvenbogen. Die so gewonnenen beiden Kegelschnittbogen, die die Projektion *einer* Raumkurve 4. Ordnung sind, können aber nur einer Hyperbel angehören.

Denkt man sich den Stutzenzylinder mit festbleibender Achse dicker werden (Abb. 246.1), bis sein Durchmesser gleich dem des Hauptrohrs geworden ist, so ist in diesem Grenzfall eine *Rohrabzweigung* entstanden (vgl. S. 119, Rohrknie und S. 162, Rohrkreuz). Die beiden Zylinder haben dann zwei gemeinsame Tangentialebenen, die Durchdringungskurve 4. Ordnung besitzt also zwei Doppelpunkte.

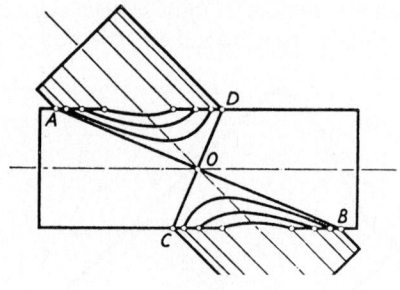

Abb. 246.1

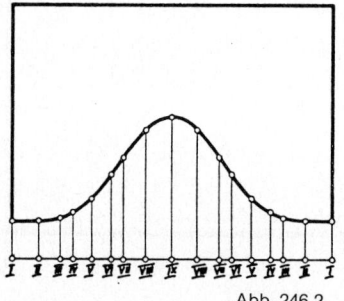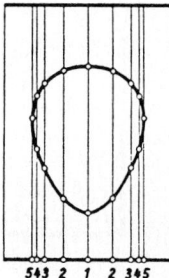

Abb. 246.2

Sie zerfällt in zwei Kurven 2. Ordnung, die, da sie auf Zylindern liegen, nur Ellipsen sein können. In Abb. 246.1 erscheint dieses Ellipsenpaar als Streckenpaar AB, CD. Eine nähere Untersuchung zeigt, daß die Geraden A, B und C, D die *Asymptoten* der vorhin konstruierten Hyperbel sind.

In Abb. 246.2 sind wie beim Rohrknie (S. 122) die *Abwicklungen* des Stutzenzylinders und Rohrzylinders (im Maßstab 1:2) gezeichnet; durch Ausschneiden dieser Abwicklungen aus ebenen Blechstücken, Zusammenbiegen und Verschweißen ließe sich der Rohrstutzen herstellen.

Beispiel 87: *Kegelförmiger Stutzen auf Krümmerrohr* (Abb. 247.1). Es liegen zwei Drehflächen, nämlich Kegel und Kreisringfläche vor, deren Achsen a und $\bar{a}$ *windschief* sind. In diesem allgemeinen Falle gibt es keine Regel, die stets zum Ziel führt, sondern es müssen jedesmal für das vorliegende Flächenpaar geeignete Hilfsflächen gesucht werden.

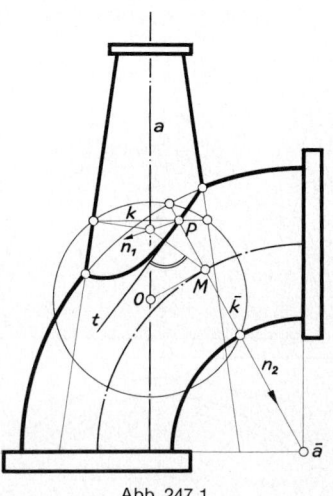

Für die Flächen in Abb. 247.1 läßt sich eine Schar von Hilfskugeln angeben, die aus beiden Flächen *Kreise* schneiden. Ist nämlich $\bar{k}$ ein Meridiankreis auf der Kreisringfläche (er erscheint in der Projektion als Strecke), so muß jede Kugel durch diesen Kreis ihren Mittelpunkt auf der Kreisachse haben. Die Kugel um deren Schnittpunkt O mit der Kegelachse a schneidet *auch* aus dem Kegel einen Kreis k (der zweite Schnittkreis kommt für unsere Stutzen-

Abb. 247.1

durchdringung nicht in Frage); das Schnittpunktepaar von k und $\bar{k}$ (gemeinsames Projektionsbild P) gehört der Durchdringungskurve an.

Die Tangenten sind nach dem *Normalenverfahren* wie in Beispiel 84 gefunden. Die Normale n_2 der Kreisringfläche trifft die Symmetrieebene (Bildebene) im Mittelpunkt M des Meridiankreises $\bar{k}$.

Die Durchdringungskurve ist von 8. Ordnung ($2 \cdot 4 = 8$); in der Projektion erscheint sie wegen der Symmetrielage der Bildtafel als Kurvenbogen 4. Ordnung.

Beispiel 88: Abb. 248.1 zeigt als Leseübung in drei Rissen einen *Turbinen-Wasserkasten*. Das zylindrische Zuflußrohr mündet berührend in die kugelförmige Haube ein. Die Konstruktion der Durchdringungskurve kann entweder mit Hilfe von Ebenen parallel zur Aufrißtafel oder mit Hilfskugeln durchgeführt werden. − Im Punkt X haben Kugel und Zylinder die gleiche Tangentialebene τ. Denken wir uns den Zylinder auf die andere Seite der Kugel weiterverlängert, so wäre X ein Doppelpunkt der Durchdringungskurve. Die Konstruktion der Tangenten t_1 und t_2 *(Doppelpunktstangenten)* in X läßt sich weder mit der Tangentialebenen- noch mit der Normalenmethode durchführen, da ja dort die Tangentialebenen und somit auch die Normalen an die beiden Flächen zusammenfallen. Wir geben daher für unser Beispiel folgende Konstruktion der Doppelpunktstangenten an: Wir zeichnen in τ (man denke sich τ um τ'' in den Aufriß gedreht!) zwei zur Zylinderachse parallele Geraden g_1 und g_2, die von

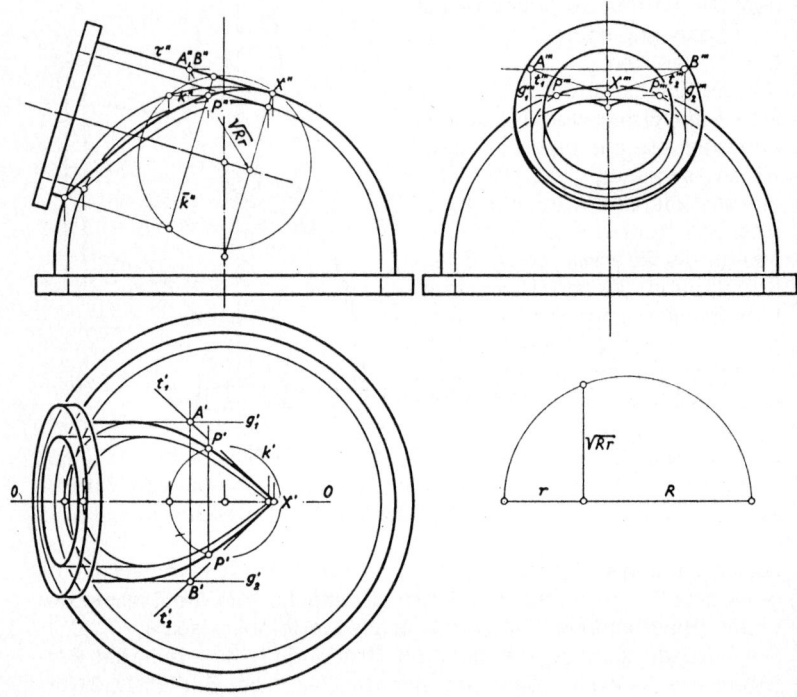

Abb. 248.1

248

der Symmetrieebene $O \ldots O$ den Abstand des Zylinderradius r haben und schneiden diese Geraden mit dem ebenfalls in τ gelegenen Kreis um X mit dem Radius $\sqrt{Rr}$ (R = Kugelradius). Sind A und B die entstehenden Schnittpunkte, so ist $t_1 = X, A$ und $t_2 = X, B$.

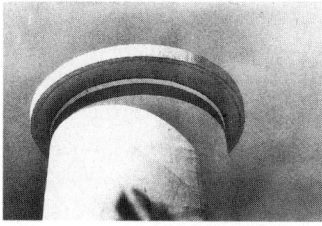

Abb. 249.1

Beispiel 89: Abb. 249.1 zeigt die Fotografie einer Raumkurve 4. Ordnung, die als *Schattengrenzkurve* der kreisförmigen Deckplatte auf die zylindrische Wand entsteht. Der Dachkreis wirft im Sonnenlicht auf die Grundebene einen kongruenten Schattenkreis.

Aufgabe: Kann ein Kreis auf eine (kantenlose) Fläche einen *eckigen Schatten* werfen? – Ja! Die Schlagschattengrenze ist die Durchdringungskurve des zu dem Kreis gehörenden Lichtzylinders (S. 191) mit der schattenauffangenden Fläche. Ist diese z.B. ebenfalls ein Zylinder, so ist die Schattenkurve von 4. Ordnung. Man mache sich an Abb. 246.1 und 249.1 solche Schattenkurven klar! Die Schattenkurve kann einen Doppelpunkt haben, der als „Ecke" beobachtet wird, vgl.

Abb. 249.2

Abb. 246.1. Im Sonnenlicht kann man mit Hilfe eines Bierfilzes an einem Laternenmast solche eckigen Schatten erzeugen!

Aufgabe: Eine Kugel rollt auf einem Paar windschiefer Geraden. Was für eine Kurve beschreibt ihr Mittelpunkt? Vgl. die Aufgabe auf S. 124. – Die Bahnkurve ist eine Raumkurve 4. Ordnung, nämlich die Durchdringungskurve zweier Kreiszylinder um die beiden Geraden als Achsen; die Zylinderdurchmesser sind gleich dem Kugeldurchmesser.

Aufgabe: Drei Ebenen haben einen Punkt gemein (die Zimmerdecke und die beiden Seitenwände liefern einen Eckpunkt [körperliche Ecke]). (Vgl. Dreiebenenprobe, Abb. 31.2). Wieviel Punkte haben drei *Kugeln* (höchstens) gemein? — Zwei Punkte! Die beiden ersten Kugeln schneiden einander in einem Kreise, und dieser Kreis dringt wie ein Tonnenreifen in die dritte Kugel oben ein (erster Punkt) und unten aus (zweiter Punkt).

Wieviel Punkte können gleichzeitig auf drei *Kreiszylindern* liegen? — Acht Punkte! Die beiden ersten Zylinder (Flächen 2. Ordnung) durchdringen einander in einer Raumkurve 4. Ordnung (2 · 2 = 4), und diese Raumkurve durchstößt den dritten Zylinder in acht Punkten (2 · 4 = 8). In einem Sonderfall kann man sich die *Lage* dieser acht Punkte leicht klarmachen, dann nämlich, wenn die beiden ersten Zylinder ein *Rohrkreuz* bilden (S. 162). In diesem Fall ist die Raumkurve 4. Ordnung in zwei Ellipsen zerfallen. Stößt man durch dieses Ellipsenkreuz einen dritten Zylinder, so trifft ihn jede der Ellipsen in vier Punkten. Insgesamt erhält man also acht Durchstoßpunkte (Abb. 250.1).

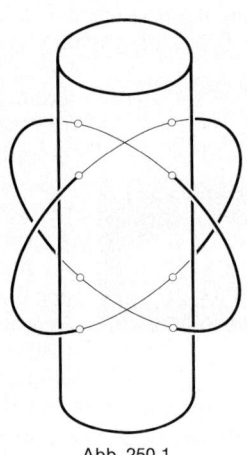

Abb. 250.1

Einführung in die Perspektive

Die Zentralprojektion (Perspektive) liefert die anschaulichsten Bilder, da sie dem Sehvorgang nachgebildet ist. (Auch Fotografien sind perspektive Bilder!) Die Projektionsstrahlen *(Sehstrahlen)* laufen alle durch einen festen Punkt Z (*Zentrum* oder *Auge*).
Wir denken uns den abzubildenden Gegenstand auf einer horizontalen *Standebene* σ aufgebaut. Die Schnittgerade der vertikal gewählten Bildebene π mit σ heißt *Standlinie s*; der Fußpunkt des Lots vom Zentrum Z auf die Bildebene π heißt *Hauptpunkt H*, die Gerade Z, H

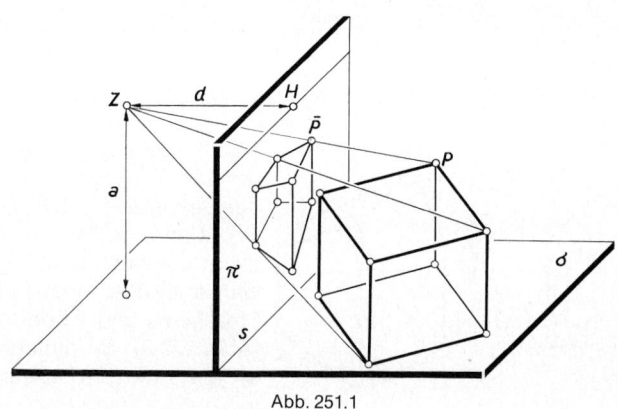

Abb. 251.1

Hauptsehstrahl, die Strecke ZH (= Abstand des Punkts Z von π) *Distanz d* und die Entfernung von Z zur Standebene σ die *Aughöhe a* (Abb. 251.1).

Abbildung von Punkt, Gerade, Ebene

Soll ein Gegenstand (z. B. Quader) abgebildet werden, so haben wir die Bildebene mit den von Z ausgehenden Sehstrahlen der Punkte des Gegenstands zu durchstoßen *(Durchstoßverfahren)*. Bei durchsichtiger Bildebene (Glastafel) läßt sich danach ein perspektives Bild zeichnen (vgl. Albrecht DÜRERs Kupferstich „Perspektive einer Vase" (Abb. 252.1). Wo ist hierbei das Zentrum Z?).

Das *Durchstoßverfahren* läßt sich ohne weitere Kenntnis der perspektiven Abbildungsgesetze in Grund- und Aufriß durchführen

Abb. 252.1

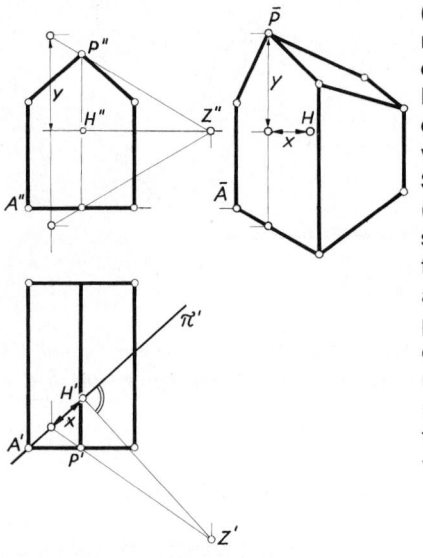

Abb. 252.2

(Abb. 252.2): Wir konstruieren die Durchstoßpunkte $\bar{P}$ der Sehstrahlen Z, P mit der Bildebene π und ermitteln die in π entstehende Figur in wahrer Größe, indem wir die Strecken x und y übertragen (Abb. 252.2). So einfach diese Methode der sogenannten *gebundenen Perspektive* auch aussehen mag, ihre praktische Handhabung ist dennoch äußerst mühsam und umständlich, verglichen mit den Verfahren, die wir im folgenden kennenlernen werden.

Das Durchstoßverfahren lag auch der rechnerischen Perspektive zugrunde; dort wurden die Strecken x, y nicht zeichnerisch, sondern rechnerisch ermittelt (vgl. S. 51).

Abbildung von Geraden

Der *Spurpunkt S* einer Gerade *g* (Durchstoßpunkt mit der Bildtafel π) ist sein eigenes Bild. Von *S* ausgehend laufen wir mit dem Sehstrahl die Gerade entlang und gewinnen als Schnittpunkte dieser Sehstrahlen mit π Punkte der Bildgerade *ḡ*. Beim Weiterlaufen gelangen

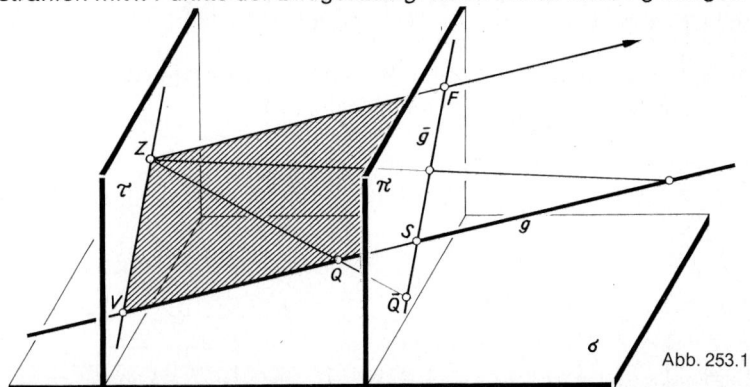

Abb. 253.1

wir schließlich in eine Grenzlage, bei der wir den *unendlich fernen Punkt*[1] von *g* ansehen: Der Sehstrahl ist parallel zu *g* (Abb. 253.1). Sein Schnittpunkt *F* mit der Bildtafel heißt *Fluchtpunkt* der Gerade. Demnach gilt:

Der Fluchtpunkt einer Gerade ist das Bild ihres unendlich fernen Punkts; er wird gefunden als Durchstoßpunkt des zur Gerade parallelen Sehstrahls mit der Bildtafel.

Daraus folgt unmittelbar:

Die Bilder paralleler Geraden gehen durch denselben Fluchtpunkt (Abb. 253.2).

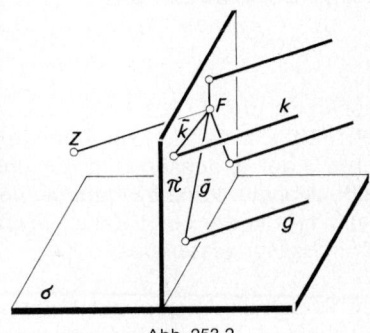

Abb. 253.2

---

[1] Diese Überlegung zeigt, daß es zweckmäßig ist, die Gerade *g* durch einen „idealen" Punkt zu ergänzen, dessen Bild bei der Zentralprojektion ein „gewöhnlicher" Punkt der Bildebene π wird.

Wir haben uns also vorzustellen, daß parallele Geraden einen Punkt, nämlich ihren unendlich fernen Punkt, gemeinsam haben. Hat man in der Tafelebene Spurpunkt S und Fluchtpunkt F einer Gerade, so ist damit auch die Lage der Gerade im Raum bestimmt: Die Gerade geht durch ihren Spurpunkt S und ist parallel zum Sehstrahl Z, F. Wir werden deshalb das Bild einer Gerade immer durch ihren Spurpunkt und ihren Fluchtpunkt festzulegen trachten.

Aufgabe: Auf einer Bildgerade $\bar{g} = S, F$ liegt ein Bildpunkt $\bar{A}$. Ist dadurch ein Urbildpunkt A eindeutig festgelegt?

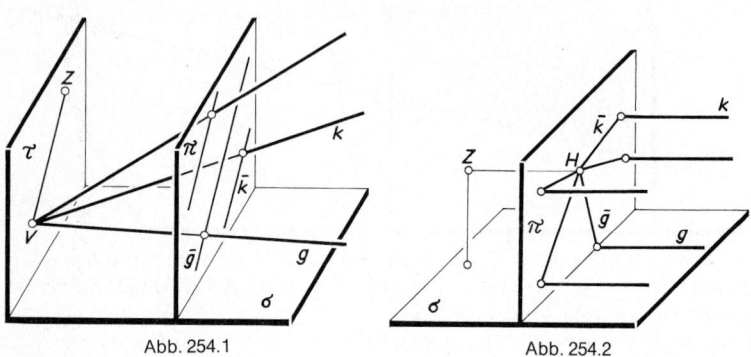

Abb. 254.1   Abb. 254.2

Lassen wir in Abb. 253.1 den Punkt Q auf g nach links laufen, bis der Sehstrahl Z, Q parallel zur Tafelebene π ist! Wir erhalten dann einen Punkt V auf g, dessen Bild der unendlich ferne Punkt von $\bar{g}$ ist. V heißt deshalb *Verschwindungspunkt* von g. Der Verschwindungspunkt liegt in der zur Tafel π parallelen Ebene τ durch das Auge Z *(Verschwindungsebene)*.

Der Verschwindungspunkt V einer Gerade g ist der Schnittpunkt von g mit der Verschwindungsebene τ. Die Bildgerade $\bar{g}$ ist parallel zum Sehstrahl Z, V. Die vier Punkte Z, F, S, V bilden ein Parallelogramm (Abb. 253.1).

Da $\bar{g}$ parallel zu Z, V ist, folgt weiter:

Geraden durch denselben Verschwindungspunkt haben parallele Bilder (Abb. 254.1).

Sonderfälle

Tiefenlinien: Eine auf der Bildebene π senkrecht stehende Gerade heißt Tiefenlinie. Der zu ihr parallele Sehstrahl ist die Normale von Z auf π:

Der Fluchtpunkt der Tiefenlinien ist der Hauptpunkt H (Abb. 254.2).

Lotlinien: Eine auf der Standebene senkrecht stehende Gerade heißt Lotlinie.

Die Lotlinien werden als vertikale, untereinander parallele Geraden abgebildet (Abb. 255.1).

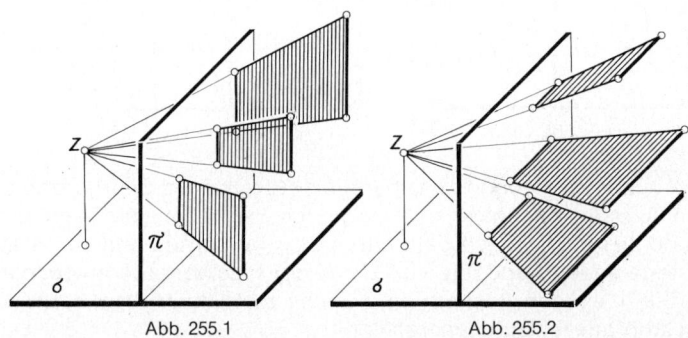

Abb. 255.1   Abb. 255.2

Da die Lotlinien untereinander und zur Bildebene parallel sind, fallen ihre Spur-, Flucht- und Verschwindungspunkte in einen einzigen unendlich fernen Punkt zusammen.
Breitenlinien sind horizontale, zur Bildebene π parallele Geraden. Folglich fallen die Spur-, Flucht- und Verschwindungspunkte der Breitenlinien in einen einzigen unendlich fernen Punkt zusammen.

Die Breitenlinien werden als waagerechte, untereinander parallele Geraden abgebildet (Abb. 255.2).

Festlegung einer Ebene

Eine Ebene ε schneidet die Tafelebene π in der *Spurgerade s_ε*; die zu ε parallele Ebene durch das Zentrum Z schneidet die *Fluchtgerade f_ε*

255

der Ebene ε aus der Tafel aus (Abb. 256.1). Die Punkte von f_ε sind die Bilder der unendlich fernen Punkte von ε (der unendlich fernen Gerade von ε).

Parallele Ebenen haben dieselbe Fluchtgerade. Spurgerade und Fluchtgerade einer Ebene sind parallel (Abb. 256.2).

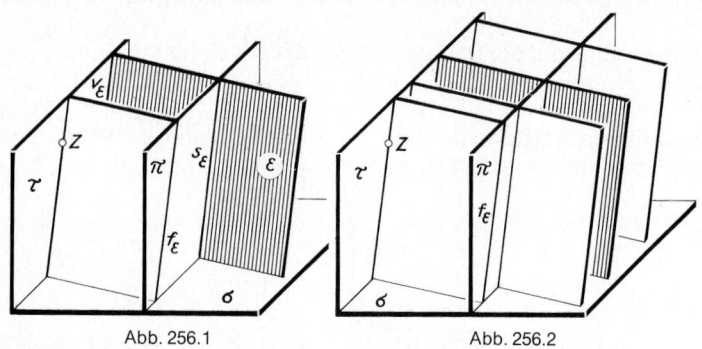

Abb. 256.1   Abb. 256.2

Sind in der Tafelebene zwei parallele Geraden als Spurgerade und Fluchtgerade gegeben, so ist dadurch die räumliche Lage einer Ebene bestimmt. Diese geht durch die Spurgerade und ist parallel zu derjenigen Ebene, die von Z und der Fluchtgerade aufgespannt wird. Wir werden deshalb eine Ebene stets durch ihre Spur- und Fluchtgerade festzulegen trachten.

Die Ebene ε schneidet aus der Verschwindungsebene τ die *Verschwindungsgerade* v_ε von ε aus. Die Punkte von v_ε werden auf die unendlich fernen Punkte von π abgebildet. v_ε ist zu s_ε und f_ε parallel (Abb. 256.1).

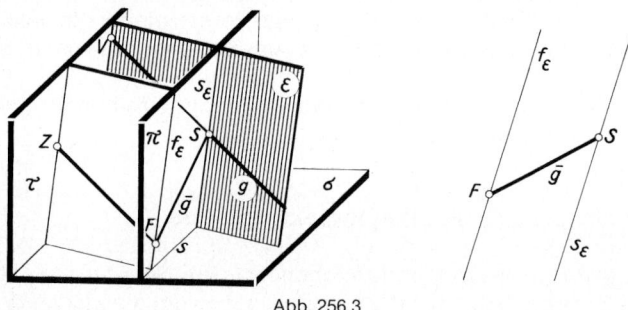

Abb. 256.3

Geraden in einer Ebene

Liegt eine Gerade g in einer Ebene ε, so liegt der Spurpunkt S von g natürlich auf der Spurgerade s_ε von ε und der Fluchtpunkt F auf der Fluchtgerade f_ε (Abb. 256.3). In Abb. 256.3 ist rechts das perspektive Bild gezeichnet.

Haben wir zwei Geraden g_1 und g_2, die die Ebene ε aufspannen, so ist die Spurgerade s_ε von ε die Verbindungsgerade der Spurpunkte und die Fluchtgerade f_ε die Verbindungsgerade der Fluchtpunkte von g_1 und g_2. Da die beiden Fluchtpunkte von Parallelen zu g_1 und g_2 durch das Zentrum Z aus der Tafelebene π ausgeschnitten werden, gilt:

Der Schnittwinkel zweier Geraden ist gleich dem Winkel, unter dem ihre Fluchtpunkte vom Zentrum aus gesehen werden (Abb. 257.1) **(Winkelsatz).**

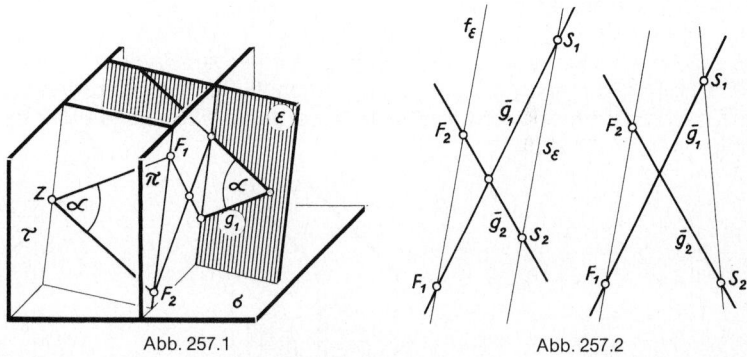

Abb. 257.1   Abb. 257.2

Aufgabe: Wie erkennt man am perspektiven Bild, ob zwei Geraden sich schneiden oder windschief sind (Abb. 257.2)?

Spezielle Ebenen

Standebene: Die Spurgerade der horizontalen Standebene σ ist die *Standlinie s*, die Fluchtgerade von σ wird als *Horizont h* bezeichnet. Die Fluchtpunkte aller horizontalen Geraden liegen auf h, insbesondere auch der Fluchtpunkt der Tiefenlinien (Hauptpunkt H). Alle horizontalen Ebenen haben den Horizont zur Fluchtgerade.

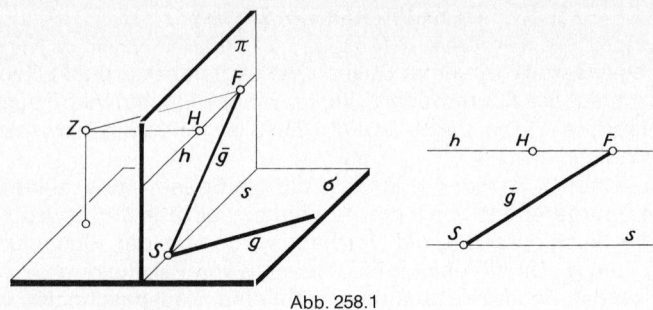

Abb. 258.1

Standlinie und Horizont sind horizontale Geraden. Der Horizont geht durch den Hauptpunkt (Abb. 258.1).

Aufgabe: Die Fluchtgeraden von Ebenen, die senkrecht auf der Tafelebene stehen, gehen durch *H*.

Frontebenen: Die Spur- und Fluchtgerade einer zur Tafel π parallelen Ebene (Frontebene) fallen mit der unendlich fernen Gerade von π zusammen. Figuren in Frontebenen werden auf *ähnliche* Figuren abgebildet (Abb. 258.2).

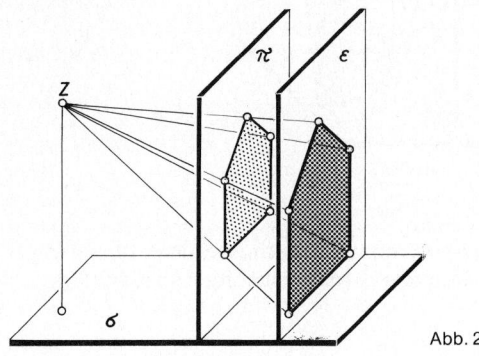

Abb. 258.2

Aus diesem Grunde läßt sich in einfacher Weise die *wahre Größe einer Lotstrecke* bestimmen: Wir denken uns die Lotstrecke *A B* als Latte eines Lattenzaunes, der in irgendeiner Richtung auf die Bildebene π zuläuft. Alle Latten sollen die gleiche Höhe haben; diejenige Latte *SP*, die in der Bildebene liegt, erscheint in wahrer Höhe: *SP* ist also die wahre Größe der Strecke *A B*.

Die Konstruktion ist in Abb. 259.1 durchgeführt. Horizont h, Standlinie s und das Bild $\bar{A}\bar{B}$ der Lotstrecke AB seien gegeben. Der Fußpunkt B liege in der Standebene σ. Wir schieben die Lotstrecke AB längs einer beliebigen Gerade der Standebene (Fluchtpunkt F, Spurpunkt S) in die Tafelebene. Die Endlage SP gibt die wahre Größe wieder.

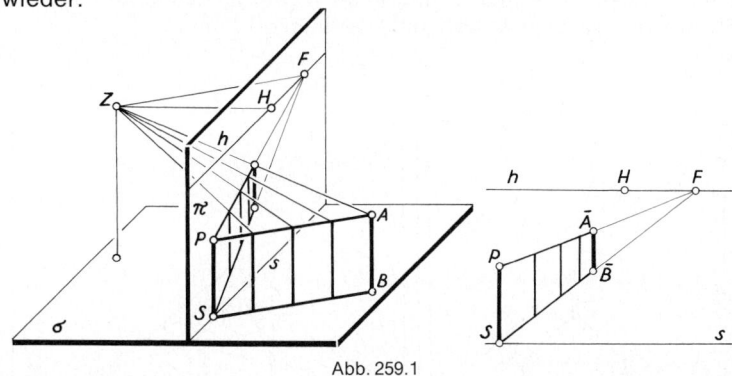

Abb. 259.1

Aufgabe: Wie ändert sich die Konstruktion, wenn die Strecke AB in einer Frontebene liegt, aber nicht lotrecht ist?

Anwendungen

Schnitt zweier Ebenen: Den Spurpunkt der Schnittgerade finden wir als Schnittpunkt der Spurgeraden, den Fluchtpunkt als Schnittpunkt der Fluchtgeraden (Abb. 259.2).
Schnittpunkt von Gerade g mit Ebene ε: Man legt durch die Gerade g eine Hilfsebene ν (gegeben durch f_ν und s_ν) und bestimmt die Schnittgerade a von ν mit der gegebenen Ebene ε. Dann ist der Durchstoß-

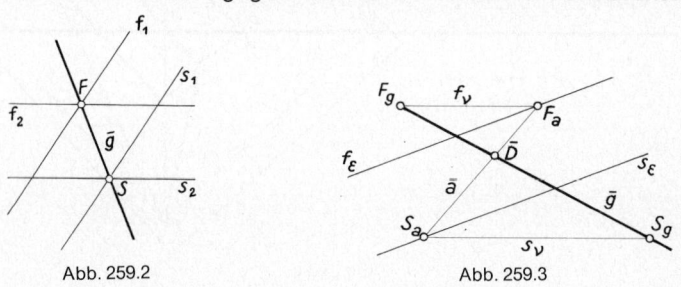

Abb. 259.2   Abb. 259.3

punkt *D* der Schnitt von *a* mit *g* (Abb. 259.3) (vgl. auch Abb. 21.1 und S. 68).

Vereinfachtes Durchstoßverfahren: Nützen wir unsere Kenntnis über die Abbildung von Geraden (Fluchtpunktssatz) aus, so läßt sich das Durchstoßverfahren (S. 252) vereinfachen. Man legt dabei zweckmäßigerweise den Grundriß so in die Zeichenebene, daß der Grundriß der Bildebene horizontal verläuft (Abb. 260.1).

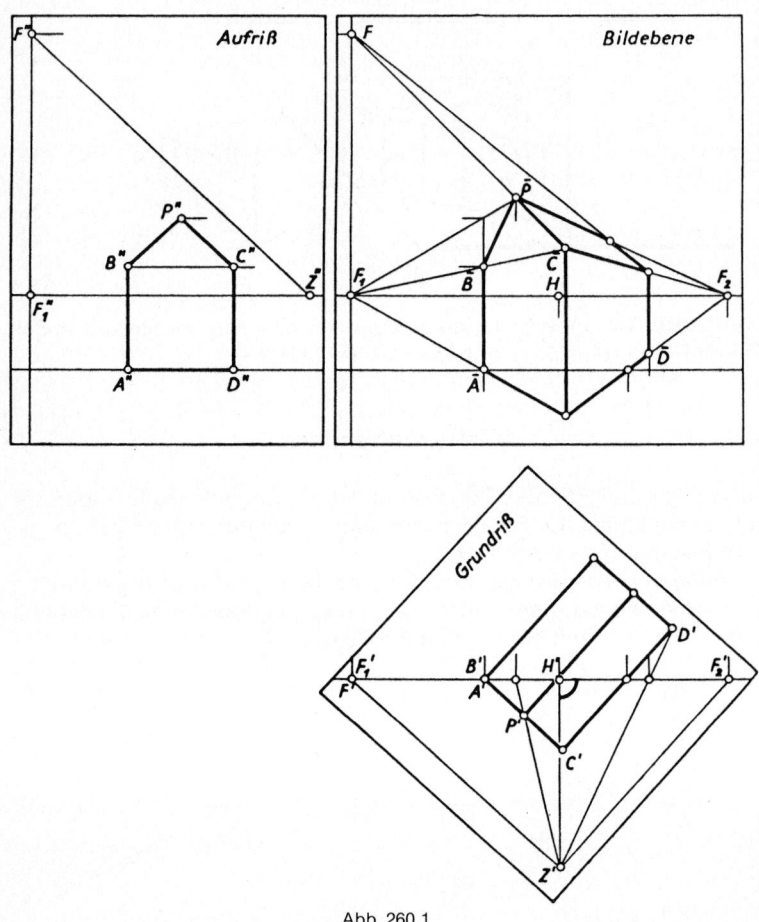

Abb. 260.1

Die vertikale Hauskante AB liegt in der Bildebene und kann deshalb im Bild sofort eingetragen werden. Die Fluchtpunkte F_1 und F_2 der horizontalen Hauskanten erhält man unmittelbar aus dem Grundriß. Damit lassen sich die Bilder der horizontalen Hauskanten zeichnen *(Geradenmethode)*.
Die Fluchtgerade der Giebelfront ist die vertikale Gerade durch F_1. Auf ihr liegt der Fluchtpunkt F der schrägen Giebelkante durch C. Die Höhe von F ergibt sich aus dem Aufriß F''. Den Giebelpunkt $\bar{P}$ legt man auf der Giebelkante $\bar{C}F$ mittels eines Grundrisses fest.

Schattenkonstruktionen

Beispiel 90: Es sei uns das perspektive Bild einer Plakatsäule vorgelegt, das etwa nach dem vereinfachten Durchstoßverfahren konstruiert ist. Wir bestimmen die auftretenden Schlag- und Eigenschatten bei Beleuchtung durch die hinter dem Beobachter stehende Son-

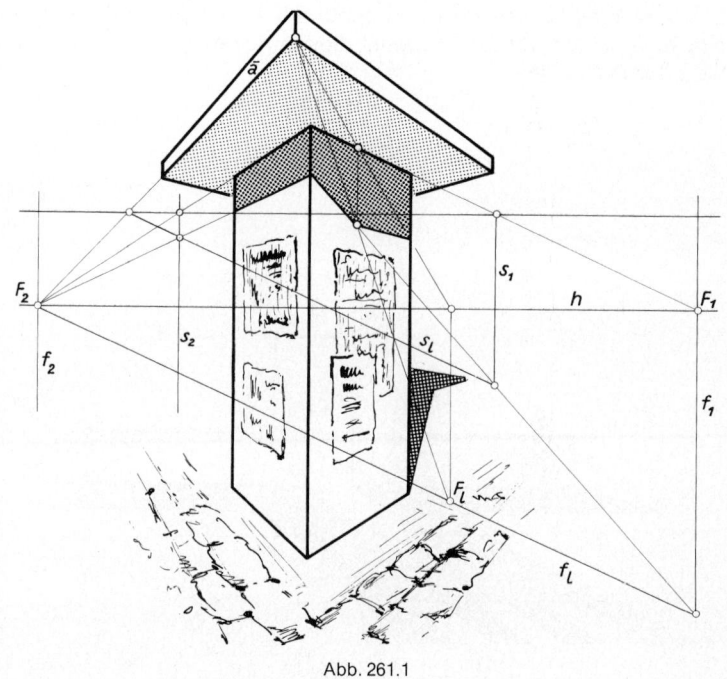

Abb. 261.1

261

ne. Der Fluchtpunkt F_l der Lichtstrahlen liegt also unterhalb des Horizonts. Um etwa den Schlagschatten der Kante a auf den Seitenebenen zu erhalten, schneidet man diese Ebenen (s_1, f_1) und (s_2, f_2) mit der Lichtebene (s_l, f_l) durch a (Abb. 261.1).

Beispiel 91: Gegeben sei in der Tafelebene eine Figur (Vorderfassade eines Tors, Abb. 262.1). Wir zeichnen den Schatten, den die Figur bei Sonnenbeleuchtung auf die Standebene wirft. Die Sonne möge vor dem Beobachter stehen; der Fluchtpunkt F_l der parallelen Lichtstrahlen liegt also über dem Horizont.

Die Lichtebene durch die Kante a besitzt $\bar{a} = a$ als Spurgerade und als Fluchtgerade f die Parallele zu a durch F_l. Der Schatten der Kante a ist durch den Spurpunkt S und den Fluchtpunkt F_s festgelegt. Der Schatten der zu a parallelen Gerade b besitzt denselben Fluchtpunkt.

Entsprechend bestimmt man die Schatten der vertikalen Geraden; sie haben F als gemeinsamen Fluchtpunkt.

Um den Schatten P_s eines Punkts P zu finden, denkt man sich diesen als Spitze einer Lotstrecke und bestimmt zuerst den Schatten der Lotstrecke. P_s ist der Schnittpunkt dieses Schattens mit dem Lichtstrahl durch P.

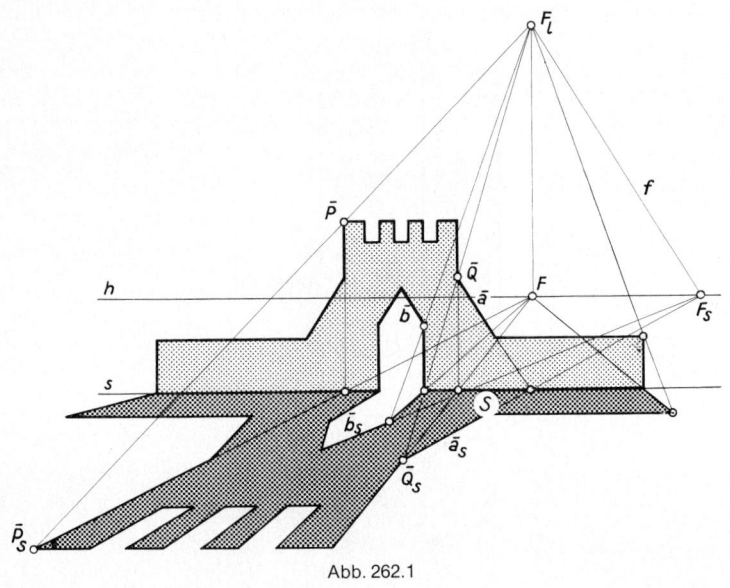

Abb. 262.1

262

Axiale Projektivität

Im perspektiven Bild besteht zwischen der ebenen Figur und ihrem Schatten (Abb. 262.1) eine einfache geometrische Verwandtschaft. Die Lichtstrahlen erscheinen als Geraden, die alle durch den festen Punkt F_l gehen. Die Punkte auf der Standlinie *s* fallen mit ihren Schatten zusammen. Die Schatten paralleler Geraden schneiden sich auf dem Horizont *h*.

Man nennt die bestehende Verwandtschaft eine *axiale Projektivität*, den Punkt F_l ihr *Zentrum*, die Gerade *s* ihre *Achse* und die Gerade *h* ihre *Fluchtgerade*. Fluchtgerade und Achse sind parallel.

Wir sehen jetzt davon ab, daß wir von einer räumlichen Figur ausgegangen waren und betrachten allein die *ebene* Verwandtschaft. Ihre wichtigsten Eigenschaften sind (Abb. 263.1):

1. **Jedem Punkt der einen Figur entspricht ein Punkt der anderen Figur. Punkte der Achse entsprechen sich selbst.**
2. **Geraden werden auf Geraden abgebildet. Zueinander gehörende Geraden schneiden sich auf der Achse.**
3. **Die Verbindungslinien entsprechender Punkte gehen durch das Zentrum.**
4. **Die Bilder paralleler Geraden schneiden sich auf der Fluchtgerade.**

Dabei ist es zweckmäßig, sich die Ebene doppelt überdeckt vorzustellen. Zur Unterscheidung bezeichnen wir die eine Ebene mit π und ihre Punkte mit $\bar{P}, \bar{Q}, \bar{R}, \ldots$, die andere mit π_0 und ihre Punkte mit

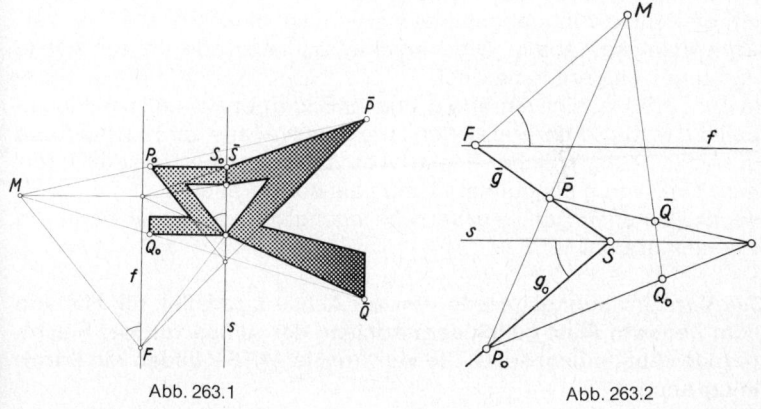

Abb. 263.1   Abb. 263.2

263

P_0, Q_0, R_0, ... Wir erinnern an die Affinität in einer Doppelebene (vgl. S. 88). Eine axiale Projektivität geht in eine Affinität über, wenn das Zentrum unendlich fern gewählt wird.

Konstruktion der Bildpunkte

Sind uns Zentrum M, Achse s und Fluchtgerade f einer axialen Projektivität gegeben, so läßt sich zu jedem Punkt P_0 der Bildpunkt $\bar{P}$ konstruieren. Wir legen durch P_0 eine willkürliche Hilfsgerade g_0. Ihr Bild $\bar{g}$ ist durch ihren Schnittpunkt S mit der Achse s und ihren Fluchtpunkt F festgelegt. F wird nach 3. und 4. von der Parallele zu g_0 durch das Zentrum aus der Fluchtgerade f ausgeschnitten.

$\bar{P}$ **ist der Schnittpunkt des Projektionsstrahls** M, P_0 **mit dem Bild** $\bar{g}$ **einer willkürlich gewählten Gerade** g_0 **durch** P_0.

Zur Abbildung weiterer Punkte legt man die willkürlichen Hilfsgeraden möglichst durch Punkte, deren Bilder schon bekannt sind. In Abb. 263.2 ist so $\bar{Q}$ mit Hilfe des Punktepaares P_0, $\bar{P}$ abgebildet.

Flucht- und Verschwindungsgerade

Die Punkte der Fluchtgerade f sind die Bilder der unendlich fernen Punkte von π_0. Entsprechend liegen die Punkte, die auf die unendlich fernen Punkte von π abgebildet werden, auf einer Gerade, der *Verschwindungsgerade* v. Die Verschwindungsgerade ist zur Achse und zur Fluchtgerade parallel.
In Abb. 265.1 ist eine Gerade g_0 und ihr Bild $\bar{g}$ gezeichnet. Der Fluchtpunkt F wird von der Parallelen zu g_0 durch M aus der Fluchtgerade ausgeschnitten. Welcher Punkt V von g_0 wird auf den unendlich fernen Punkt von $\bar{g}$ abgebildet? V muß auf der Parallelen zu $\bar{g}$ durch M liegen. Durch V geht die Verschwindungsgerade. Es entsteht ein Parallelogramm $MFSV$.

Die Verschwindungsgerade v **ist zur Achse** s **parallel. Ihr Abstand vom Zentrum** M **ist gleich dem Abstand der Achse von der Fluchtgerade (Abstandsgesetz). Die vier Punkte** $MFSV$ **bilden ein Parallelogramm.**

Aufgabe: Wo liegt in Abb. 262.1 die Verschwindungsgerade? Man überlege sich, daß ihr Schatten im Raum durch den Fußpunkt des Beobachters geht.

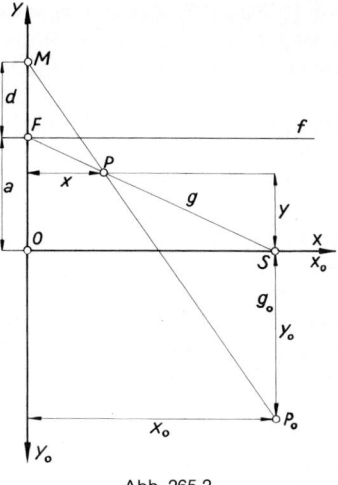

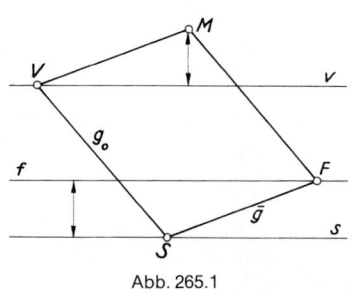

Abb. 265.1   Abb. 265.2

Abbildungsgleichungen

Die axial-projektive Verwandtschaft zwischen den zusammenfallenden Ebenen π und π_0 läßt sich auch rechnerisch verfolgen. Wir legen in jede der Ebenen ein rechtwinkliges Koordinatensystem mit dem gemeinsamen Ursprung O und der Achse s als x-Achse (Abb. 265.2). Als Hilfsgerade durch den abzubildenden Punkt $P(x, y)$ verwenden wir die Gerade $g = F, P$. g_0 verläuft dann vertikal (parallel MF!) durch S und das Bild P_0 wird aus g_0 vom Projektionsstrahl M, P ausgeschnitten. Aus Abb. 265.2 entnimmt man die Proportionen:

$$x_0 : x = a : (a - y)$$
$$y_0 : d = y : (a - y) .$$

Daraus erhält man die Abbildungsgleichungen:

(1) $$x_0 = \frac{a x}{a - y}, \qquad y_0 = \frac{d y}{a - y}.$$

Diese Gleichungen zeigen, daß die Punkte der Fluchtgerade f, deren Gleichung $y = a$ ist, auf unendlich ferne Punkte abgebildet werden. Die Umkehrabbildung von (1) wird beschrieben durch

(2) $$x = \frac{d x_0}{d + y_0}, \qquad y' = \frac{a y_0}{d + y_0}.$$

Den Punkten der Gerade $y_0 = -d$ (Verschwindungsgerade) entsprechen also unendlich ferne Punkte der Ebene π. Damit ist auch das Abstandsgesetz rechnerisch bewiesen.

Abbildung von Kreisen: Nach den Abbildungsgleichungen (1) hat der Kreis

$$(x_0 - m)^2 + (y_0 - n)^2 = r^2$$

das Bild

$$a^2 x^2 + 2\, max y + [m^2 - r^2 + (n + d)^2]y^2 + \ldots = 0.$$

Dies ist die Gleichung eines Kegelschnitts, dessen Typ durch das Vorzeichen der Determinante

$$D = \begin{vmatrix} a^2 & ma \\ ma & m^2 - r^2 + (n + d)^2 \end{vmatrix} = a^2[(n + d)^2 - r^2]$$

bestimmt ist. Der Kegelschnitt ist eine Ellipse, Parabel oder Hyperbel, je nachdem $|n + d| >$ oder $=$ oder $< r$ ist.

Das axialprojektive Bild eines Kreises ist eine Ellipse, Parabel oder Hyperbel, je nachdem, ob der Kreis die Verschwindungsgerade meidet, berührt oder schneidet (Abb. 266.1).

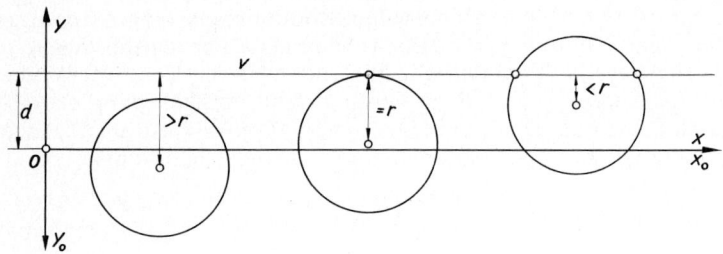

Abb. 266.1

Aufgabe: Man zeige entsprechend, daß aus einem beliebigen Kegelschnitt bei einer axialen Projektivität wieder ein Kegelschnitt entsteht und diskutiere die verschiedenen Fälle (vgl. auch Abb. 288.1).

Figuren in der Standebene

Wir wenden uns der Aufgabe zu, das perspektive Bild einer ebenen Figur zu zeichnen. Zunächst betrachten wir eine in der Standebene gelegene Figur. Wir denken uns die Standebene um die Standlinie s in die Zeichenebene hineingedreht und zusammengehörende Punkte verbunden. Die so entstehenden *Drehsehnen* sind alle untereinander parallel (Seitenriß in Abb. 268.1).

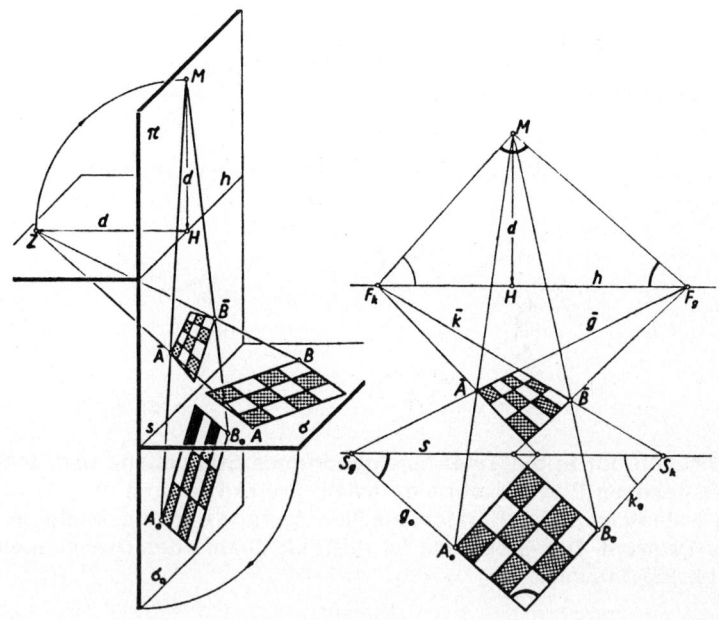

Abb. 267.1

Bilden wir jetzt die gesamte Figur perspektiv ab, so besteht zwischen der in die Tafel gedrehten Standebene und dem perspektiven Bild der Standebene eine axiale Projektivität: Ihre Achse ist die Standlinie s, ihr Zentrum der Fluchtpunkt M der Drehsehnen (Abb. 267.1). Die Punkte der Standlinie bleiben nämlich bei der Drehung und bei der perspektiven Abbildung fest. Die Bilder der Drehsehnen verbinden einander entsprechende Punkte und gehen alle durch den Punkt M. Die Bilder horizontaler paralleler Geraden schneiden sich auf dem Horizont (Fluchtgerade).

Der Fluchtpunkt der Drehsehnen liegt auf einer Senkrechten zum Horizont durch H, und zwar hier oberhalb von H im Abstand d, da die Drehsehnen unter 45° gegen die Bildebene geneigt sind (Abb. 268.1). M heißt *Meßpunkt* der Standebene.

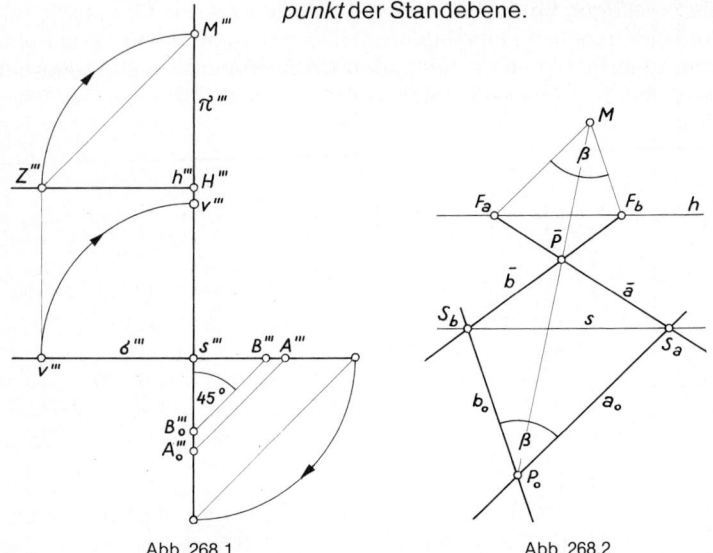

Abb. 268.1   Abb. 268.2

Zwischen der in die Tafel hineingedrehten Standebene und dem perspektiven Bild besteht eine axiale Projektivität mit der Standlinie als Achse, dem Horizont als Fluchtgerade und dem Meßpunkt als Zentrum. Der Meßpunkt ist der Fluchtpunkt der Drehsehnen (Abb. 267.1 rechts).

Nach dem Abstandsgesetz (S. 264) folgt (Abb. 268.1):

Die Verschwindungsgerade der Standebene geht bei der Drehung in die Verschwindungsgerade der axialen Projektivität über.

Man kann den Meßpunkt M auch dadurch erhalten, daß man die Ebene durch Z und h im gleichen Sinne in die Tafelebene hineindreht wie die Standebene. Dabei geht Z in den Meßpunkt über (Meßpunkt = gedrehter Augpunkt). Hieraus ergibt sich, da der Fluchtpunkt einer Gerade g von einer Parallele durch Z aus der Tafelebene ausgeschnitten wird:

Eine in die Tafelebene gedrehte Gerade ist parallel zur Verbindungsgerade ihres Fluchtpunkts mit dem Meßpunkt (Abb. 267.1 rechts).

Insbesondere gilt (vgl. auch den Winkelsatz S. 257):

Schneiden sich zwei Geraden unter dem Winkel β, so erscheinen ihre Fluchtpunkte vom Meßpunkt aus unter dem gleichen Winkel β (Abb. 268.2).

Beispiel 92: *Rasterverfahren.* Um die unregelmäßige Form einer ebenen Figur, z.B. einer Grünanlage, abzubilden, überdecken wir die Ebene mit einem regelmäßigen Netz von Quadraten, deren Seiten parallel bzw. senkrecht zu s verlaufen (Abb. 269.1). Sodann konstruieren wir das Bild dieses Quadratrasters und tragen nach Augenmaß die einzelnen Punkte in die Bildquadrate ein. Die Tiefenlinien haben den Hauptpunkt zum Fluchtpunkt. Die Breitenlinien werden mit Hilfe der *Distanzpunkte* D_1 und D_2 (= Fluchtpunkte der Netzdiagonalen) abgebildet. Es ist $HD_1 = HD_2 = HM = d.$ – Um einzelne Punkte Q genau abzubilden, legen wir durch den geklappten Punkt Q_0 eine Hilfsgerade g_0. Q ist dann der Schnitt von $\bar{g}$ mit M, Q_0. Bei der punktweisen Abbildung von Kurvenzügen verwendet man als Hilfsgerade die Kurventangente t. $\bar{t}$ ist die Tangente an die Bildkurve.

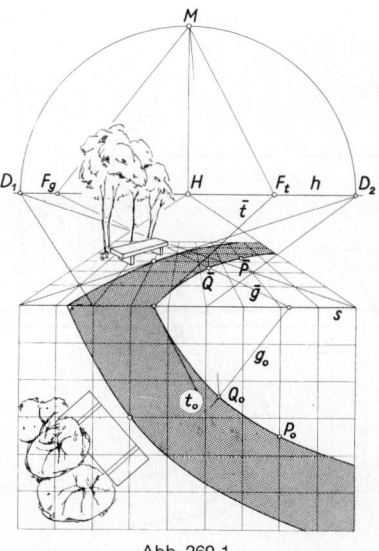

Abb. 269.1

Beispiel 93: Um das perspektive Bild einer Laterne (Abb. 270.1) zu konstruieren, bestimmen wir die Bilder des oberen und unteren sechseckigen Querschnitts des Leuchtkörpers. Da die Querschnittsebenen (Spurgeraden s_1 und s_2) horizontal sind, haben sie den Horizont als gemeinsame Fluchtgerade und folglich auch den gleichen Meßpunkt M. Nachdem die Querschnitte um s_1 bzw. s_2 in die Bildebene umgeklappt sind, lassen sich ihre Bilder mit Hilfe der von h, s_1, M bzw. h, s_2, M festgelegten axialen Projektivität zeichnen. Die parallelen Kanten AB, CD, EG haben denselben Fluchtpunkt F. – Die Höhe des Leuchtkörpers ist der Abstand der Spuren s_1 und s_2, der mit der Entfernung $N_0 M_0$ der umgeklappten Mittelpunkte übereinstimmt.

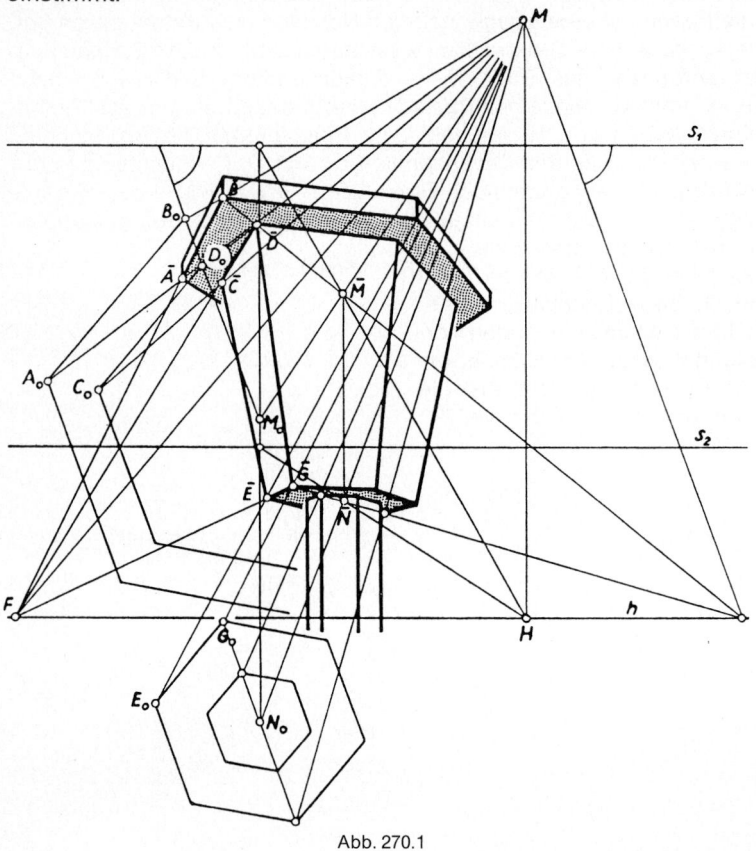

Abb. 270.1

270

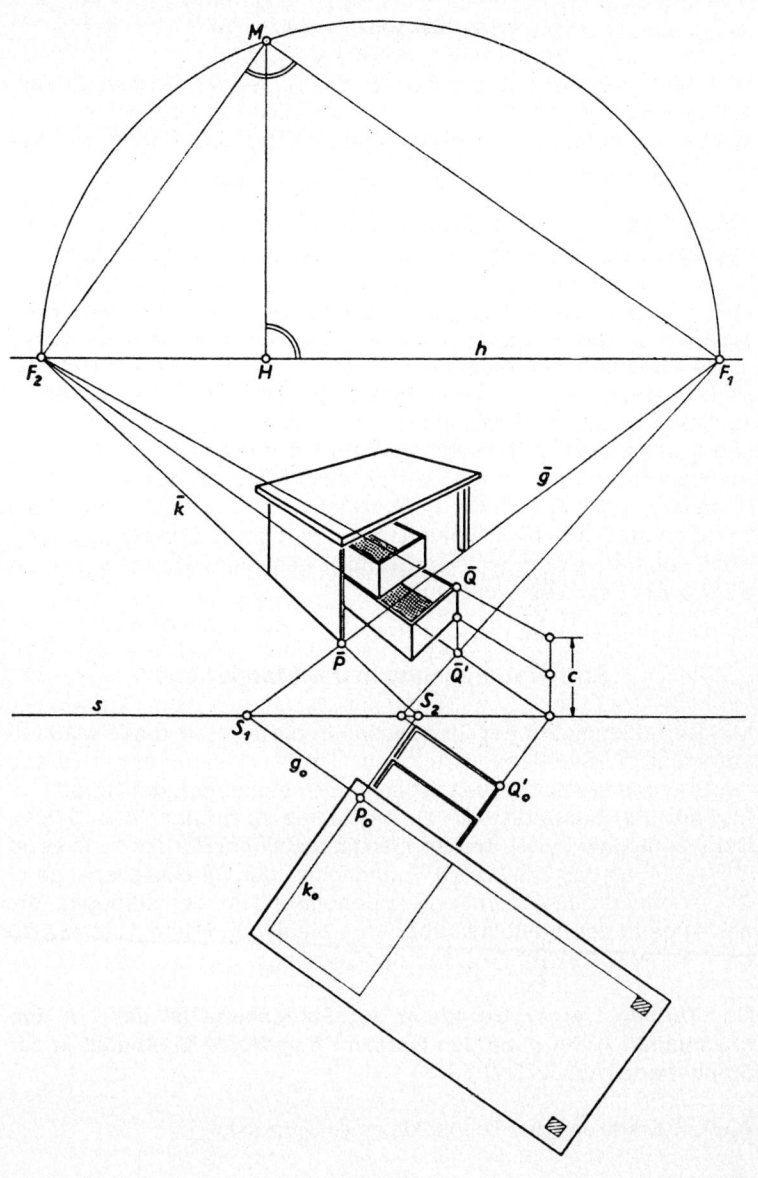

Abb. 271.1

Aufbaumethode

Eine Methode, um das perspektive Bild eines räumlichen Gegenstands zu zeichnen, besteht darin, zunächst das perspektive Bild seines Grundrisses zu entwerfen und darüber die Höhen anzutragen (vgl. Lotstrecken).

Beispiel 94: Von einem Schreibtisch sind der Grundriß und seine Lage gegen die Bildebene sowie die verschiedenen Höhen bekannt. Ferner sind der Horizont h, Hauptpunkt H, Distanz d und die Standlinie s vorgegeben. Um das perspektive Bild des Grundrisses *(perspektiver Grundriß)* zu konstruieren, klappen wir den Grundriß um s in die Bildebene und bilden ihn mit der durch s, h und M $(MH = d$, $MH \perp h)$ festgelegten axialen Projektivität ab (Abb. 271.1). Die Spurpunkte S_1 und S_2 der Geraden g und k sind die Schnittpunkte von g_0 und k_0 mit s. Die Fluchtpunkte F_1 und F_2 werden von den zu g_0 und k_0 parallelen Geraden durch M aus dem Horizont ausgeschnitten. Dann ist $\bar{g} = S_1$, F_1 und $\bar{k} = S_2$, F_2. Nach dem Winkelsatz stehen die Geraden M, F_1 und M, F_2 aufeinander senkrecht. − Das Antragen der Höhen über dem perspektiven Grundriß geschieht wie auf S. 259; für den Punkt Q ist dies durchgeführt.

Streckenmessung in der Standebene

Mit der Umklappung der Standebene in die Tafel sind alle Maßaufgaben für die Standebene zu lösen. Um Strecken auf einer Gerade der Standebene zu messen, ist es jedoch bequemer, die Gerade innerhalb der Standebene in die Standlinie zu drehen (Abb. 273.1). Der Fluchtpunkt T_g der Drehsehnen liegt auf dem Horizont und es ist $ZF = T_g F$, da das Dreieck ZFT_g ähnlich zu den (gleichschenkligen!) Drehsehnendreiecken in der Standebene ist. Bei der Klappung, die das Auge in den Meßpunkt überführt, bleiben F, H und T_g fest. Also ist $T_g F = MF$. T_g heißt *Teilpunkt* der Gerade g.

Der Teilpunkt einer Gerade g der Standebene ist der um den Fluchtpunkt F von g auf den Horizont h gedrehte Meßpunkt M der Standebene (Abb. 273.2).

Aus der Erklärung des Teilpunkts einer Gerade folgt:

Parallele Geraden haben den gleichen Teilpunkt.

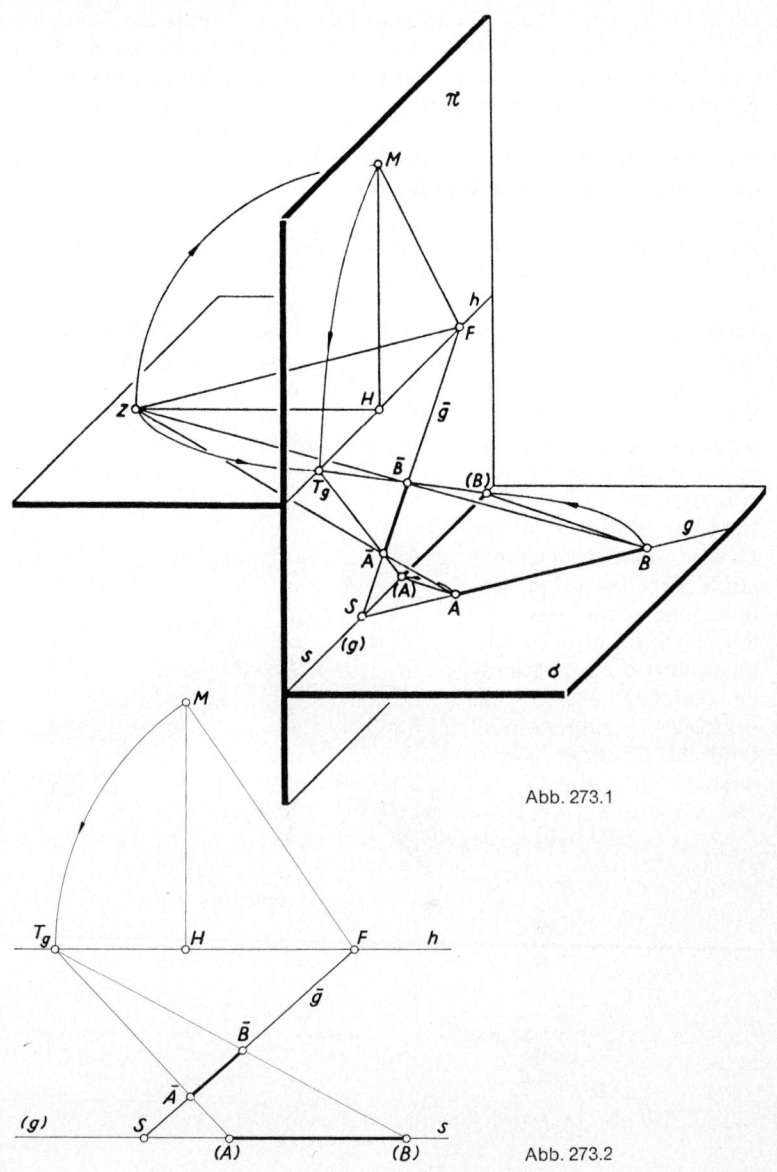

Abb. 273.1

Abb. 273.2

Die perspektiven Bilder der Drehsehnen gehen durch den Teilpunkt T_g. Sie verbinden die Endpunkte $\bar{A}$ und $\bar{B}$ einer Bildstrecke auf $\bar{g}$ mit den Endpunkten (A) und (B) der in die Standlinie hineingedrehten Strecke (Abb. 273.2). Daraus folgt:

Die wahre Größe einer Bildstrecke erhält man als Projektion aus dem Teilpunkt T_g auf die Standlinie s.

Aufgabe: Welche Bedeutung hat der zweite Schnittpunkt des Kreises vom Radius MF um F mit dem Horizont?

Beispiel 95: Eine Straßeneinmündung soll mit zwei vorfahrtsregelnden Verkehrsschildern versehen werden, die von der betreffenden Straßenkante jeweils 10 m entfernt sind (Abb. 274.1).

Wir bestimmen die Teilpunkte T_g und T_k der Geraden g und k und tragen von dem Punkt (A) bzw. (B) auf s jeweils 10 m ab. $\bar{C}$ wird von Projektionsstrahl $T_g,(C)$ aus der Straßenkante g ausgeschnitten. – Sind bei dem Mittelstreifen der Hauptstraße gleiche Längen und Abstände eingehalten? Sind die Schilder gleich hoch?

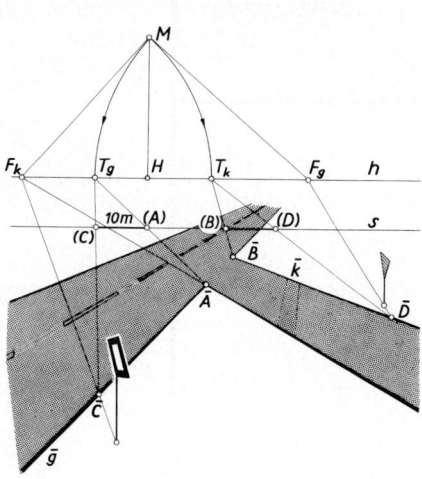

Abb. 274.1

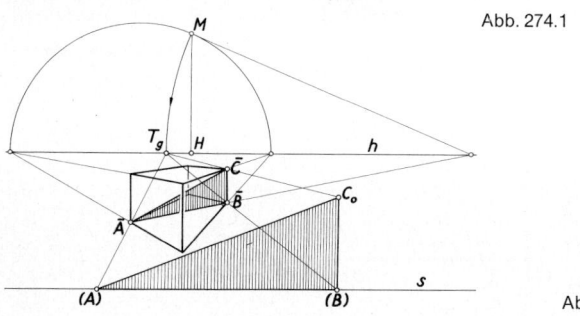

Abb. 274.2

Beispiel 96: Aus dem perspektiven Bild eines Quaders bestimme man die wahre Länge der Diagonale AC (Abb. 274.2). Von dem unter die Diagonale geschobenen Stützdreieck ABC konstruieren wir die wahre Länge der horizontalen Kathete AB mit Hilfe des Teilpunkts T_g und die vertikale Kathete BC, indem wir sie in die Bildebene schieben. Dann ist $(A)(B)C_0$ die wahre Größe des Stützdreiecks und die Hypotenuse $(A)C_0$ die gesuchte Diagonallänge.

Kreise in der Standebene

Die Sehstrahlen vom Auge Z zu einem in der Standebene liegenden Kreis erzeugen einen schiefen Kreiskegel. Sein Schnitt mit der Tafelebene ist das perspektive Bild des Kreises. Die Schnittfigur ist ein Kegelschnitt. Die Art dieses Kegelschnitts ist bestimmt durch das Lageverhältnis des Kreises zur Verschwindungsgerade v (vgl. S. 167 und 266).

Das perspektive Bild des Kreises ist ein Kegelschnitt, und zwar eine Ellipse (Abb. 276.1), **Parabel** (Abb. 278.1), **Hyperbel** (Abb. 279.1), **je nachdem ob der Kreis die Verschwindungsgerade meidet, berührt, schneidet.**

In der zeichnerischen Praxis genügt es meist, einen Kreisbogen wie überhaupt jeden Kurvenbogen dadurch zu konstruieren, daß man eine ausreichende Zahl seiner Punkte und Tangenten in das zentralperspektive Bild überträgt.

Genauer lassen sich die Kreisbilder zeichnen, indem man ihre Achsen und Brennpunkte bestimmt; man kann dann die Symmetrieeigenschaften der Kegelschnitte ausnützen.

Zur zeichnerischen Durchführung benötigt man nur die Gesetze der axialen Projektivität.

Ellipse

Es sei uns in der Standebene ein Kreis gegeben, der die Verschwindungsgerade nicht schneidet. Wir stellen uns die Aufgabe, die Hauptachsen der entstehenden Bildellipse zu konstruieren und bestimmen dazu zunächst ein Paar konjugierter Durchmesser, indem wir ein Tangentenparallelogramm der Ellipse aufsuchen. (Aus den

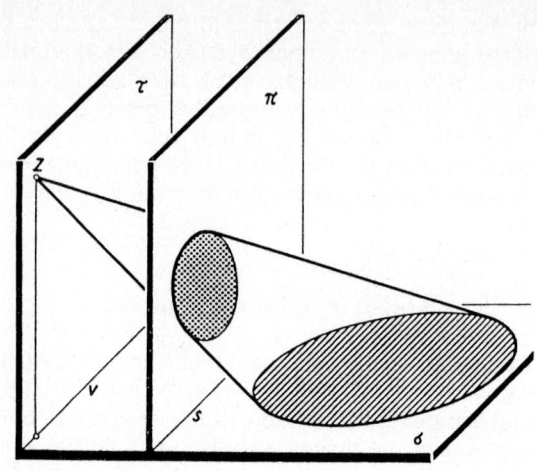

Abb. 276.1

konjugierten Durchmessern findet man die Hauptachsen nach der RYTZschen Achsenkonstruktion, vgl. S. 112.)

Zwischen dem in die Bildebene um die Standlinie s geklappten Kreis und seinem Bild besteht eine axiale Projektivität mit Zentrum M, Fluchtgerade h, Spurgerade s und Verschwindungsgerade v. Je nach dem zur Verfügung stehenden Platz wird die Klappung nach unten (M unterhalb h, v unterhalb s) oder nach oben (M oberhalb h, v oberhalb s) ausgeführt.

Um ein Tangentenparallelogramm der Bildellipse zu finden, gehen wir von einem beliebigen Punkt V der Verschwindungsgeraden v aus (Abb. 277.1). Die Tangenten von V an den Kreis gehen in parallele Ellipsentangenten über (Berührpunkte $\bar{C}$ und $\bar{D}$). Der Schnittpunkt von C_0, D_0 mit v sei der Punkt W. Alle Geraden durch W werden auf Parallele zu $\bar{C}$, $\bar{D}$ abgebildet. Insbesondere gehen die Kreistangenten W, A_0 und W, B_0 in Ellipsentangenten über, die zu den Tangenten in $\bar{C}$ und $\bar{D}$ konjugiert sind. Also sind $\bar{C}\bar{D}$ und $\bar{A}\bar{B}$ konjugierte Durchmesser der Ellipse. Demzufolge geht A_0, B_0 durch V (Zeichenkontrolle!). Der Ellipsenmittelpunkt $\bar{O}$ ist das Bild des Schnittpunktes von $A_0 B_0$ und $C_0 D_0$. Das dem umgeklappten Kreis umbeschriebene Tangentenviereck geht in ein der Ellipse umbeschriebenes Tangentenparallelogramm über.

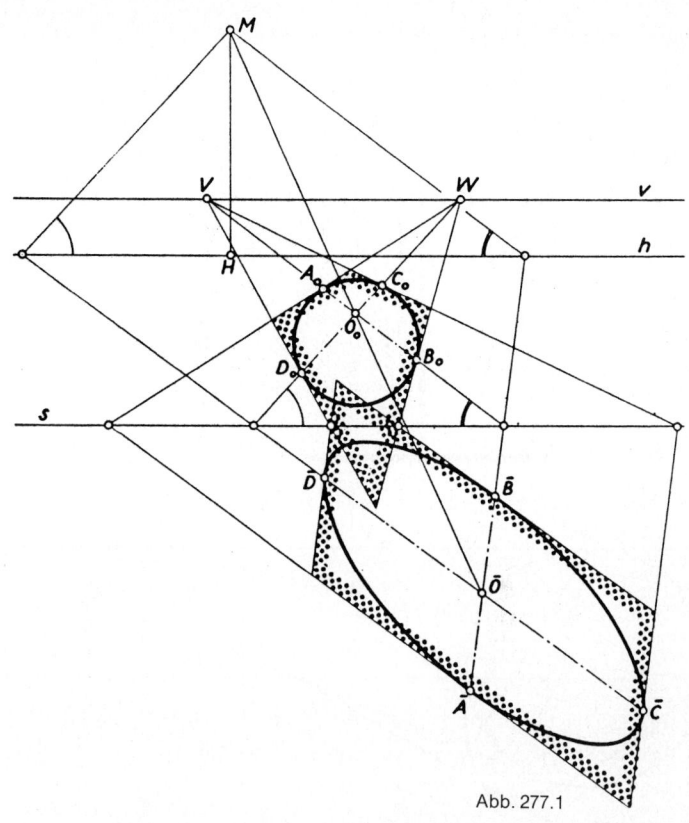

Abb. 277.1

Parabel

Berührt der Kreis die Verschwindungsgerade, so ist sein Bild eine Parabel (Abb. 278.1). Der Berührpunkt V geht in den unendlich fernen Punkt der Parabel über. Die Richtung zu diesem Fernpunkt, die Achsenrichtung der Parabel, ist zu Z, V parallel.

Um den Scheitelpunkt der Parabel zu bestimmen, suchen wir die Parabeltangente, die senkrecht zur Achsenrichtung verläuft. Die Urbilder aller zur Scheiteltangente parallelen Geraden haben denselben Verschwindungspunkt U, und zwar ist Z, U parallel zur Scheiteltangente (vgl. S. 254). U ist also der Schnittpunkt der in M auf $M. V$ errichteten Senkrechten mit der Verschwindungsgerade (Abb. 278.2).

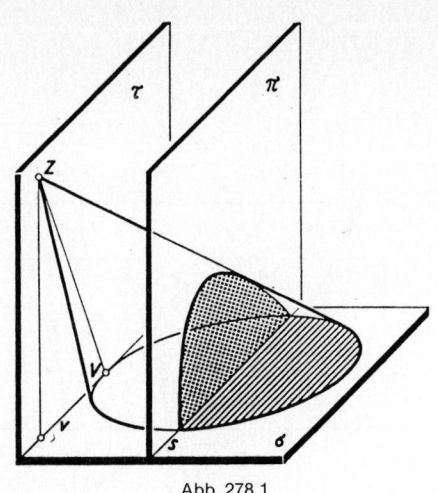

Abb. 278.1

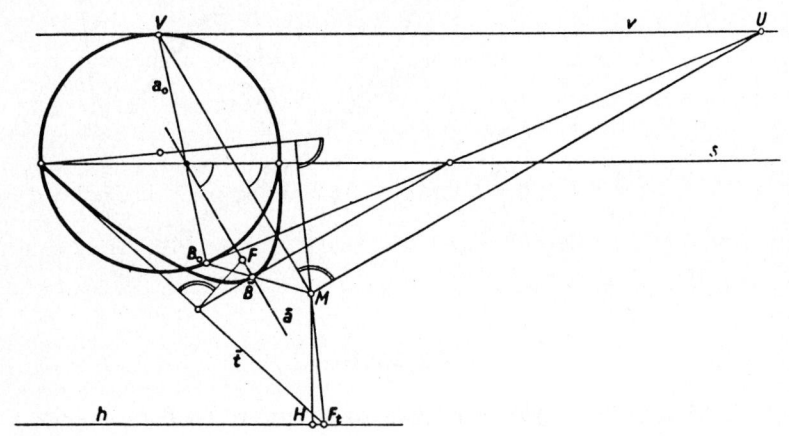

Abb. 278.2

Die Tangente durch U an den Kreis wird daher auf die Scheiteltangente der Parabel und der Berührungspunkt B_0 auf den Scheitel B selbst abgebildet.
Mit Hilfe der Achse, des Scheitels und eines weiteren Parabelpunktes lassen sich Brennpunkt und Leitlinie der Parabel bestimmen.

Hyperbel

Schneidet der Kreis die Verschwindungsgerade, so ist sein Bild eine
Hyperbel. Die Kreistangenten in den Verschwindungspunkten gehen in die Asymptoten (Tangenten in den unendlich fernen Punkten)
und ihr Schnittpunkt in den Mittelpunkt der Hyperbel über. Die Winkelhalbierenden der Asymptoten sind die Achsen der Hyperbel. Von
den Urbildern dieser Achsen schneidet eines unseren gegebenen
Kreis. Die Bilder der Schnittpunkte liefern die Hyperbelscheitel
(Abb. 279.1).

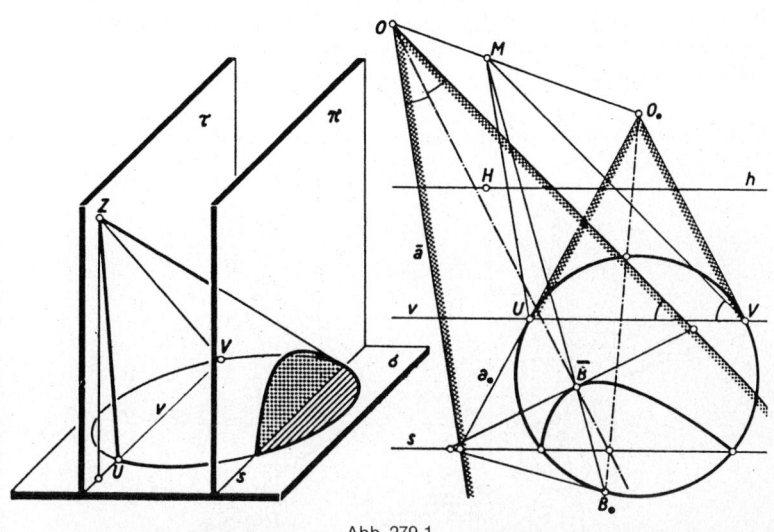

Abb. 279.1

Figuren in beliebigen Ebenen, Meßpunktperspektive

Um das perspektive Bild einer ebenen Figur, die beliebig im Raum
liegt, zu zeichnen, verfährt man wie bei Figuren in der Standebene
(Abb. 280.1): Man dreht die Ebene ε, in der die Figur liegt, um ihre
Spurgerade in die Tafelebene hinein und bildet die Drehsehnen mit
ab. Es entsteht eine axiale Projektivität zwischen dem perspektiven
Bild und der gedrehten Figur. Die Achse ist die Spurgerade, das
Zentrum der Fluchtpunkt M_ε der Drehsehnen und die Fluchtgerade
auch die Fluchtgerade der Ebene ε. Die Verschwindungsgerade der

279

axialen Projektivität ist die hereingedrehte Verschwindungsgerade der Ebene ε.

M_ε heißt Meßpunkt der Ebene ε. Wie findet man den Meßpunkt, wenn die Ebene ε durch ihre Spurgerade s_ε und ihre Fluchtgerade f_ε gegeben ist?

M_ε entsteht auch, indem man Z um die Fluchtgerade f_ε im gleichen Sinn wie ε in die Tafelebene dreht. Die Drehkreisebene steht senkrecht auf der Fluchtgerade (Schnittpunkt H_ε), sie schneidet deshalb die Tafelebene senkrecht zur Fluchtgerade. Die Schnittgerade enthält den Hauptpunkt H, da die Drehkreisebene senkrecht auf der Tafel steht und somit den Hauptsehstrahl enthält.

M_ε entsteht aus Z durch Drehung um H_ε; denkt man sich die Drehkreisebene in die Tafel geklappt, wird man unmittelbar auf die Figur Abb. 280.1 rechts geführt.

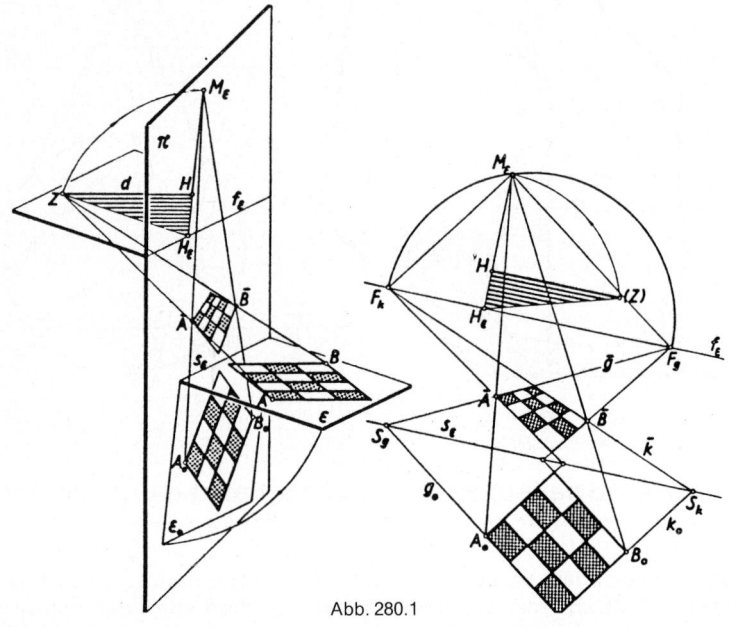

Abb. 280.1

Der Meßpunkt einer Ebene ε liegt auf einer Senkrechten zur Fluchtgerade durch den Hauptpunkt. Meßpunkt und Auge haben von der Fluchtgerade den gleichen Abstand.
Parallele Ebenen haben denselben Meßpunkt.

Normale einer Ebene

Den Fluchtpunkt einer beliebigen Normale zur Ebene ε erhält man als Durchstoßpunkt der durch Z gehenden Normale mit der Tafelebene. Die Normale durch Z liegt aber in der Drehkreisebene und verläuft darin senkrecht zu der Gerade Z, H_ε. Sie läßt sich also in der umgeklappten Drehkreisebene unmittelbar einzeichnen. Ihr Schnittpunkt mit H, H_ε ist der gesuchte Fluchtpunkt F_n der Normale (Abb. 281.1).

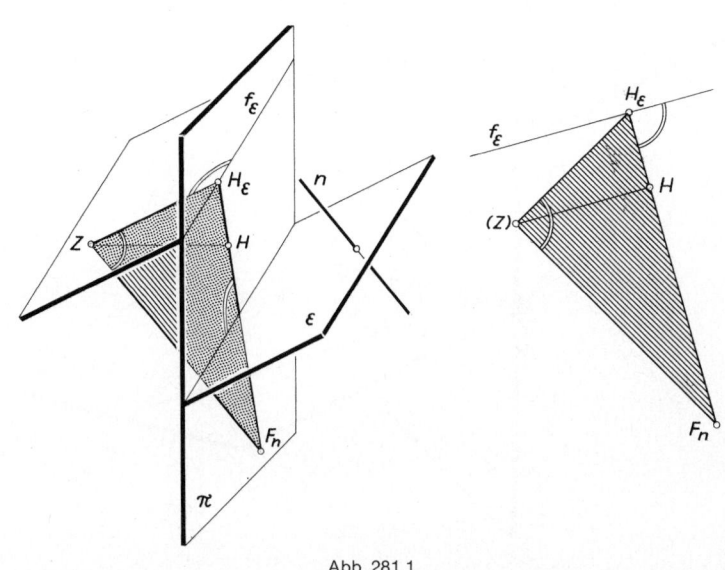

Abb. 281.1

Streckenmessung auf einer beliebigen Gerade

Man dreht die Gerade g in einer beliebigen Ebene ε um ihren Spurpunkt in die Tafelebene hinein (Abb. 282.1). Wie auf S. 272 nennen wir den Fluchtpunkt der Drehsehnen *Teilpunkt T_g* der Gerade g (bezüglich der Ebene ε). T_g liegt auf f_ε und es gilt $T_g F = Z F = M_\varepsilon F$.

T_g liegt auf einem Kreis um den Fluchtpunkt F der Gerade g mit dem Radius $ZF = M_\varepsilon F$ (Abb. 283.1).

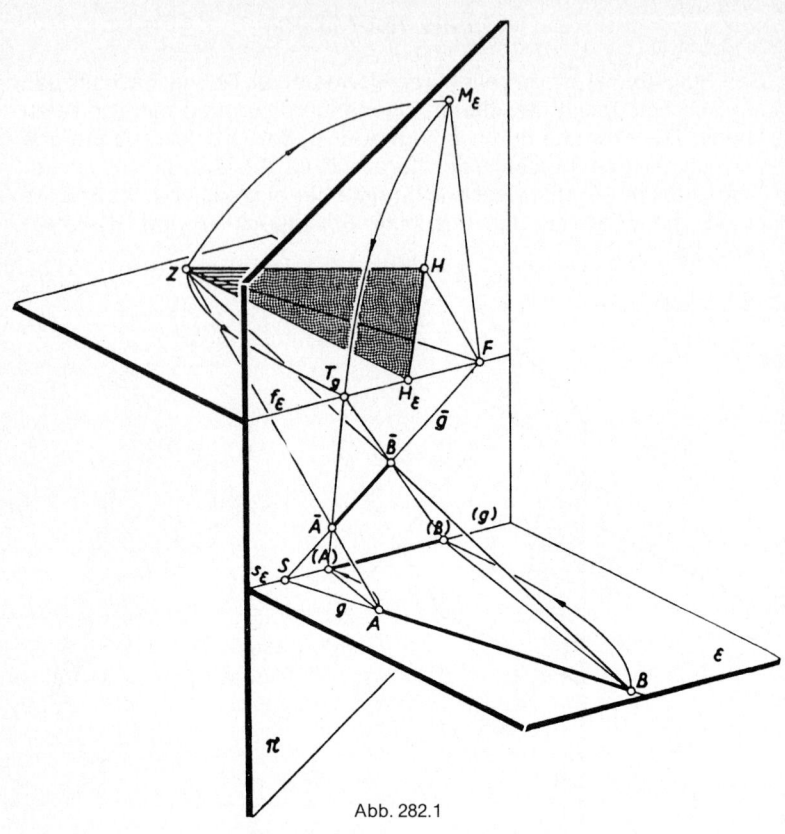

Abb. 282.1

Die Strecken erscheinen in wahrer Größe auf der Spurgerade der Ebene *(Meßgerade)* und werden von T_g aus auf $\bar{g}$ übernommen. – Da wir die Ebene durch *g* willkürlich wählen können, besitzt eine Gerade nicht nur *einen* Teilpunkt. Vielmehr erfüllen die Teilpunkte einen Kreis *(Teilpunktskreis)* mit dem Mittelpunkt *F* und dem Radius *ZF*. (*ZF* ist Hypotenuse des rechtwinkligen Dreiecks mit den Katheten *HF* und *d,* Abb. 283.2.)

In der Praxis zeichnet man zuerst den Teilpunktskreis und wählt auf ihm T_g so, daß man beim Übertragen der Strecken möglichst keine schleifenden Schnittpunkte erhält. T_g legt dann zusammen mit *F* die Fluchtgerade f_ε der Ebene, in der *g* gedreht wird, fest. Die Meßgerade s_ε ist die Parallele zu T_g, *F* durch den Spurpunkt *S* von *g*.

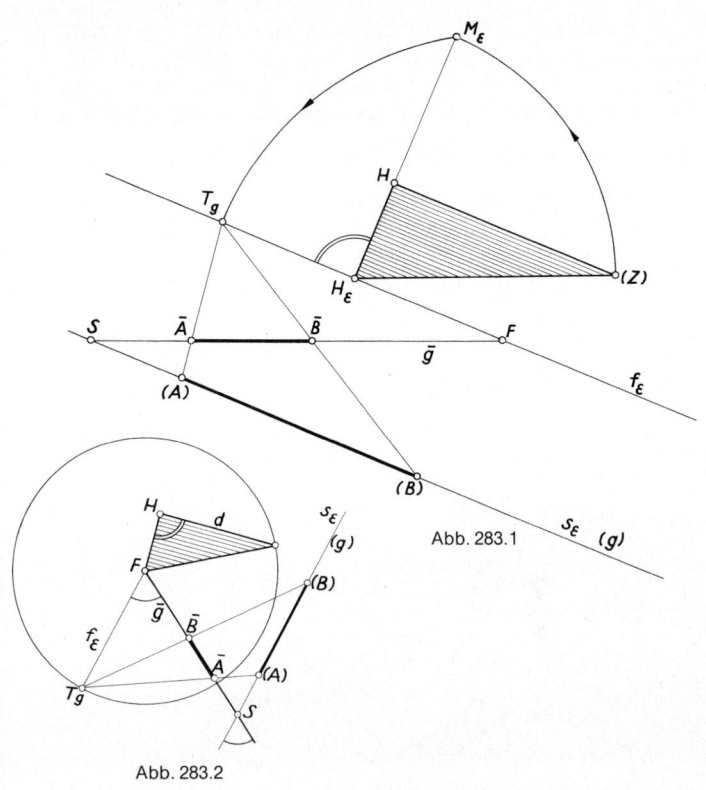

Abb. 283.1

Abb. 283.2

Beispiele

Beispiel 97: Auf ein Lesepult, dessen perspektives Bild vorliegt, soll ein DIN-A4-Blatt gelegt werden, das um 20° verdreht ist (Abb. 284.1). Um Fluchtgerade f_ε und Spurgerade s_ε der Pultebene ε zu bestimmen, suchen wir zunächst den Fluchtpunkt F und Spurpunkt S der Kante $k = A, B$. Dann ist $f_\varepsilon = F_1, F$ und s_ε die Parallele zu f_ε durch S. Um die Pultebene ε um s_ε in die Bildebene zu klappen, benötigen wir den Meßpunkt M_ε. Nach S. 281 liegt M_ε auf der Senkrechte zu f_ε durch H und hat von dem Schnittpunkt H_ε die Entfernung $H_\varepsilon(Z)$, die sich als Hypotenuse des rechtwinkligen Dreiecks $HH_\varepsilon(Z)$ ergibt. Die umgeklappte Kante k_0 geht dann durch S und ist parallel zu M_ε, F. Die Eckpunkte A_0 und B_0 werden von den Projektionsstrahlen $M_\varepsilon, \bar{A}$ und

283

M_ε, $\bar{B}$ aus k_0 ausgeschnitten. In die damit bekannte Umlegung der Pultebene können nun Einzelheiten maßgerecht eingetragen und dann ihre perspektiven Bilder mit Hilfe der axialen Projektivität gewonnen werden. In Abb. 284.1 ist die Konstruktion des Punktes $\bar{P}$ angegeben.

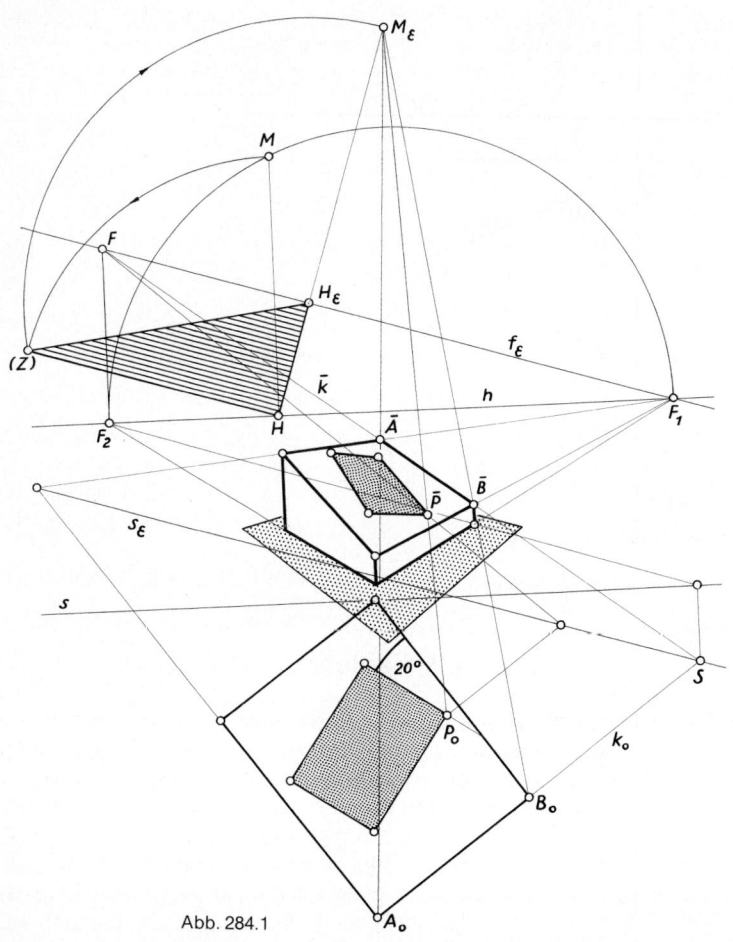

Abb. 284.1

284

Beispiel 98: Die auf der Standebene liegende Schachtel soll einen passenden Deckel erhalten, der um den Winkel α geöffnet ist (Abb. 285.1). Wir drehen die vertikale Ebene ε durch die Kante AB, in der α in wahrer Größe erscheint, um die Spur s_ε in die Bildebene hinein. Der Meßpunkt M_ε liegt auf dem Horizont und hat von F die Entfernung FM (vgl. S. 280). Mit Hilfe der durch s_ε, f_ε, M_ε festgelegten axialen Projektivität läßt sich die umgeklappte Kante $A_0 B_0$ zeichnen und an sie die Kante $B_0 C_0$ des Deckels legen. Nachdem man das Bild $\bar{C}$ konstruiert hat, lassen sich die beiden fehlenden Kanten mit Hilfe der zugehörigen Fluchtpunkte einzeichnen.

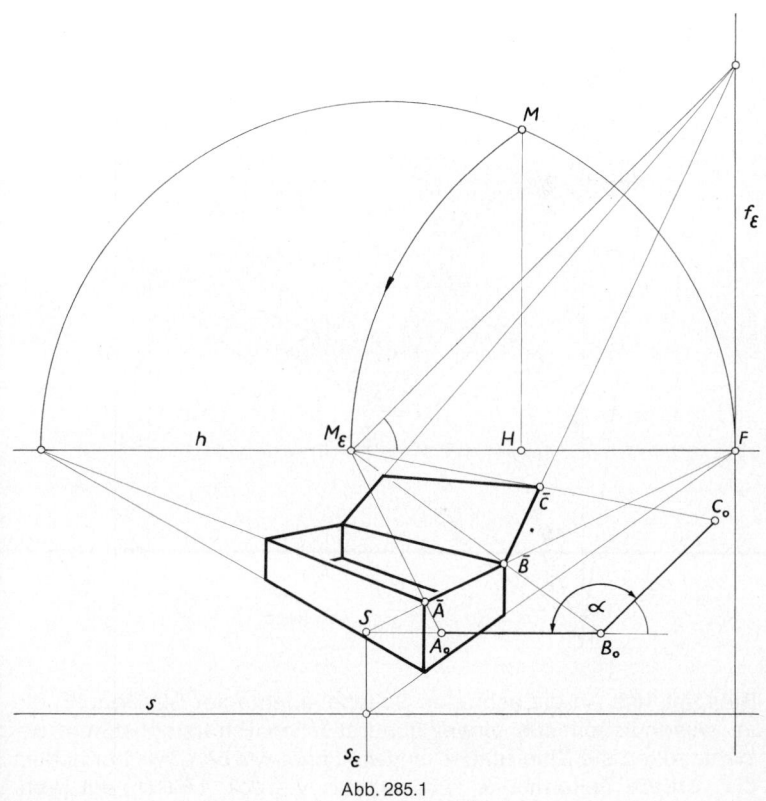

Abb. 285.1

285

Beispiel 99: Auf einer schiefen Ebene $\varepsilon = (s_\varepsilon, f_\varepsilon)$ soll ein Würfel mit der Kantenlänge a aufgestellt werden (Abb. 286.1). Zunächst tragen wir auf den zueinander senkrechten Geraden g und k in ε vom Schnittpunkt B die Strecke a an. Die zugehörigen Teilpunkte sind T_g und T_k. Auf der Meßgerade s_ε erscheinen die Strecken in wahrer Größe: $a = (B)(C) = \{B\}\{A\}$. Nun errichten wir im Punkt C die Normale n auf ε und tragen von C aus die Strecke a auf n ab. Wir bestimmen zunächst den Fluchtpunkt F_n der Normale n (vgl. S. 281); dann ist $\bar{n} = F_n, \bar{C}$. Innerhalb der vertikalen Ebene $v = (s_v, f_v)$ durch n drehen wir n in die Spur s_v und übertragen mit Hilfe des zugehörigen Teilpunkts T_n die Strecke $a = \langle C \rangle \langle D \rangle$ auf die Bildgerade $\bar{n}$. Die übrigen Kanten des Würfels können nun mit Hilfe der Fluchtpunkte F_g, F_k und F_n gezeichnet werden.

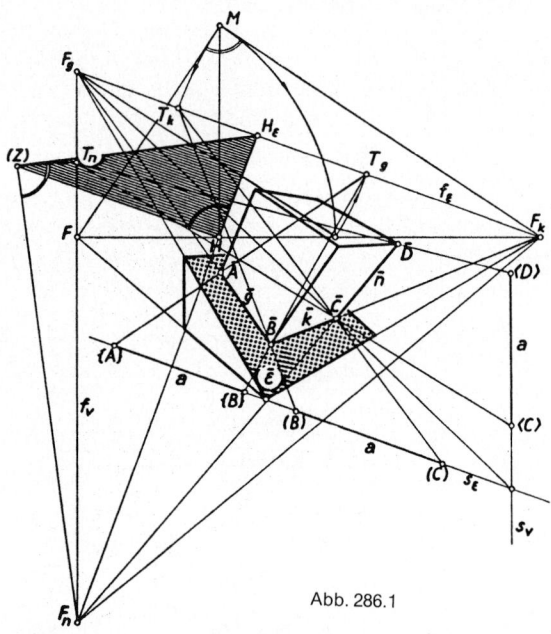

Abb. 286.1

Beispiel 100: An die schrägen Seitenebenen einer Straßenuhr, die im wesentlichen aus einem quadratischen Pyramidenstumpf besteht, sollen die Zifferblätter eingezeichnet werden. Wir betrachten die vordere Seitenebene ε, in der das Viereck $\bar{A}\bar{B}\bar{C}\bar{D}$ liegt (Abb.

287.2). Die Spur s_ε ist die Verbindungsgerade der Punkte S_k und S_g, die von den Geraden $\bar{k}$ bzw. $\bar{g}$ aus den Spuren s_1 bzw. s_2 der horizontalen Begrenzungsebenen des Pyramidenstumpfes ausgeschnitten werden. Die Fluchtgerade f_ε ist die Parallele zu s_ε durch F_1, der Meßpunkt M_ε hat von H_ε den Abstand $(Z)\,H_\varepsilon$.

Abb. 287.1

Nun klappen wir ε um s_ε in die Bildebene hinein und erhalten mit Hilfe der durch M_ε, s_ε und f_ε festgelegten axialen Projektivität als Urbild des Vierecks $\bar{A}\bar{B}\bar{C}\bar{D}$ das Trapez $A_0 B_0 C_0 D_0$, in dem das Zifferblatt in wahrer Größe eingezeichnet wird. Die Bilder der Kreissehnen $Q_0 P_0$ bzw. $R_0 T_0$ $(R_0 T_0 \| s_\varepsilon)$ liefern konjugierte Durchmesser der Zifferblattellipse; die Verschwindungsgerade w_ε, auf der sich die Kreistangenten in R_0 und T_0 schneiden, liegt links außerhalb des Blattes. Im Bild sind alle Ziffernstriche zum Punkt $\bar{O}$ gerichtet, der natürlich vom Ellipsenmittelpunkt $\bar{N}$ verschieden ist.

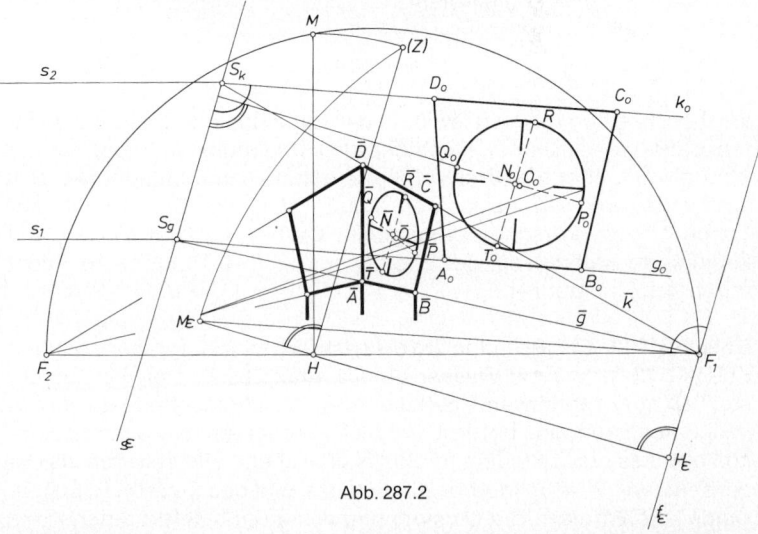

Abb. 287.2

Beispiel 101: *Eckeingang.* An einer Hausecke befindet sich ein Eingang, der unten von einer Ebene ε und oben von einem Teil eines Kreiszylinders begrenzt wird (Abb. 288.1). (Man beachte, daß die

Wandebenen senkrecht aufeinander stehen!) Die Ebene ε und die Achse des Zylinders haben gegen die vertikalen Wandebenen einen Neigungswinkel von 45°. Die Zylinderachse wird von der vertikalen Hauskante s_1 (Spur der Wandebenen) im Punkt B getroffen, die Wandebenen schneiden aus dem Zylinder zwei Viertelellipsen aus, deren Bilder in unserem Fall wieder Teile von Ellipsen werden.

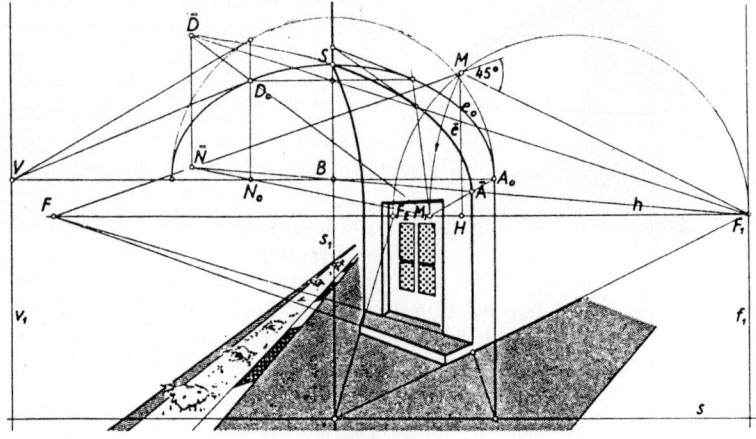

Abb. 288.1

Wir beschreiben die Konstruktion der Bildellipse $\bar{e}$, die in der rechten Wandebene (Spur s_1, Fluchtgerade f_1, Meßpunkt M_1) liegt. Die um s_1 in die Bildebene gedrehte Ellipse e_0 hat B zum Mittelpunkt, BA_0 zur großen und BS zur kleinen Achse. Ist D_0 der Berührpunkt der Tangente vom Verschwindungspunkt V an e_0, so sind $\bar{N}\bar{D}$ und $\bar{N}\bar{A}$ konjugierte Halbmesser der Bildellipse $\bar{e}$. − Ihre Tangente in S geht durch den Fluchtpunkt F_1.

Beispiel 102: Ein Brunnen (Kreiszylinder) ist bis zur horizontalen Ebene ε (Spur s_ε) mit Wasser gefüllt (Abb. 289.1). Der Beobachter steht so am Brunnenrand, daß die Verschwindungsebene die Innenfläche des Brunnens berührt. Folglich erscheinen alle inneren Horizontalkreise des Zylinders im Bild als Parabeln, alle äußeren als Hyperbeln (vgl. S. 275). In Abb. 289.1 ist das Bild des inneren Brunnenrands k konstruiert. Die Umklappung von k um s liefert einen Kreis k_0, der die Verschwindungsgerade v im Punkt V berührt. Die Parabel k wird dann wie in Abb. 278.2 gewonnen. − Um das Spiegelbild an der Ebene ε zu finden, ist durch jeden Punkt P des zu spiegelnden

Gegenstands eine vertikale Gerade zu zeichnen und mit ε zu durchstoßen. Ist D der Durchstoßpunkt, so liegt der gespiegelte Punkt P_s unterhalb ε im Abstand PD. Im Bild ist demnach $\bar{P}\bar{D} = \bar{P}_s\bar{D}$.

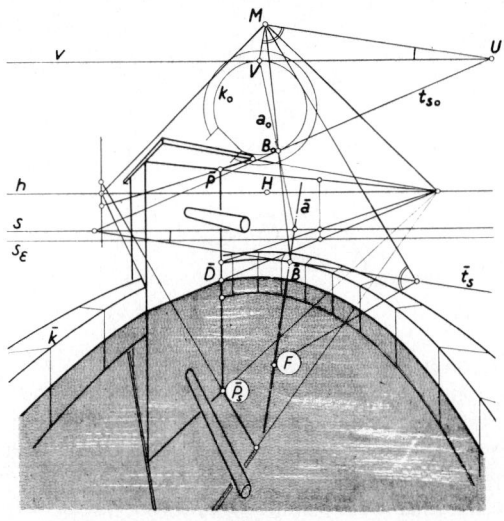

Abb. 289.1

Beispiel 103: *Kugelumriß:* Um eine Kugel (Mittelpunkt O, Radius r) perspektiv abzubilden, betrachten wir die vom Zentrum Z auslaufenden Sehstrahlen, die die Kugel berühren. Diese Sehstrahlen erfüllen den Mantel eines geraden Kreiskegels mit der Spitze in Z. Die Berührung dieses Kegels erfolgt längs eines Kugelkleinkreises k, der der wahre Umriß der Kugel ist (Abb. 290.1). Der perspektive Umriß der Kugel ist das Bild $\bar{k}$ des Berührkreises k, also ein Kegelschnitt, dessen Typ nach S. 275 von der Lage der Verschwindungsebene τ zu diesem Kreis abhängt. Der Kugelumriß kann also Ellipse, Parabel oder Hyperbel sein. (Der Kugelumriß ist ein Kreis, wenn der Mittelpunkt auf dem Hauptsehstrahl liegt.) Wie ändert sich der Umriß, wenn das Auge Z auf dem Hauptsehstrahl an H heranrückt?

Meistens erscheint die Kugel als Ellipse und deshalb wollen wir hier diesen Fall weiter besprechen. Wir blasen die Kugel auf und lassen sie gleichzeitig in dem Berührkegel entlangrutschen, bis sie die Bildebene π berührt. In dieser Lage ist die Kugel eine DANDELINsche

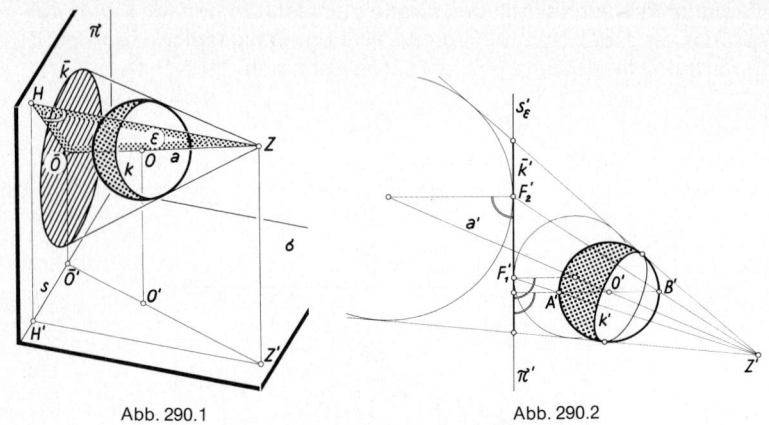

Abb. 290.1   Abb. 290.2

Kugel für $\bar{k}$ und nach S. 168 ihr Berührpunkt mit π ein Brennpunkt F_1 der Umrißellipse $\bar{k}$ (Abb. 290.2). Den zweiten Brennpunkt F_2 finden wir entsprechend, wenn wir die Kugel weiter aufblasen, bis sie auf der anderen Seite von π berührt wird. – Lassen wir jetzt die beiden DANDELINschen Kugeln wieder in die Ausgangslage zusammenschrumpfen, so gehen die Punkte F_1 und F_2 in zwei Punkte A und B über, deren Verbindungsgerade durch den Mittelpunkt O geht und auf π senkrecht steht. Außerdem laufen die Geraden A, F_1 und B, F_2 durch Z. Daher gilt: *Die Brennpunkte F_1 und F_2 der Umrißellipse sind die Bilder derjenigen Kugelpunkte A und B, in denen die Tangentialebenen zu π parallel sind.*

Zur Konstruktion dieser Brennpunkte betrachten wir die durch die Kegelachse $a = Z$, O gehende Ebene ε, die auf π senkrecht steht. ε schneidet die Kugel in einem Großkreis m, auf dem die Punkte A und B liegen. Die Spur s_ε ist die Gerade H, $\bar{O}$ und ihr Meßpunkt M_ε liegt auf der Senkrechten zu s_ε durch H im Abstand d (Abb. 291.1). Der um s_ε umgelegte Kreis m_0 (Radius r) hat den Mittelpunkt O_0 auf der umgelegten Kegelachse $a_0 = M_\varepsilon$, $\bar{O}$ und von s_ε einen Abstand c, der mit dem Abstand des Kugelmittelpunkts von der Bildebene übereinstimmt und hier als vorgegeben angesehen wird (c wird sonst konstruiert; vgl. nächstes Beispiel!). In der Umlegung werden die Punkte A_0 und B_0 von der zu s_ε senkrechten Gerade durch O_0 aus m_0 ausgeschnitten und die Projektionsstrahlen M_ε, A_0 bzw. M_ε, B_0 treffen s_ε in den gesuchten Brennpunkten F_1 bzw. F_2. Deshalb liegt die große Achse der Umrißellipse $\bar{k}$ auf der Gerade F_1, $F_2 = s_\varepsilon$ und der Mittelpunkt N ist Halbierungspunkt der Strecke $F_1 F_2$.

Die Hauptscheitel S_1 und S_2 von $\bar{k}$ liegen auf s_ε, und da ε selbst durch Z läuft, werden sie von den Tangenten aus M_ε an den Kreis m_0 aus s_ε ausgeschnitten (Abb. 291.1). Damit ist $\bar{k}$ völlig bestimmt, denn ihre Nebenscheitel haben von F_1 und F_2 die Entfernung $NS_1 = NS_2$.

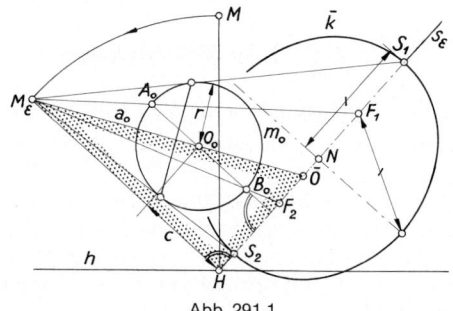

Abb. 291.1

Beispiel 104: Abb. 291.2 zeigt eine kugelförmige Lampe, die unten von einem horizontalen Kreis begrenzt ist. Ist P der senkrecht über dem Kugelmittelpunkt O gelegene Aufhängepunkt der Lampe und s_1 die Spur der horizontalen Ebene durch P, so ist die wahre Größe der Strecke $\bar{P}S$ gleich dem Abstand c des Punktes O von der Bildebene.

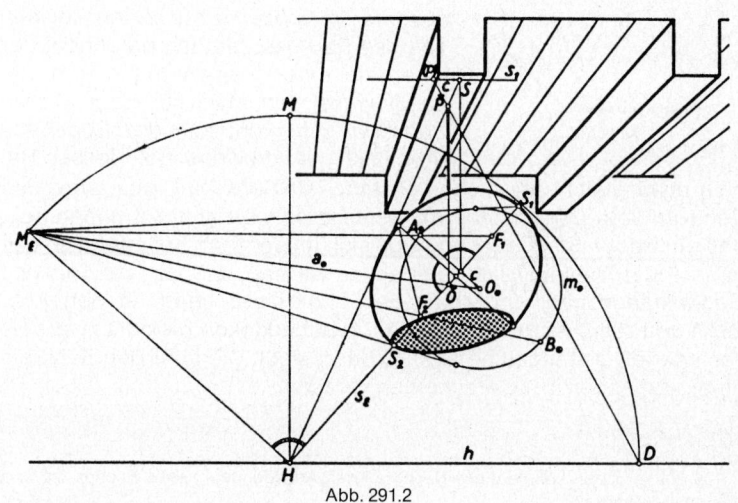

Abb. 291.2

291

Der Meßpunkt der Tiefenlinie P, S ist der Distanzpunkt D. Die Gerade P, D trifft s_1 im Punkt (P), der von S den Abstand c hat. Damit läßt sich die Konstruktion des Kugelumrisses, wie oben beschrieben, durchführen.

Anlegen einer Perspektive

Die Wirkung eines perspektiven Bildes hängt davon ab, welche Lage Zentrum und Bildebene zu dem Gegenstand, der abgebildet werden soll, haben.
Wird die Bildebene π bei festgehaltenem Zentrum parallel zu sich selbst in die Lage $\tilde{\pi}$ verschoben, so bleibt die Gestalt des Bildes erhalten; es tritt lediglich eine ähnliche Vergrößerung oder Verkleinerung ein, je nachdem die neue Bildebene $\tilde{\pi}$ von Z aus gesehen hinter oder vor der alten Bildebene π liegt.

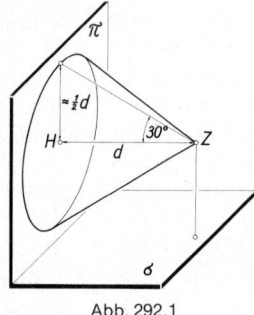

Abb. 292.1

Interessanter ist es, die Wirkungen zu untersuchen, die durch eine Verschiebung des Zentrums bei festgehaltener Bildebene entstehen, weil hierdurch die Anschaulichkeit des Bildes verändert werden kann. Erfahrungsgemäß kann ein Beobachter *gleichzeitig* nur einen solchen Teil des Raumes deutlich erkennen, der innerhalb eines Kegels mit einem Öffnungswinkel von etwa 30° liegt. Dieser *Sehkegel* schneidet aus der Bildebene (Abb. 292.1) einen Kreis aus, dessen Radius etwa gleich der halben Distanz ist *(Sehkreis)*. Man wird das Zentrum vom Gegenstand mindestens so weit entfernt annehmen, daß ein Beobachter, dessen Auge sich im Zentrum befindet, den Gegenstand mit einem Blick zu erfassen vermag, daß also das Bild des Gegenstands ganz innerhalb des Sehkreises liegt[1]. In den Abb. 293.1 und 293.2 ist zum Vergleich ein Gebäudekomplex mit zwei verschiedenen Distanzen perspektiv dargestellt. Die über den Sehkreis hinausragenden Teile erscheinen verzerrt.

---

[1] Aus Platzgründen konnte diese Regel bei den Abbildungen dieses Buches oft nicht eingehalten werden.

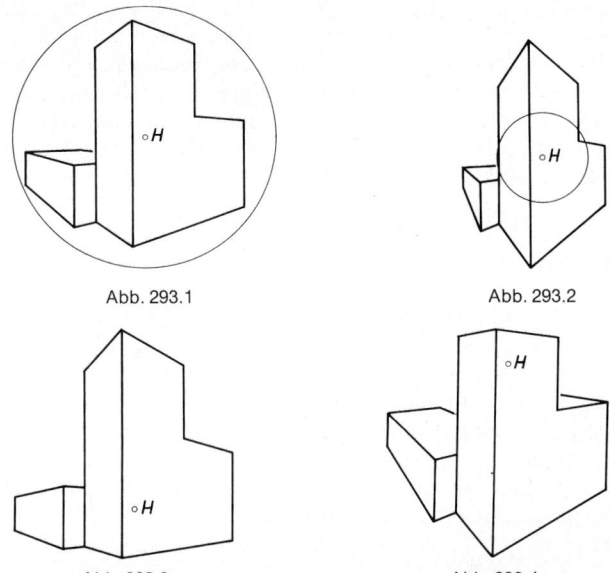

Abb. 293.1

Abb. 293.2

Abb. 293.3

Abb. 293.4

Weiter zeigt der Vergleich von Abb. 293.1 und 293.2, daß bei einer Verringerung der Distanz der Vordergrund hervorgehoben, während der Hintergrund zurückgedrängt wird. Diese Wirkung der Veränderung von *d* macht man sich zunutze, wenn z. B. bei einem kleineren Gebäude eine große Tiefenwirkung erzielt werden bzw. bei einer Innenperspektive ein kleiner Raum langgestreckt erscheinen soll. Umgekehrt wird man die Distanz groß wählen, wenn man den Hintergrund stärker betonen will bzw. wenn ein in die Tiefe ausgestrecktes Zimmer dargestellt werden soll.

Auch die Veränderung der Aughöhe hat wesentlichen Einfluß auf die Bildwirkung. In Abb. 293.4 ist derselbe Gegenstand wie in Abb. 293.1 mit größerer Aughöhe dargestellt. Man erkennt, daß bei größerer Aughöhe die Höhen kleiner erscheinen und die horizontal ausgedehnten Teile des Gegenstands stärker hervortreten. Große Aughöhe wird man z. B. nehmen, wenn entschieden werden soll, ob eine Gruppe von Hochhäusern in einem bestimmten Gelände organisch untergebracht ist *(Vogelperspektive)*. − Verkleinerung der Aughöhe (Abb. 293.3, *Froschperspektive)* läßt dagegen die Höhen größer erscheinen und vermindert die Tiefenwirkung, wie ein Vergleich von Abb. 293.3 mit Abb. 293.4 zeigt.

Die angegebenen Regeln sind nicht als starre Grundsätze aufzufassen, die für jeden darzustellenden Gegenstand ein richtig wirkendes Bild liefern. Gerade die Mißachtung dieser Regeln ergibt manchmal gewünschte Groteskwirkungen von Bildern bei Reklame-, Plakat- und Kulissenzeichnungen. Beim praktischen Zeichnen wird man zunächst die Hauptteile des darzustellenden Gegenstands konstruieren, die Bildwirkung prüfen, um danach erst Einzelheiten in das Bild einzutragen.

Beispiel 105: *Stereoaufnahme.* Das körperliche (stereoskopische) Sehen ist durch die gleichzeitige Erfassung *zweier* (von den beiden Augen herrührender) Bilder bedingt. Abb. 294.1 zeigt zwei solche Bilder desselben Gegenstands (Würfel mit einbeschriebenem Oktaeder) bei gleicher Bildebene und verschiedenen Zentren. Betrachtet man jedes Bild mit je einem Auge gleichzeitig, so entsteht bei einiger Übung ein räumlich wirkendes Bild. Daß jedes der Bilder nur mit einem Auge gesehen wird, kann man bequemer durch Komplementärfarben und Betrachtung durch eine Farbbrille oder unter Verwendung von polarisiertem Licht erreichen.

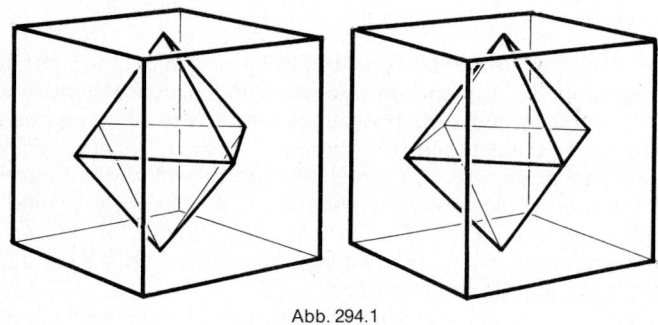

Abb. 294.1

Reduzierte Distanz

Beim praktischen Zeichnen kommt es vor, daß gewisse Flucht-, Meß- oder Teilpunkte nicht mehr auf dem Zeichenblatt liegen. In diesem Fall denkt man sich die ganze Bildfigur in einem bestimmten einfachen Verhältnis (etwa $\frac{1}{2}, \frac{1}{3}, \frac{1}{4}$) vom Hauptpunkt aus zentrisch ähnlich verkleinert. Dabei bleiben Parallelität und Teilverhältnisse erhalten.

In Abb. 295.1 sind die Umklappung g_0 und das Bild $\bar{g}$ einer horizontalen Gerade und die entsprechende auf $\frac{1}{3}$ verkleinerte Figur gezeichnet. Man nennt M^* bzw. F^* *reduzierten* Meß- bzw. Fluchtpunkt, insbesondere heißt HM^* *reduzierte* Distanz. Die Gerade $\bar{g}^* = S^*, F^*$ ist zu $\bar{g} = S, F$ parallel.

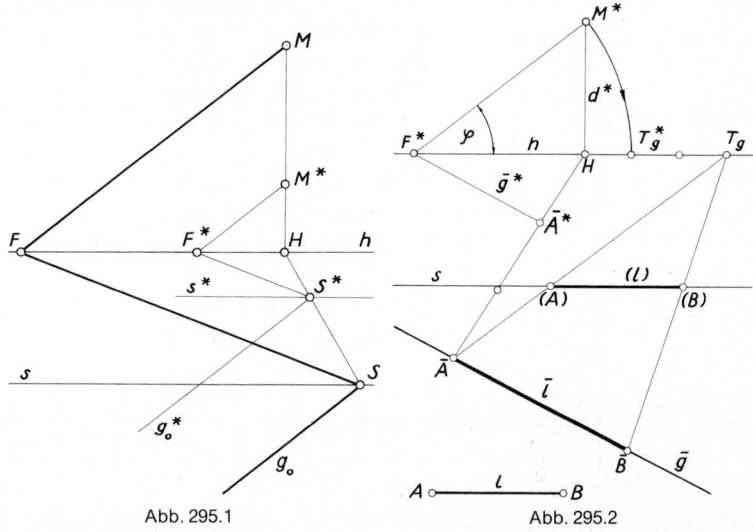

Abb. 295.1   Abb. 295.2

Beispiel 106: Durch den Punkt $\bar{A}$ ist das Bild einer horizontalen Gerade g zu zeichnen, die mit der Bildebene den Winkel φ einschließt, und auf ihr von A die Strecke l anzutragen (Abb. 295.2).

Als reduzierte Distanz wählen wir $d^* = \frac{1}{3}d$. Nach dem Winkelsatz schneidet die um den Winkel φ gegen den Horizont geneigte Gerade durch M^* den reduzierten Fluchtpunkt F^* aus h aus. Ferner suchen wir den Punkt $\bar{A}^*$ der Strecke $\bar{A}H$ mit $\bar{A}^*H = \frac{1}{3}\bar{A}H$. Dann ist $\bar{g}$ parallel zur Gerade $\bar{g}^* = F^*, \bar{A}^*$ und geht durch $\bar{A}$.

Der Teilpunkt T_g ist von H dreimal so weit entfernt wie der reduzierte Teilpunkt T_g^*. Das Antragen der Strecke l erfolgt dann wie auf S. 273.

Beispiel 107: In Abb. 296.1 ist eine Innenperspektive gezeichnet. Damit der Hintergrund des Raumes gut hervortritt, ist eine große Distanz gewählt und demzufolge die Konstruktion mit der reduzierten Distanz $d^* = \frac{1}{2}d$ durchgeführt. − Um das Spiegelbild des Raumes an dem an der rechten Wand angebrachten vertikalen Spiegel zu be-

295

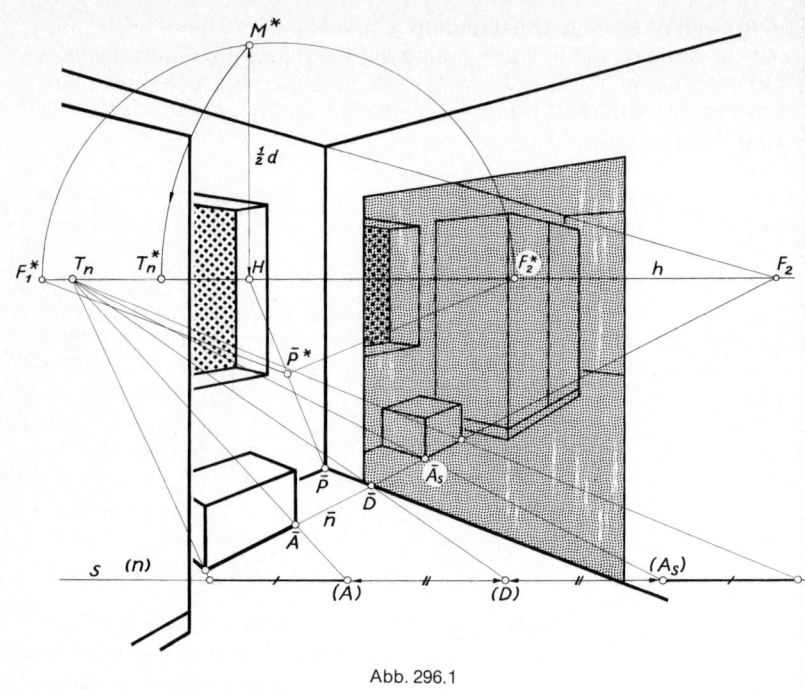

Abb. 296.1

stimmen, hat man von jedem Punkt A zunächst die Normale n auf die Spiegelebene zu fällen. Ist D der Durchstoßpunkt von n, so findet man den Spiegelpunkt A_s im Abstand AD auf der anderen Seite der Spiegelebene. In unserem Fall ist F_2 der Normalenfluchtpunkt und $\bar{n}$ die Gerade $\bar{A}, F_2$. Die Übertragung des Abstands des Punkts A von der Spiegelebene erfolgt mit Hilfe des Teilpunkts T_n, der für alle Normalen der gleiche ist.

Perspektive bei geneigter Bildebene

Will man ein hohes Gebäude fotografieren, so muß man entweder genügend weit entfernt stehen oder den Fotoapparat neigen. Im zweiten Fall entsteht eine Perspektive bei geneigter Bildebene, deren Gesetzmäßigkeiten wir beschreiben.

Fluchtpunktdreieck

Mit dem abzubildenden Gegenstand denken wir uns wie in der Axonometrie ein rechtwinkliges Achsenkreuz verbunden. Die Standebene sei die xy-Ebene, die z-Achse also vertikal. Die Bildebene sei gegen die Standebene geneigt. Die Fluchtpunkte F_x, F_y und F_z der drei Koordinatenachsen bilden das *Fluchtpunktdreieck*. Die Seiten des Fluchtpunktdreiecks sind die Fluchtgeraden der Koordinatenebenen.

Vom Zentrum Z aus erscheinen die Fluchtpunkte F_x, F_y und F_z paarweise unter rechtem Winkel. Projiziert man Z und die Fluchtpunktsehstrahlen Z, F_x, Z, F_y und Z, F_z senkrecht auf die Bildebene, so entsteht aus Z der Hauptpunkt H und aus den Sehstrahlen die Höhen des Fluchtpunktdreiecks (Abb. 297.1).

Der Hauptpunkt H ist der Höhenschnittpunkt des Fluchtpunktdreiecks.

Aufgabe: Das Fluchtpunktdreieck ist immer spitzwinklig.

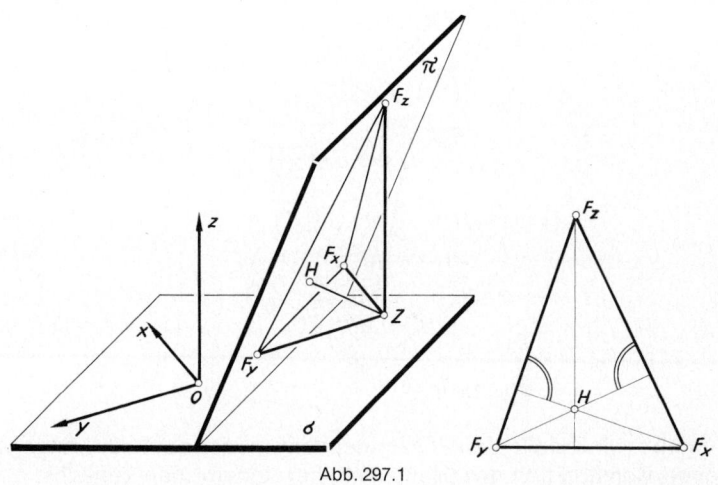

Abb. 297.1

297

Figuren in Koordinatenebenen

Wir schneiden die Koordinatenebenen mit der Bildebene und erhalten das *Spurendreieck* $S_x S_y S_z$, dessen Seiten parallel zu denen des Fluchtpunktdreiecks sind. Die Verbindungsgeraden der Fluchtpunkte mit den zugehörigen Spurpunkten sind die Bilder der Koordinatenachsen; sie schneiden sich im Bild des Ursprungs.

Figuren, die in den Koordinatenebenen liegen, lassen sich nach dem auf S. 280 beschriebenen Verfahren zeichnen. Man hat dazu noch die Meßpunkte der Koordinatenebenen zu bestimmen, was jetzt besonders einfach wird.

Wir beschreiben die Konstruktion für den Meßpunkt M_{xz} der xz-Ebene. Da M_{xz} durch Drehung des Zentrums Z um die Fluchtgerade F_x, F_z in die Tafelebene entsteht, wird M_{xz} von der Höhe durch F_y aus dem Thaleskreis über $F_x F_z$ ausgeschnitten (Abb. 298.1). M_{xz} zusammen mit der Achse S_x, S_z und der Fluchtgerade F_x, F_z bestimmen eine axiale Projektivität, mit deren Hilfe die Bilder von Figuren der xz-Ebene gezeichnet werden können.

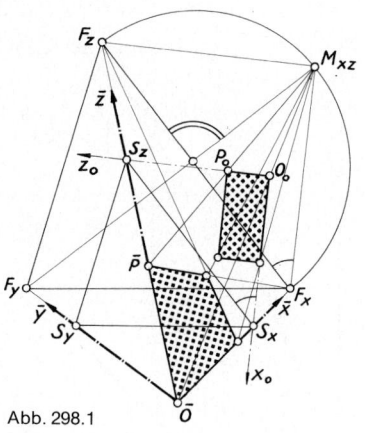

Abb. 298.1

Aufgabe: Man stelle den Zusammenhang zu der auf S. 281 angegebenen Konstruktion des Meßpunkts her, indem man zunächst aus dem Fluchtpunktdreieck die Distanz bestimmt (vgl. Abb. 300.2).

Beispiel 108: In Abb. 299.1 ist ein Turm bei schräger Bildebene gezeichnet. Die rechte Fassade wurde aus der Umlegung um die Spur

s_{xz} mit Hilfe der durch M_{xz}, s_{xz}, f_{xz} festgelegten axialen Projektivität konstruiert. Der halbkreisförmige Torbogen bildet sich auf einen Teil einer Ellipse mit dem Mittelpunkt N ab. Die konjugierten Durchmesser dieser Ellipse sind wie auf S. 276 gefunden.

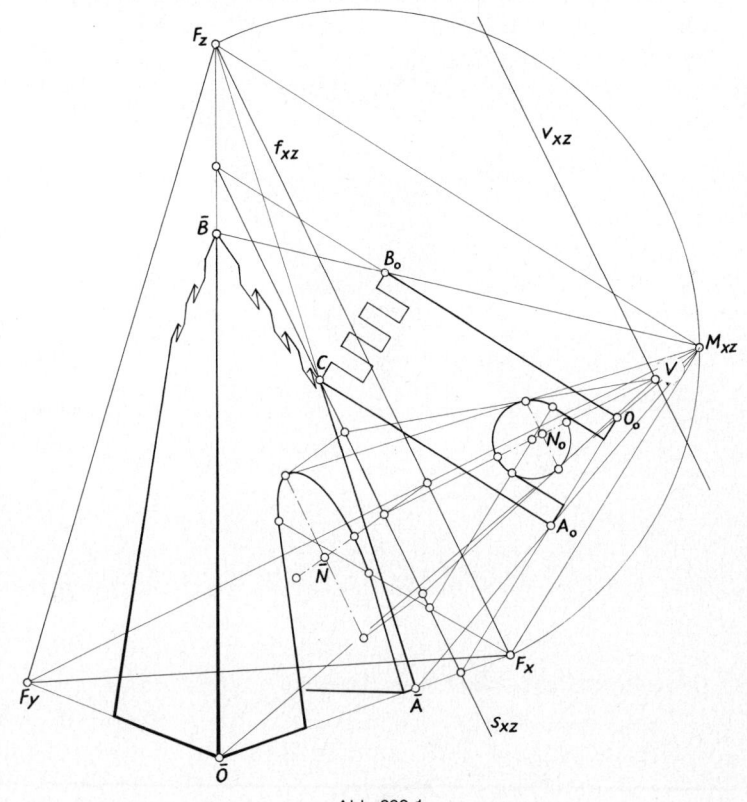

Abb. 299.1

Leseübung: Abb. 300.1 zeigt eine Brücke mit halbkreisförmigen Bögen. Das Bild des linken Halbkreises geht in einen Teil einer Ellipse mit dem Mittelpunkt $\bar{O}$ über. Der rechte Halbkreis wird ein Hyperbelstück, das punkt- und tangentenweise konstruiert ist.

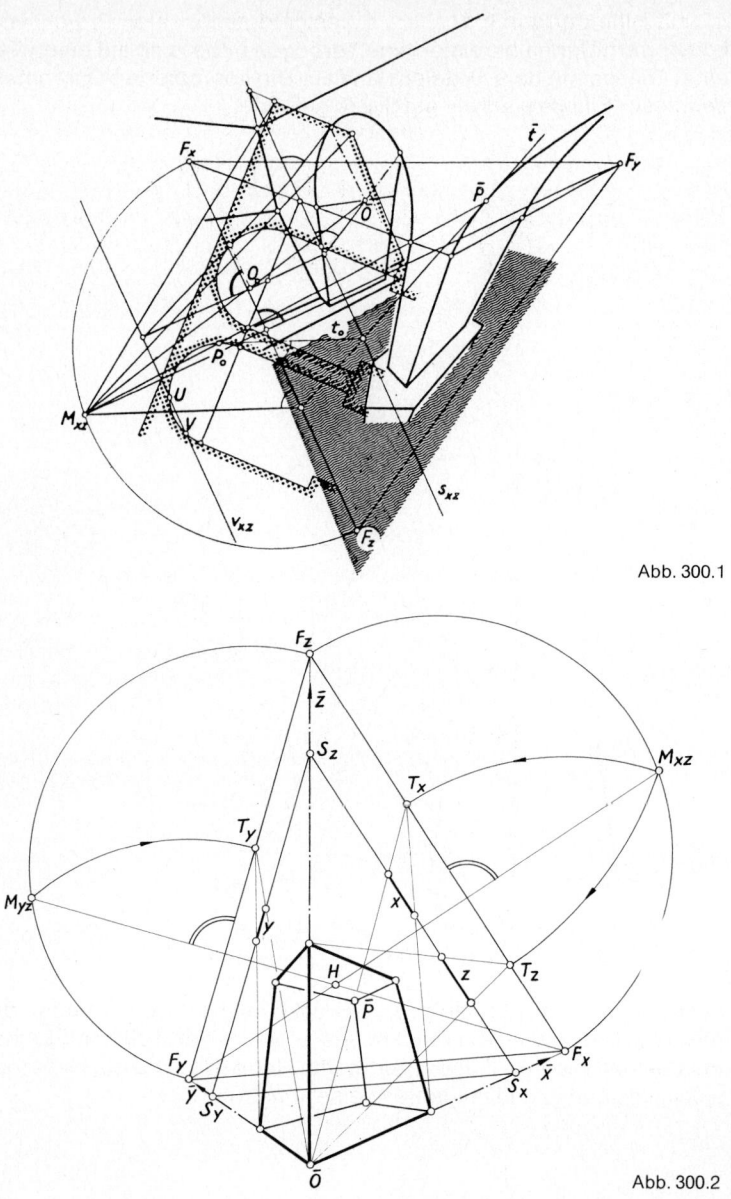

Abb. 300.1

Abb. 300.2

Axonometrische Methode

Um einen beliebigen Punkt $P(x, y, z)$ in das perspektive Bild einzuzeichnen, bilden wir den zugehörigen Koordinatenquader ab. Dazu haben wir im perspektiven Bild die Strecken x, y, z auf den Achsen abzutragen. Hierzu verwenden wir die Teilpunkte der Achsen (vgl. S. 281) (Abb. 300.2).

Bemerkung: Natürlich läßt sich das axonometrische Verfahren auch bei nichtgeneigter Bildebene anwenden. Dabei vereinfacht sich das Antragen der Lotstrecken (vgl. S. 259) (Abb. 301.1).

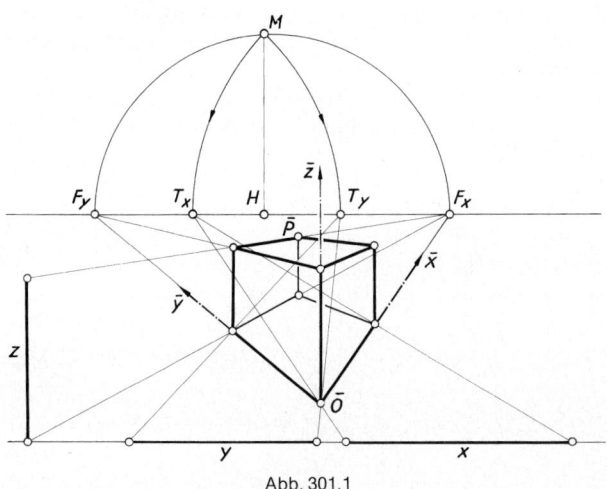

Abb. 301.1

Rekonstruktionen

Während wir uns bisher damit befaßt haben, von einem Gegenstand ein perspektives Bild zu zeichnen, wenden wir uns nun der umgekehrten Aufgabe zu: aus einem perspektiven Bild (etwa einer Fotografie) die wahren Abmessungen eines Gegenstands zu ermitteln. Diese Aufgabe läßt sich vollständig nur lösen, wenn außer dem Bild selbst noch gewisse Abmessungen des Gegenstands bekannt sind.

Rekonstruktion räumlicher Figuren

Wir denken uns die Perspektive eines Gegenstands vorgelegt, von dem wir wissen, daß er drei aufeinander senkrechte Kanten besitzt (in Abb. 302.1 ein Quader). Zunächst nehmen wir an, daß die Fluchtpunkte der drei Kanten endliche Punkte der Bildebene sind. Der Hauptpunkt ist uns dann als Höhenschnittpunkt des Fluchtpunktdreiecks bekannt (und damit auch die Distanz d). Nach S. 298 können auch die Meßpunkte der Seitenebenen und die Teilpunkte der Kanten bestimmt werden. Um die Seitenebenen in wahrer Größe zeichnen zu können, müßten uns noch ihre Spurgeraden bekannt sein. Dazu genügt die Kenntnis eines Spurpunkts oder einer Spurgerade. Eine solche Spurgerade läßt sich konstruieren, wenn die wahre Länge einer Strecke auf einer der drei Kanten bekannt ist. Da wir den Teilpunkt der betreffenden Kante kennen, brauchen wir nur die bekannte Strecke in den vom Teilpunkt auslaufenden Zweistrahl einzupassen (Abb. 302.1).

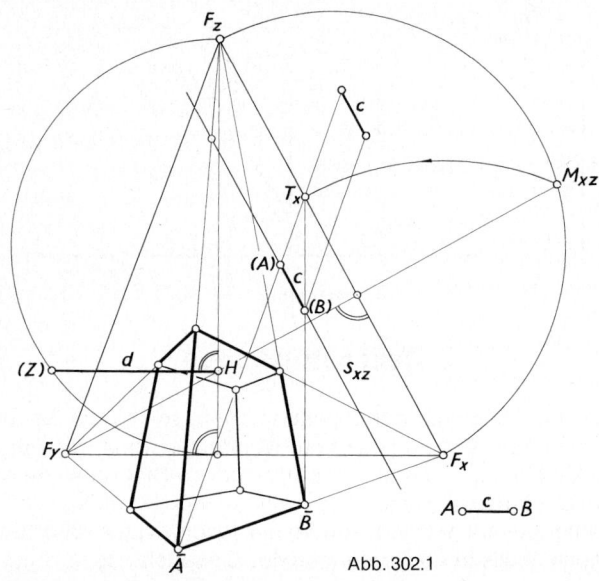

Abb. 302.1

Da aus der Bildwirkung hervorgeht, in welchen Ebenen die einzelnen Punkte — wenn sie sichtbar sind! — liegen, läßt sich deren Lage im Gegenstand über die bestehende axiale Projektivität ermitteln.

Ist keine Strecke bekannt, so nimmt man das Spurendreieck willkürlich an. Der Gegenstand ist dann nur bis auf ähnliche Vergrößerung oder Verkleinerung bestimmt.

Ein perspektives Bild mit drei Fluchtpunkten legt den abgebildeten Gegenstand bis auf Ähnlichkeiten fest. Seine wahre Größe ist bestimmt, wenn eine Strecke bekannt ist.

Aufgabe: Es ist nicht wesentlich, daß die Kanten paarweise senkrecht aufeinander stehen, es müssen nur die von ihnen gebildeten Winkel bekannt sein. Man bestimme die Meßpunkte auch in diesem Fall.

Weist das Bild des Quaders vertikale parallele Kanten auf, so liegt der zugehörige Fluchtpunkt unendlich fern und die Bildebene ist vertikal. Der Hauptpunkt läßt sich jetzt nicht mehr unmittelbar bestimmen. Dagegen kann man die Meßpunkte der vertikalen Ebenen konstruieren, wenn zusätzlich die wahre Größe eines Winkels in einer der beiden Seitenebenen bekannt ist.
Es sei α etwa die wahre Größe des Winkels, den die Diagonale A, C mit der Horizontale $a = A, B$ einschließt (Abb. 303.1). Nach dem Winkelsatz erscheinen vom Meßpunkt M_ε der Seitenebene ε die Fluchtpunkte von g und der Diagonale unter dem bekannten Winkel α. Also

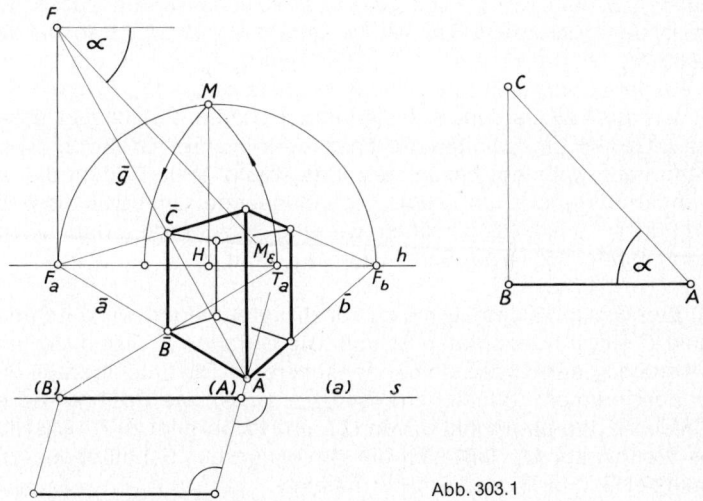

Abb. 303.1

303

wird M_ε von der unter dem Winkel α geneigten Gerade durch F aus dem Horizont ausgeschnitten.

Der Meßpunkt M der Standebene liegt auf dem Thaleskreis über den Fluchtpunkten F_a und F_b. Da M_ε mit dem Teilpunkt T_a übereinstimmt, liegt M auch auf dem Kreis um F_a mit dem Radius $M_\varepsilon F_a$.

Der Fußpunkt des Lots von M auf den Horizont ist der Hauptpunkt H, die Strecke MH die Distanz. Auch der Meßpunkt der anderen Seitenebene ist damit bekannt (Abb. 303.1).

Um jetzt noch die Spurgerade der Standebene zu bestimmen, braucht man die wahre Länge einer Strecke. In Abb. 303.1 ist die Länge von AB als bekannt angenommen.

Ein perspektives Bild bei vertikaler Bildebene legt den abgebildeten Gegenstand bis auf Ähnlichkeiten fest, wenn ein Winkel bekannt ist.

Aufgabe: Man führe die Rekonstruktion durch, wenn ein Winkel in der Standebene bekannt ist.

Beispiel 109: In Abb. 305.1 ist die Rekonstruktion eines Turms durchgeführt. Die Hauptrichtungen des Turms stehen aufeinander senkrecht. Die Breite des Turms $AB = 6$ m ist bekannt.

Nachdem das Fluchtpunktdreieck $F_x F_y F_z$ bestimmt ist, suchen wir den Meßpunkt M_{xz} derjenigen Ebene, in der die rechte Turmfassade liegt (vgl. S. 302). Um die Spurgerade s_{xz} zu konstruieren, passen wir die bekannte Strecke AB in den Zweistrahl $M_{xz}, \bar{A}; M_{xz}, \bar{B}$ so ein, daß sie zu M_{xz}, F_x parallel ist: $A_0 B_0$. Die Gerade A_0, B_0 trifft die Gerade $\bar{A}, \bar{B}$ in dem Spurpunkt S; s_{xz} ist die Parallele zu $f_{xz} = F_x, F_z$ durch S. – Mit der durch M_{xz}, s_{xz} und f_{xz} festgelegten axialen Projektivität lassen sich jetzt alle Einzelheiten der Fassade in wahrer Größe (entsprechend dem Maßstab) bestimmen. Das entstehende Bild ist die um s_{xz} in die Bildebene umgelegte Fassadenebene. Um beispielsweise den Punkt $\bar{P}$ umzulegen, wählen wir eine Hilfsgerade $\bar{g}$ (hier: Turmkante) durch $\bar{P}$. P_0 ist der Schnitt von $M_{xz}, \bar{P}$ mit g_0.

Um den Grundriß des Turms zu konstruieren, legen wir durch den Punkt C einen horizontalen Schnitt. Die Geraden C, D und C, E und C, A stehen paarweise aufeinander senkrecht. Die Fluchtgerade dieser horizontalen Schnittebene ist $f_{xy} = F_x, F_y$; die Spurgerade s_{xy} geht durch den Spurpunkt S_1 von C, D und ist parallel zu f_{xy}. Mit Hilfe des Meßpunkts M_{xy} läßt sich die Umlegung der Schnittebene und damit der Grundriß des Turms ermitteln.

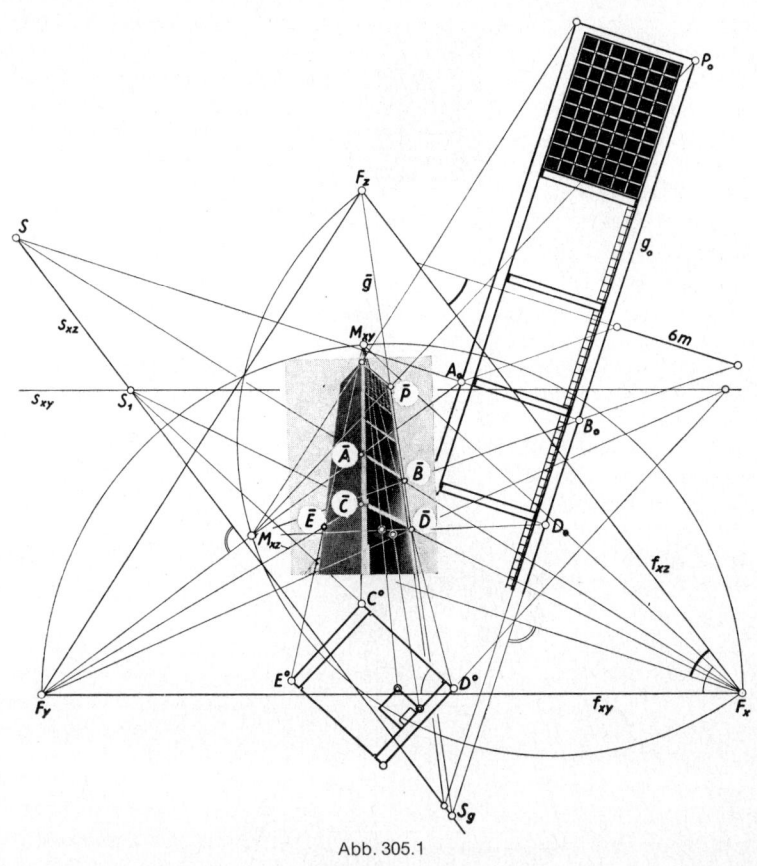

Abb. 305.1

Beispiel 110: In Abb. 306.1 ist die Rekonstruktion desselben Turms wie in Abb. 305.1 durchgeführt. Im gegebenen Foto sind jetzt die horizontalen Kanten in der Vorderfront ε zueinander parallel. Der zugehörige Fluchtpunkt liegt also unendlich fern. Die Rekonstruktion läßt sich nach S. 304 erst dann durchführen, wenn außer einer Strekke z. B. noch ein Winkel ($\neq 90°$) bekannt ist. Für unsere Aufgabe nehmen wir an, daß das Viereck $\bar{A}\,\bar{B}\,\bar{C}\,\bar{D}$ in Wirklichkeit ein Quadrat mit der Seitenlänge $c = 4,9$ m ist.

Zunächst ergeben sich aus dem Foto der Fluchtpunkt F_1 der vertikalen und der Fluchtpunkt F_2 der nach hinten laufenden horizontalen

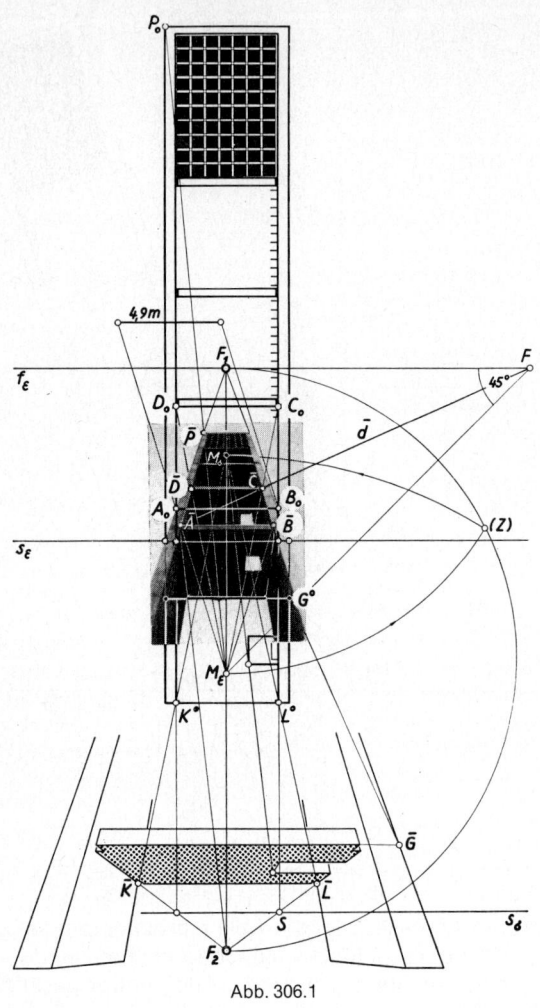

Abb. 306.1

Turmkanten. Die Fluchtgerade f_ε der Vorderfront ε steht senkrecht auf F_1, F_2. Um den Meßpunkt M_ε von ε zu bestimmen, suchen wir den Fluchtpunkt F der Quadratdiagonale d. Nach dem Winkelsatz schließen die Geraden f_ε und Z, F einen Winkel von 45° ein. Da M_ε aus Z durch Drehung zum f_ε entsteht, liegt M_ε auf F_1, F_2 und der Winkel, den

f_ε mit M_ε, F einschließt, ist 45°. Die Spurgerade s_ε ergibt sich durch Einpassen der bekannten Strecke 4,9 m in den Zweistrahl M_ε, $\bar{A}$; M_ε, $\bar{B}$. Die Vorderfront läßt sich nun mit Hilfe der durch M_ε, s_ε und f_ε festgelegten axialen Projektivität in wahrer Größe bestimmen.
Nach S. 303 wird das umgelegte Zentrum (Z) von dem Kreis um F_1 mit dem Radius $F_1 M_\varepsilon$ aus dem Thaleskreis über $F_1 F_2$ ausgeschnitten. Der Hauptpunkt H ist der Fußpunkt des Lots von (Z) auf $F_1 F_2$; die Distanz d ist die Strecke $H(Z)$. (H und d sind in Abb. 306.1 nicht eingezeichnet.)
Um die Konstruktion des Grundrisses übersichtlich zu halten, wurde zunächst der Turm nach unten verlängert. Die Höhe der horizontalen Ebene σ mit den Punkten G, K, L wurde beliebig angenommen. (Diese Hilfskonstruktion läßt sich ohne jede Annahme über Abmessungen allein aus dem Foto heraus durchführen.) Der Meßpunkt M_σ ergibt sich aus (Z) durch Herumdrehen um F_2. Die Spurgerade s_σ steht senkrecht auf F_1, F_2 und geht durch den Spurpunkt S der Gerade F_2, $\bar{L}$. Durch M_σ, s_σ und F_2 ist wieder eine axiale Projektivität festgelegt, die Einzelheiten in der Ebene σ in wahrer Gestalt zu ermitteln gestattet.

Rekonstruktion von ebenen Figuren

Bei Luftbildaufnahmen hat man es im allgemeinen mit einer ebenen Figur zu tun, die keine ausgezeichneten, aufeinander senkrecht stehenden Richtungen aufweist. Die Entzerrungsaufgabe läßt sich hier auch lösen, wenn man die wahre Lage von vier Punkten kennt *(Vierpunktverfahren)*. Man benützt dabei die Invarianz des *Doppelverhältnisses:*
Bei der *Parallelprojektion* wird zum Antragen von Strecken ausgenutzt, daß das Teilverhältnis von drei Punkten erhalten bleibt. Bei einer *Zentralprojektion* bleibt das Teilverhältnis nicht erhalten. Vielmehr ist (Abb. 308.1)

(1)
$$\frac{\bar{A}\bar{C}}{\bar{B}\bar{C}} = \frac{VB}{VA} \cdot \frac{AC}{BC} .$$

Zum Beweis legen wir durch C und Z je eine Parallele zu $\bar{g}$. Dann gilt nach dem Strahlensatz:

$$\frac{VB}{BC} = \frac{VZ}{B^*C} , \qquad \frac{A^*C}{AC} = \frac{VZ}{VA} ;$$

daraus folgt:

$$\frac{A^*C}{B^*C} = \frac{VB}{VA} \cdot \frac{AC}{BC}.$$

Weil nach dem Strahlensatz auch gilt

$$\frac{\overline{A}\,\overline{C}}{\overline{B}\,\overline{C}} = \frac{A^*C}{B^*C},$$

folgt die Behauptung (2). Das Teilverhältnis wird also noch mit dem Faktor $\frac{VB}{VA}$ multipliziert. Da in ihm der Teilpunkt C der Strecke AB nicht vorkommt, gilt entsprechend für einen weiteren Teilpunkt D:

$$(2) \qquad \frac{\overline{A}\,\overline{D}}{\overline{B}\,\overline{D}} = \frac{VB}{VA} \cdot \frac{AD}{BD}.$$

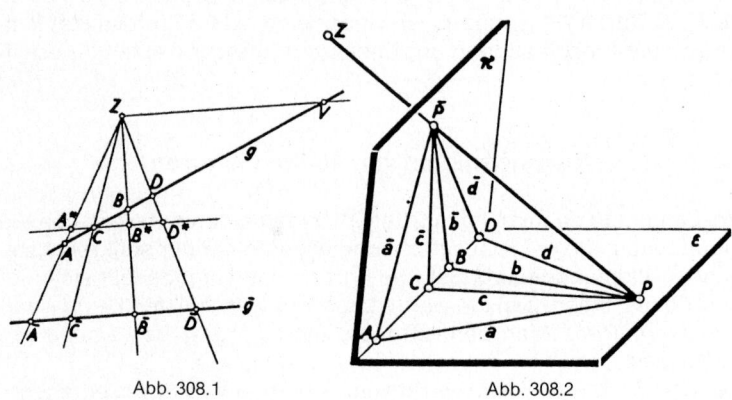

Abb. 308.1   Abb. 308.2

Aus (1) und (2) ergibt sich

$$\frac{\overline{A}\,\overline{C}}{\overline{B}\,\overline{C}} : \frac{\overline{A}\,\overline{D}}{\overline{B}\,\overline{D}} = \frac{AC}{BC} : \frac{AD}{BD}.$$

Man nennt $\frac{AC}{BC} : \frac{AD}{BD}$ das *Doppelverhältnis* der vier auf einer Gerade liegenden Punkte A, B, C, D (in dieser Reihenfolge).

Das Doppelverhältnis bleibt bei einer Zentralprojektion ungeändert.

308

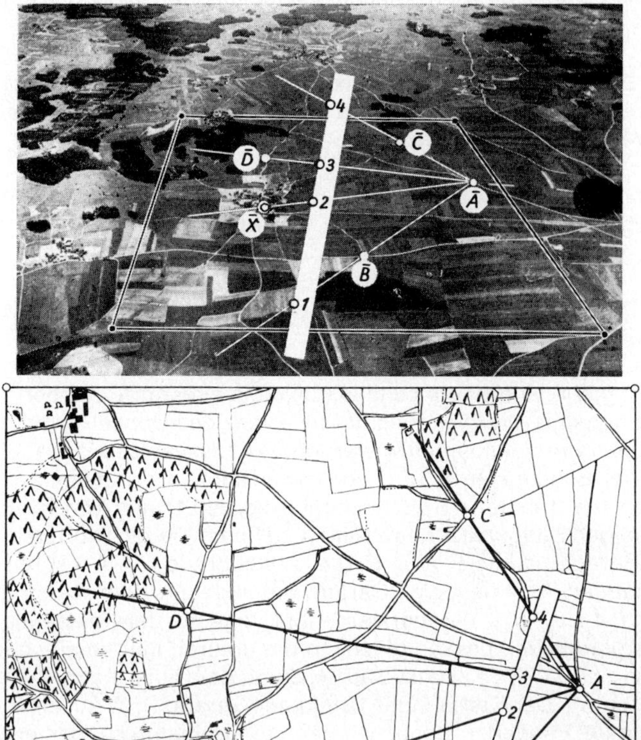

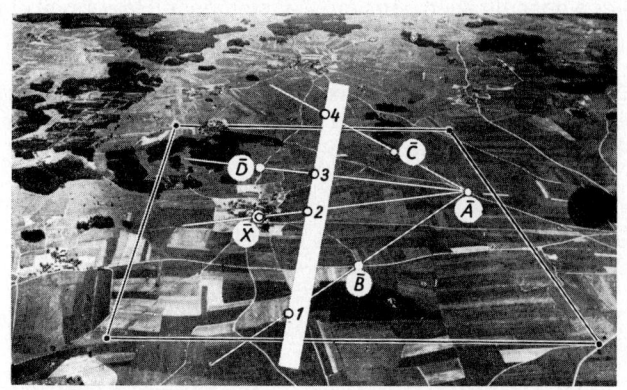

Abb. 309.1

309

Man kann deshalb auch dem von *Z* auslaufenden Vierstrahl ein Doppelverhältnis zuordnen:

Das Doppelverhältnis eines Vierstrahls ist gleich dem Doppelverhältnis der vier Punkte, die von irgendeiner Gerade aus dem Vierstrahl ausgeschnitten werden.

Nach Abb. 308.2 ist das Doppelverhältnis der vier Strahlen *a, b, c, d* gleich dem Doppelverhältnis der vier Punkte *A, B, C, D* und damit gleich dem Doppelverhältnis der vier Bildstrahlen $\bar{a}, \bar{b}, \bar{c}, \bar{d}$:

Das Doppelverhältnis eines Vierstrahls bleibt bei Zentralprojektion erhalten.

Die Aufgabe, aus einem Luftbild Punkte in eine Karte zu übertragen, kann nun unter Verwendung der Invarianz des Doppelverhältnisses bei Zentralprojektion gelöst werden. Vorauszusetzen ist dabei, daß von vier Bildpunkten $\bar{A}\,\bar{B}\,\bar{C}\,\bar{D}$, von denen keine drei auf einer Gerade liegen, die Urbilder *A B C D* bekannt (Abb. 309.1) sind. Um von einem beliebigen Bildpunkt $\bar{X}$ das Urbild *X* zu finden, legen wir durch $\bar{A}$ die vier Geraden durch $\bar{B}, \bar{X}, \bar{D}, \bar{C}$. Die Urbildgerade von $\bar{A}, \bar{X}$ können wir bestimmen. Eine beliebige Gerade schneide aus dem Vierstrahl die Punkte *1 2 3 4* aus. Wir markieren ihre Lage auf der Kante eines Papierstreifens und passen diesen in die untere Figur so ein, daß der Punkt *1* auf *A, B*, der Punkt *3* auf *A, D* und der Punkt *4* auf *A, C* zu liegen kommt. Dann ist *A, 2* das Urbild der Gerade $\bar{A}, \bar{X}$. Auf dieser Gerade muß *X* liegen. − Legen wir den Vierstrahl durch einen anderen Punkt (etwa $\bar{B}$), so finden wir einen zweiten geometrischen Ort für *X*.

Rasterverfahren

Sollen sehr viele Punkte vom Bild in eine Karte übertragen werden, so werden Bild und Karte mit einander entsprechenden Netzen *(Möbiusnetz)* überzogen (Abb. 311.1) (vgl. auch Abb. 269.1). Dieses Netz wird, ausgehend von vier Punkten, deren Urbilder bekannt sind, durch immer neues Einfügen von einander in Bild und Karte entsprechenden Geraden so lange verdichtet, bis sich schließlich der Bildinhalt nach Augenmaß in die Karte übertragen läßt. Das Übertragen der Geraden ist aus Abb. 311.1 ersichtlich.

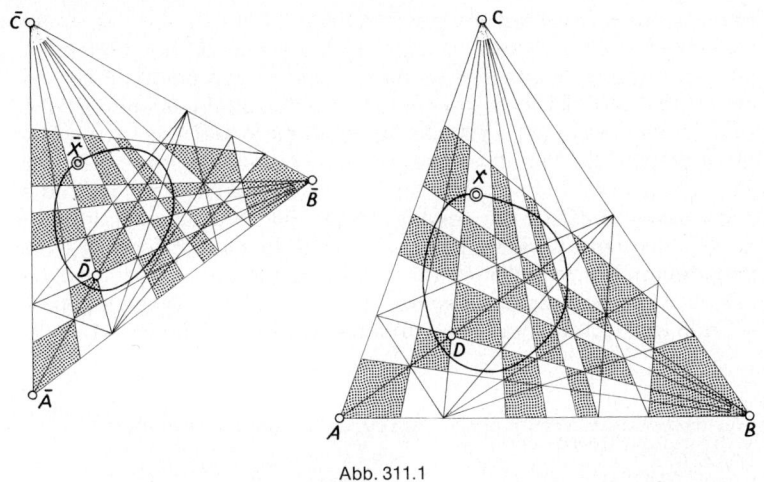

Abb. 311.1

Photogrammetrie

Die bisher behandelten Rekonstruktionsaufgaben wurden unter Verwendung *eines* Fotos gelöst. Dabei war es nötig, schon gewisse Annahmen über den dargestellten Gegenstand zugrunde zu legen; z. B. wurde bei Gebäuden angenommen, daß die Hauptrichtungen aufeinander senkrecht stehen; bei der Entzerrung von ebenem Gelände mußten von vier (allgemein liegenden) Punkten die Urbilder bekannt sein.

Kennt man von dem dargestellten Objekt keinerlei Abmessungen, so gelingt die Entzerrung mittels *zweier* Fotos, die von verschiedenen Standorten aufgenommen sind. Aus einem solchen Bildpaar (Stereobild, vgl. auch S. 294) läßt sich die *Form* des dargestellten Objekts bis auf Ähnlichkeiten bestimmen, wenn von beiden Perspektiven der Hauptpunkt und die Distanz *(innere Orientierung)* bekannt sind. Die Distanz ist (bei Einstellung auf Unendlich) gleich der Brennweite des Kameraobjektivs; der Hauptpunkt wird durch ein mitabgebildetes Fadenkreuz oder durch vier Bildmarken festgelegt.

Die praktische Durchführung der Entzerrung ist Aufgabe der Photogrammetrie. Sie wird heute mit Apparaten durchgeführt, in denen der stereoskopische Effekt ausgenutzt wird (Stereokomparator, Autograph, analytische Plotter).

Hier gehen wir nur auf die geometrischen Grundlagen der Photogrammetrie ein, und zwar beschränken wir uns auf den sogenannten *Normalfall*: Die Negativebenen $\tilde{\pi}_1$ und $\tilde{\pi}_2$ von beiden Fotos liegen zum Zeitpunkt ihrer Aufnahme in einer gemeinsamen Ebene. Bei Luftbildaufnahmen kann dies angenähert erreicht werden.

Spiegeln wir die Negativebenen an den Aufnahmezentren Z_1 bzw. Z_2, so entstehen die sogenannten Positivebenen π_1 bzw. π_2. In diesen Ebenen entsteht ein seitenrichtiges Bild des Objekts. In jeder der Positivebenen beschreiben wir die Bildpunkte $\bar{P}_1$ bzw. $\bar{P}_2$ eines bestimmten Raumpunkts P durch ihre Koordinaten in bezug auf die in Abb. 312.1 eingezeichneten Koordinatensysteme. Diese legen wir so, daß die x_1-Achse mit der x_2-Achse zusammenfällt. In Abb. 312.1

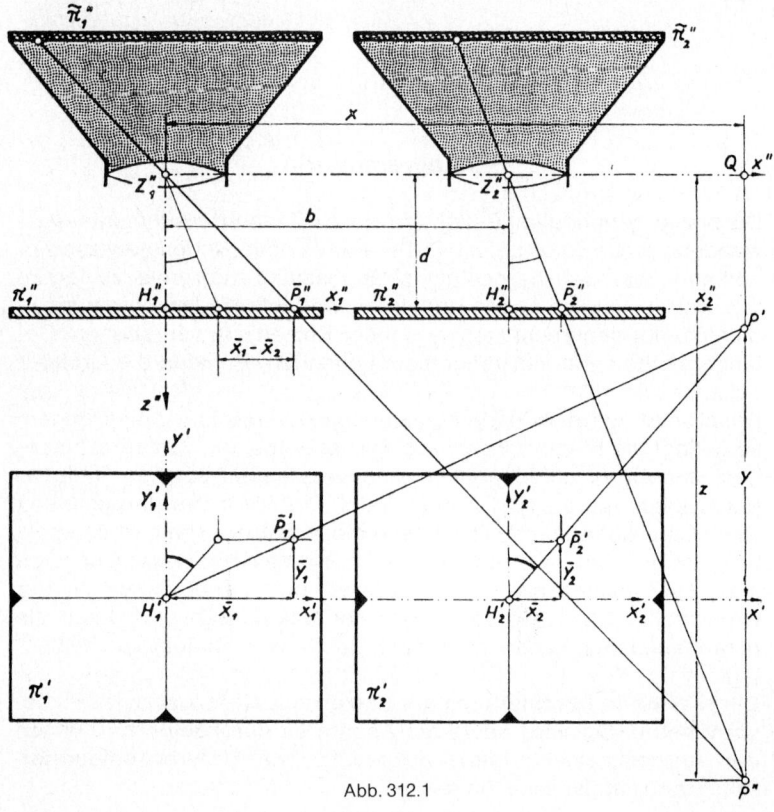

Abb. 312.1

ist in Grund- und Aufriß die räumliche Lage der Bildebene π_1 und π_2 sowie die Abbildung des Raumpunkts P dargestellt. Der Raumpunkt $P(x, y, z)$ wird bezogen auf das eingezeichnete xyz-Koordinatensystem mit dem Ursprung Z_1.

Um die Koordinaten von P aus seinen beiden Bildern $\bar{P}_1(\bar{x}_1, \bar{y}_1)$ und $\bar{P}_2(\bar{x}_2, \bar{y}_2)$ zu gewinnen, beachten wir, daß wegen der Ähnlichkeit der Dreiecke $P''QZ_1''$ und $Z_1''P_1''H_1''$ die folgenden Beziehungen bestehen:

$$x : \bar{x}_1 = b : (\bar{x}_1 - \bar{x}_2), \quad z : d = b : (\bar{x}_1 - \bar{x}_2)$$

und entsprechend

$$\bar{y}_1 : y_1 = b : (\bar{x}_1 - \bar{x}_2).$$

Die Größe b ist der Abstand der beiden Zentren *(Basis)*. Die Differenz $p = \bar{x}_1 - \bar{x}_2$ heißt *Seitenparallaxe* von P. (In Auswertegeräten wird p direkt stereoskopisch gemessen.) Damit ergibt sich:

$$(*) \qquad x = \bar{x}_1 \frac{b}{p}, \qquad y = \bar{y}_1 \frac{b}{p}, \qquad z = d \frac{b}{p}.$$

Bei bekannter Basis b liefern die Gleichungen (*) die Koordinaten des zu $\bar{P}_1$ und $\bar{P}_2$ gehörenden Raumpunkts P in bezug auf das mit der ersten Kamera fest verbundene xyz-Koordinatensystem.

Hat man nur den Bildinhalt des Stereobildpaars zur Verfügung, ohne b zu kennen, so liefern die Gleichungen (*) (indem man b beliebig wählt) ein zum wirklichen Objekt *ähnliches Modell* in bezug auf das xyz-Koordinatensystem. Die weitere Aufgabe besteht nun darin, dieses Modell mit dem richtigen Maßstab in die räumliche Lage des ursprünglichen Objekts überzuführen: Bestimmung der *absoluten Orientierung*. Dazu sind sieben Angaben erforderlich; es genügt etwa, wenn ein Dreieck bereits vermessen ist. (Dreieck in Wirklichkeit und errechnetes Dreieck im xyz-Koordinatensystem sind ähnlich: Kontrolle!)

In der Praxis ist der Normalfall nur angenähert zu realisieren. – Sind die Bildebenen π_1 und π_2 nur wenig gegeneinander gedreht, so zeigt sich, daß man aus *fünf* zusammengehörenden Bildpunktpaaren die Verdrehung ermitteln kann und damit auf den Normalfall zurückkommt, falls das Gelände nicht auf dem sogenannten „gefährlichen Ort" liegt.

Der Anwendungsbereich photogrammetrischer Methoden beschränkt sich heute nicht mehr auf die Landesvermessung. Auch in der Medizin (Lokalisierung von Tumoren oder Fremdkörpern), in der Physik und Technik (Entfernungsmessung von Fixsternen, Energiemessung von Elementarteilchen in der WILSONkammer, Materialprüfung und Bahnbestimmung von Raketen) sind sie mit Erfolg zu verwenden.

Historische Übersicht

Die Grundvorstellungen des *Grundriß-Aufriß-Verfahrens* finden sich bereits im Altertum; Aufschluß gibt das einzige über diesen Gegenstand erhaltene Werk „De architectura" des römischen Baumeisters VITRUVIUS POLLIO (10 Bücher, erschienen zwischen 33 und 14 v. Chr.). Die Regeln der Zeichenkunst wurden in der Praxis von Geschlecht zu Geschlecht vererbt; in den Bauhütten des Mittelalters kamen sie zu hoher Blüte. Das erste eigentliche Lehrbuch der darstellenden Geometrie stammt von ALBRECHT DÜRER (1471−1528): „Underweysung der messung mit dem zirckel und richtscheyt", Nürnberg 1525 und 1538. In diesem Buch finden sich schon die Konstruktionen der drei Arten von Kegelschnitten in Grundriß und Aufriß.

GASPARD MONGE (1746−1818) gab in seiner 1798 erschienenen „Géométrie descriptive" die systematische Begründung des Grundriß-Aufriß-Verfahrens, indem er die Schnittgerade der beiden Bildtafeln als Achse benutzte und mit ihrer Hilfe Grundriß und Aufriß in feste Beziehung zueinander setzte. Durch den so gewonnenen Zusammenhang der Konstruktionen in beiden Tafeln ließen sich alle räumlichen Probleme systematisch erfassen.

Die *Zentralperspektive*, deren Grundregeln den Griechen und Römern bereits vertraut gewesen sind, wurde beim Wiederaufleben der Künste und Wissenschaften in der Renaissance (15. Jahrhundert) neu aufgefunden und in der Folgezeit von den Malern bis zur Meisterschaft entwickelt. Die erste zusammenfassende Darstellung stammt von LEONE BATTISTA ALBERTI (1404−1472): „De pictura", 1435. In den Bildern von ALBRECHT DÜRER, LEONARDO DA VINCI (1452−1519), MICHELANGELO BUONAROTTI (1475−1564) und anderen läßt sich die wachsende Kenntnis perspektiver Gesetze verfolgen. Die mathematische Grundlegung verdankt man JOHANN HEINRICH LAMBERT (1728 bis 1777); sein Buch „Freye Perspektive" erschien im Jahr 1759.

Auswahl neuerer Lehrbücher

BRAUNER, H.: Lehrbuch der konstruktiven Geometrie, Wien−New York 1986.

GIERING; O. / SEYBOLD, H.: Konstruktive Ingenieurgeometrie, 3. Aufl., München−Wien 1987.

HOHENBERG, F.: Konstruktive Geometrie für Techniker, 3. Aufl., Wien 1967.

REHBOCK, F.: Darstellende Geometrie, 3. Aufl., Berlin−Heidelberg−New York 1969.

REHBOCK, F.: Geometrische Perspektive, 2. Aufl., Berlin−Heidelberg−New York 1980.

STIEFEL, E.: Lehrbuch der darstellenden Geometrie, 3. Aufl., Basel−Stuttgart 1971.

STRUBECKER, K.: Vorlesungen über Darstellende Geometrie, 2. Aufl., Göttingen 1967.

WUNDERLICH, W.: Darstellende Geometrie I, II, Mannheim−Wien−Zürich 1966, 1967.

Register

Abböschung einer Gerade 36
Abböschung einer Strecke 37
Abböschungsverhältnis 35
Abstandslinie 61
abwickelbare Fläche 235
Abwicklung 247
− der Schraublinie 186
− einer Pyramide 82
− eines Zylinders 122
Achse einer Projektivität 263
− des Kreises 108
Affinitätsachse 87
Algebraische Kurven und Flächen 233
Anschaulichkeit 10
Asymptoten der Hyperbel 173
Aufbaumethode 272
Aufriß 57
Aufrißspur 63
Auge 251
Aughöhe 251
axiale Affinitäten 86
axiale Projektivität 263
Axonometrie 135
axonometrische Methode in der Perspektive 301
axonometrisches Achsenkreuz 138

Berührkugel 195
Bildachse 57
Böschungsaufgaben 38
Böschungsebenen 36
Böschungsfläche 45
Böschungskegel 35
Böschungslinie 43, 187
Böschungswinkel 35
Breitenkreis 192
Breitenlinien 255
Brennpunkt(e) der Ellipse 114, 170
− der Hyperbel 172
− der Parabel 170
Brennpunktseigenschaften 113

Dachausmittlungen 32
DANDELINsche Kugeln 113, 127, 168, 169, 170, 171, 290
Distanz 53, 251
Doppelebene 88, 264
Doppelpunkt 205, 235
Doppelpunktstangenten 248

Doppelverhältnis 307
Drehflächen 192
Drehsehnen 267, 272
Drei-Ebenen-Probe 31
Durchdringungskurve 232
Durchmesser, konjugierter 110
Durchstoßpunkte 26, 231
Durchstoßverfahren 251

ebene Affinität 90
Eigenschatten 100
Eigenschattengrenze 191, 214
Einheitspunkte 135
Einhüllende 197, 203, 225
einschalige Rotationshyperboloide 214
Einschneideverfahren 156
Ellipse 102, 166, 168, 170, 275
Entzerrung 311
Entzerrungsaufgabe 307
Eulerscher Polyedersatz 84

Fallinien 20
First 33
Flächennormale 195
flachgängige Regelschraubfläche 219
Fluchtgerade 255, 263, 264
Fluchtpunkt 253
Fluchtpunktdreieck 297
Fluchtpunktsatz 253
Frontebenen 258
Frontlinien 61
Froschperspektive 293

Ganghöhe der Schraublinie 185
Gärtnerkonstruktion 114
Gefälle 35
Geländekonstruktionen 40
geschlossen 219
Gipfelpunkte 41
Graduierungspunkte 15
Grat 33
Grundaufgaben 67
Grundriß 57
Grundrißspur 63

Hauptlinien 60
Hauptpunkt 251, 297
Hauptscheitelkreis 109
Hauptsehstrahl 251

Hilfsflächen 231, 236, 242
Höhe 57
Höhenlinien 19, 60
Höhenmaßstab 11
Hopfen 189
Horizont 257
Hyperbel 167, 171, 172, 178, 279

Ingenieuraxonometrie 153
Isometrie 154

Jochpunkte 41

Kavalierprojektion 93. 141
Kegel 190
Kegelschnitte 166, 175, 212, 275
Kehle 33
Kehlkreis 215
Knick 197
konjugierter Durchmesser 103, 110
Koordinatenquader 136
Koordinatensystem 135
Kote 11
kotierte Projektion 11
Kreisbüschel 218
Kreisevolvente 186
Kreisringfläche 203
Kreisschnitte eines Torus 210
Kreuz- und Klostergewölbe 163
Kreuzriß 77
Krümmungskreise 117
− der Hyperbel 178
− der Parabel 177
Kugel 126
Kugelumriß 126, 289
Kugelverfahren 243

Längenprofil 42
Leitkurve 190
Leitlinie 169
− der Ellipse 170
− der Hyperbel 172
− der Parabel 170
Lichtkegel 191
Lichtzylinder 100, 191
linksgewunden 189
Linkssystem 136
Lotlinien 255

Maßgerechtigkeit 10
Meridian 192
Meßpunkt 268, 280
Meßpunktperspektive 279

Militärprojektion 96, 142
MÖBIUSnetz 310
MONGEsche Drehung 71
Muldenpunkte 41

Nebenscheitelkreis 109
Neigung einer Kurve 43
Neigungswinkel
− einer Ebene 140
− einer Gerade 14
Normale einer Ebene 281
Normalenkegel 195
Normalenverfahren 233, 242

offen 219
Ordnung
− einer Fläche 234
− einer Kurve 233
− einer Raumkurve 234
Ordnungslinie 58
Orientierung, absolute 313
−, innere 311
orthogonale Axonometrie 140
orthonormiertes Achsenkreuz 136
Papierstreifenkonstruktion 112
Parabel 166, 170, 177, 277
Parallelprojektion 8, 138
Parallelschatten 89
parallelverwandt 86
Parameterdarstellung
− der Ellipse 110
− der Schraublinie 185
Pendelebenenverfahren 241
Perspektive 251
− bei geneigter Bildebene 296
−, rechnerische 51
perspektives Bild eines Kreises 275
Photogrammetrie 311
Platonische Körper 84

Quadrant 58
Querprofil 44

Rasterverfahren 269, 310
rechnerische Perspektive 51
rechter Winkel 29
rechtsgewunden 189
Rechtssystem 136
Rechtwinkelpaar 104
reduzierte Distanz 294
Regelflächen 217
Regelscharen 216
Rekonstruktion 307

317

Rekonstruktionen 301
Richtkegel 187
Rotationsfläche 192
Rotationsflächen 2. Ordnung 207
Rytzsche Achsenkonstruktion 112

Satz von Pohlke 142
scharfgängige Regelschraubfläche 219
Schattenkonstruktionen 99, 261
Scherung 88
Schichtenlinien 21
Schlagschatten 100
schleifende Schnitte 68
Schnellrißverfahren 156
Schnittgerade 259
Schnittgerade zweier Ebenen 69
Schnittpunkt von Gerade und Ebene 68, 259
schräge (schiefe) Parallelprojektion 9, 85
Schraubflächen 219
Schraublinie 183
Schraubparameter 185
Schwenkung 71
Sehkegel 292
Sehkreis 292
Sehstrahlen 251
Seitenparallaxe 313
Seitenriß 77
Selbstdurchdringungen 226
Selbstdurchdringungskurve 225
Senkrechte auf einer Ebene 27, 74
senkrechte Axonometrie 140
− Eintafelprojektion 10
− Parallelprojektion (Orthogonalprojektion) 9
Sichtbarkeit 62
Sichtkegel 52
Spitze 200
Spurendreieck 144, 298
Spurgerade 18, 255
Spurpunkt 14, 253
Standebene 251, 257
Standlinie 251, 257
Stereoaufnahme 294
Streckenmessung 272, 281
Stützdreieck 22

Tangentenkegel 194
Tangentenkonstruktion 233
Tangentialebenenverfahren 233
Teilpunkt 272, 281
Teilverhältnis 86
Tiefenlinien 255
Torse 235
Torus 203
Traufkanten 32

Umklappung 14, 70
Umprojektion 76
Umriß 195, 225
unendlich ferner Punkt 253
unerreichbarer Schnittpunkt 90

vereinfachtes Durchstoßverfahren 260
Verkürzungsverhältnis 94, 148
Verkürzungszahlen 139
Verschwindungsebene 254
Verschwindungsgerade 256, 264, 268
Verschwindungspunkt 254
Vierpunktverfahren 307
Viviani-Kurven 152, 243
Vogelperspektive 293
Volumenbestimmung (Profilmethode) 49
Volumenbestimmung (Schichtenmethode) 47

wahre Größe
− einer ebenen Figur 23, 72
− einer Lotstrecke 258
− einer Strecke 12, 69, 274
wahrer Umriß 196
Wein 189
Wendelfläche 219
windschief 18, 62
Winkelsatz 257

zeichnerische Rektifikation 42
Zentralprojektion 7, 251
Zentrum 251, 263
Zweitafelverfahren 57
Zylinder 190
Zylinderschnitt 113

Jörg Brenner/Peter Lesky
Mathematik für Ingenieure und Naturwissenschaftler
in 4 Bänden

Die Reihe beruht auf Vorlesungen, die an der Universität Stuttgart für Studenten der Physik und Ingenieurwissenschaften im ersten Studienabschnitt gehalten wurden. Der didaktische Aufbau richtet sich nach den Bedürfnissen der angewandten Studienrichtungen. Beweise werden nur dort gebracht, wo sie zum Verständnis der betreffenden mathematischen Sachverhalte beitragen.
Besonderen Wert legten die Autoren auf die anschaulichen Beispiele und die zahlreichen Aufgaben.

Band 1
3. korr. Aufl., X, 324 Seiten, 79 Abb., kart., DM 29,80
ISBN 3-923944-97-7
Der erste Band führt in die logischen Grundlagen der „Höheren Mathematik" ein. Nach der Darstellung der Rechenweise mit ganzen, rationalen und reellen Zahlen beschäftigt sich das Buch mit der Linearen Algebra, Matrizenrechnung und der Analytischen Geometrie.

Band 2
3. korr. Aufl., VIII, 286 Seiten, 63 Abb., kart., DM 29,80
ISBN 3-923944-22-5
Im zweiten Band der Serie werden folgende Themen behandelt: Komplexe Zahlen, rationale Funktionen, Interpolationen, Exponential- und Logarithmusfunktionen, ferner trigonometrische Funktionen und Hyperbelfunktionen. Es folgen Grenzwerte, Differential- und Integralrechnung, Näherungslösungen und -gleichungen. Abschließend werden einige Algorithmen aus diesen Sachgebieten in Form von Algolprogrammen dargestellt.

Band 3
3. korr. Aufl., X, 331 Seiten, 58 Abb., kart., DM 29,80
ISBN 3-923944-23-3
Dieser dritte Band der Reihe ist vorwiegend der Behandlung von gewöhnlichen Differentialgleichungen gewidmet. Am Anfang stehen Potenzreihen, die für Theorie und Praxis eine Grundlage liefern. Es folgt die Behandlung mehrstelliger Funktionen, die dann zu der Behandlung der gewöhnlichen Differentialgleichung überleiten. Zum Schluß folgt noch die Behandlung einiger Kapitel aus der Funktionalanalysis

Band 4
2. korr. Aufl., 400 Seiten, 56 Abb., kart., DM 29,80
ISBN 3-923944-25-X
Die ersten drei Abschnitte dieses Bandes (Integrale von mehrstelligen Funktionen, Vektoranalysis, Funktionentheorie) gehören noch zum Standardprogramm der Grundvorlesungen für Studenten der Physik und Ingenieurwissenschaften, während die restlichen 5 Abschnitte (Metrische Räume, normierte Vektorräume, Fourierreihen, Lineare Operatoren, Randwertprobleme und Eigenwertprobleme) zur Behandlung in „Ergänzungsvorlesungen" während des ersten Studienabschnittes gedacht sind.

Alle 4 Bände der Reihe sind zusammen zu einem Sonderpreis erhältlich.
DM 98,—, ISBN 3-923944-25-X

Preisänderungen vorbehalten

AULA-Verlag GmbH, Postfach 1366, 6200 Wiesbaden
Verlag für Wissenschaft und Forschung